管理体系理解与推行培训丛书

ISO 14001环境管理体系的理解与运作

（第二版）

凯达国际标准认证咨询有限公司　编

中国电力出版社
CHINA ELECTRIC POWER PRESS

内 容 提 要

本书是《管理体系理解与推行培训丛书》之一，是根据我国近年来推行管理体系认证的实际情况，参考了部分组织在管理体系实践方面的成功经验和方法编写的。本书共分5章，分别为：ISO 14000产生的背景及其发展趋势，环境保护基础知识，ISO 14001标准要求的理解要点，环境管理体系的建立和实施，环境保护法律法规及其他要求。

本书适用于环境管理体系的主管领导、部门主管和各部门执行人员学习，也可供从事环境管理体系审核、咨询人员以及其他对环境管理工作感兴趣的管理人员作为参考资料。

图书在版编目(CIP)数据

ISO 14001环境管理体系的理解与运作/凯达国际标准认证咨询有限公司编. —2版. —北京：中国电力出版社，2018.2(2021.3重印)
(管理体系理解与推行培训丛书)
ISBN 978-7-5198-1575-2

Ⅰ.①I… Ⅱ.①凯… Ⅲ.①环境管理-体系-国际标准-研究 Ⅳ.①X32-65

中国版本图书馆CIP数据核字(2017)第318119号

出版发行：中国电力出版社
地　　址：北京市东城区北京站西街19号（邮政编码100005）
网　　址：http://www.cepp.sgcc.com.cn
责任编辑：潘宏娟
责任校对：王小鹏
装帧设计：张俊霞　赵姗姗
责任印制：杨晓东

印　　刷：北京雁林吉兆印刷有限公司
版　　次：2007年3月第一版　2018年2月第二版
印　　次：2021年3月北京第五次印刷
开　　本：787毫米×1092毫米　16开本
印　　张：21.25
字　　数：462千字
印　　数：8001—9000册
定　　价：**65.00**元

编写委员会

主　编： 周军民

副主编： 史毓敏　　刘　媛　　郑爱娟　　刘亮辉　　黄少挥

编　委：（按姓氏笔画排序）

马大富　　王福君　　叶　琴　　叶炜梁　　戎独峰

吕小萍　　刘向前　　孙樟雄　　杨　珂　　李方祥

吴　波　　吴再军　　吴金土　　何长青　　张卫国

张旭耀　　张荣平　　张霞芳　　张耀生　　陈鸿武

林　军　　罗培军　　周　禧　　周世跃　　周明刚

郑云耀　　郑心明　　郑海卿　　孟　炜　　赵卫珍

赵夏明　　胡　彬　　柳　杨　　段常青　　贺月明

黄敏坤　　谢祖耀　　樊莲静　　潘绵祥　　糜德惠

前言

综观全世界管理实践的发展过程，我们充满信心地相信，重视主要相关方的需求、关注管理的系统化、实现持续改进是一个永恒的主题。

当前，随着市场竞争的加剧，越来越多的组织为了加强内部管理，向顾客、社会、员工及其他相关方提供信任，先后建立、实施了质量管理体系、环境管理体系和职业健康安全管理体系，并获益匪浅，对组织内部管理的系统化需求将成为组织管理的必然趋势。为了更好地指导企业及各类组织建立和实施这三大管理体系，满足各类组织和人员学习这三大管理体系的需要，我们组织了在这三大管理体系认证、咨询和管理工作中具有丰富实践经验的专家编写了本套丛书。

本书是培训丛书之一，主要以宣贯 ISO 14001 环境管理体系标准的理解和实践方法为目的。编写过程中，依据我国近年来推行管理体系认证的实际情况，以及编者们在管理体系认证、咨询和审核工作中的实践经验，并参考了部分组织在管理体系实践方面的成功经验和方法，比较系统地介绍了 ISO 14001 环境管理体系的理论、方法和技术。

本书共分五章，重点内容在第三章 ISO 14001 标准要求的理解要点和第四章环境管理体系的建立和实施，在学习过程中应重点掌握。同时，对第一章 ISO 14000 产生的背景及其发展趋势、第二章环境保护基础知识的熟悉和了解，将有助于更好地了解 ISO 14001，有利于组织环境管理体系的建设工作。由于环境领域的问题是事关全球、国家和社区可持续发展的大事，因此该领域强制性要求较多，相应的法律法规要求较多，本书特别设置了第五章环境保护法律法规及其他要求。该章节以及适用法规的理解是组织建立环境管理体系的基础，是组织规避环境风险，保障生产经营活动正常进行的关键。

本书在编写过程中得到了很多从事管理体系认证和咨询等工作的资深人士的大力支持，他们为本书的编写提出了不少宝贵意见和建议，在此表示衷心的感谢。但由于我们对标准的理解和认识还需进一步加深，加上时间较为仓促，因此，对于本书的疏漏或不妥之处，敬请批评指正。

编　者

2017 年 12 月

目 录

第一章

ISO 14000 产生的背景及其发展趋势

第一节　ISO 14000 的产生与发展

一、ISO 14000 产生的背景

（一）环境问题随着人类发展日益严重

生产力的发展给人类社会带来了日益丰富的物质生活，同时与之相伴的是环境问题的出现及环境逐步恶化的趋势。

《人类发展宣言》对环境污染的忧虑是这样描述的："现在已达到历史上这样一个时刻：我们在决定世界各地的行动时，必须更加审慎地考虑它们对环境产生的后果。由于无知或不关心，我们可能给我们的生活和幸福所依靠的地球环境造成巨大的无法挽回的危害。"

在 20 世纪 30～60 年代曾经出现的国外"八大公害事件"（见附录十三），使得在全球范围内环境保护的呼声空前高涨，环境保护的地位和作用也日益受到重视和普遍关注。

进入 20 世纪 70 年代以来，发达国家着手环境与资源的立法，开展了环境与资源保护工作。但由于发展的不平衡，一些经济比较落后的发展中国家为急切地改变本国贫穷落后的面貌以及实施的活动，使得这些国家和地区的生态遭到破坏、资源大量浪费、环境污染严重，其结果又强烈地制约和影响了经济的发展。

特别是 20 世纪 80 年代中期，环境事件种类更多，范围更广，影响更大，发生更加频繁，出现了许多新的环境公害事件，如意大利化学品污染事故、美国勒普河事件、印度博帕尔毒气事件、苏联切尔诺贝利核电站事故等。

20 世纪 80 年代中期在南极上空发现的臭氧层空洞、温室效应与气候变化、二氧化硫排放与酸沉降、水污染与水资源短缺等（见附录十三），环境与发展又一次成为全人类共同关注的热点。

事实已经说明，人类发展道路上面临的环境问题越来越严重，并危及人类自身的生存，人类社会的发展已面临两种选择：一是继续无限制地以消耗自然资源、破坏环境为代价来发展经济；二是在保护环境，合理、科学地使用资源条件下实现人类和自然协调和可持续发展。在对待这个问题上，人类只能选择后者。

2005 年 11 月 13 日，吉林省中石油吉林石化分公司爆炸，发生爆炸的车间距离松花江约数百米。事故区域排出的约 100t 的有害化学物质通过排水管进入松花江，导致松花江水严重污染。事故产生的主要污染物为苯、苯胺和硝基苯等有机物，超标的污染物主要是硝基苯和苯，经查属于重大环境污染事件。2005 年 11 月 23 日，黑龙江省省会哈尔滨市停止供应自来水 4 天，引起全市居民的恐慌，400 万市民抢购饮用水和食品。同年 12 月 2 日，中国国家环境保护总局局长因松花江环境污染事件提出辞职并获准。这是历史上松花江发生的最严重的污染事件，对其下游和境外区域生态的影响巨大，留下了需要投入巨资和长期治理才可逐步缓解的环境污染后遗症，并引起

国际关注。这一事件发生后，经有关专家的思考和总结，该事件反映出了我国各种环境管理工作上的弊端，如应急机制的迟钝、事故反应不敏感、时间长、方案决策不够坚决迅速、部门之间缺乏应急协调机制、媒体发布信息不准确等一系列问题。这些问题说明，在管理技术和科技手段高度发达的今天，建立系统化的环境管理机制同样是非常重要的。

（二）全球的环境保护行动

从产业革命到20世纪五六十年代，工业的飞速发展对环境造成巨大的污染，并威胁人们的生存，典型的“八大公害”事件，使人们开始觉醒到人类要生存和发展，必须保护好生存的环境。从20世纪60年代以来，全球已兴起保护人类生存环境运动的高潮，各国政府、组织、科学家以及广大人民已经意识到环境问题的严重性和迫切性，保护环境已成为全人类的共识，成为当今世界的潮流。为此，联合国于1972年6月5～16日，在瑞典首都斯德哥尔摩召开了联合国人类环境会议，发表了《人类环境宣言》。宣言中指出：“保护和改善人类环境已经成为人类一项紧迫的任务”，并把每年的6月5日定为“世界环境日。”

1978年联合国颁布了保护臭氧层的《关于臭氧层行动世界计划》。

1982年5月，联合国又召开特别会议，总结过去10年所取得的成绩，并提出了进一步努力的方向。

1992年6月，联合国在巴西里约热内卢召开了被称为“20世纪地球盛会”的环境与发展大会，在会上明确提出了可持续发展的战略，发表了《关于环境与发展宣言》《21世纪宣言》《联合国气候变化框架公约》《联合国生物多样化公约》等。特别是《21世纪宣言》（即斯德哥尔摩宣言），它阐明了人类在环境保护与可持续发展之间应做出的抉择和行动方案，并强调了加强全球环境问题的国际合作和建立新的伙伴关系的重要性。

1997年12月在日本京都召开的环境会议上，通过了关于限制排放使全球气候变暖的温室气体的《京都议定书》，议定书规定，受到限制的气体包括人为排出的二氧化碳、甲烷、一氧化氮、两种氟利昂气体（HFC和PFC）以及六氟化碳六种气体。

（三）民众推崇绿色消费

日益严重的环境问题迫使人们去思考：应该用什么样的态度对待大自然？怎样都能保证日益匮乏的资源能够永续为人类所利用？我们要给子孙后代留下一个什么样的世界？

20多年来的绿色浪潮改变了人们的传统思想观念，过去那种靠过度消耗自然资源以追求物质享受的生活模式遭到了否定，人们已经认识到，挥霍、浪费自然资源，无限制地追求物质享受，有如饮鸩止渴，只会加剧人类自身的危机。在这样的共识之下，一场席卷全球的绿色消费浪潮出现了。在绿色消费浪潮的推动下，消费者开始自觉抵制那些给生态环境造成危害的产品和行为。

随之而来的是“绿色产品”“绿色技术”“绿色营销”“绿色市场”“绿色包装”“绿色贸易”“绿色产业”“绿色标志”“绿色企业”等一系列“绿色”新概念的出现。绿色正在成为21世纪的主流色调。绿色经济的出现和发展，是对传统经济学的严重挑战，更是对企业界的有力冲击，它决定着企业发展的方向和前途，使得企业家们不得不认真对待。

据联合国有关部门的统计，带有绿色标志的产品日益博得消费者青睐，77%的美国消费者表示企业环保形象会影响他们的购买意向，40%的欧洲人喜欢购买绿色产品，其中67%的荷兰人、80%的德国人购物时考虑环境因素。预计未来若干年，国际绿色贸易将以12%～15%的速度增长。其结果是，迫使企业的管理者和决策者们去关心环境问题，去研究他们的产品同环境的关系，并找出解决办法，采取改进措施。

（四）企业开始注重环境保护，实施绿色环境标志

在绿色浪潮的冲击之下，越来越多的人认识到环境问题与本企业的命运息息相关，他们纷纷调整经营战略，开发绿色产品，开展绿色营销活动，通过各种手段建立企业的环保新形象。如嘉士伯啤酒公司针对易拉罐造成环境污染的问题，在马来西亚以“绿化我们的地球”为题，发起了有奖回收空罐的活动，并用部分收入向该国“绿化大自然协会”捐资。此举既宣传了环境保护，又树立了企业的形象，还起到了公益效果，产生了轰动效应。法国一家水果罐头商的广告创意十分出色，广告宣称：本企业推出的水果罐头使用的全是长虫子的果实，当然，在罐头的制作过程中，虫子都去掉了，其目的是说明果实在成熟过程中没有使用农药，让消费者吃得放心。这则广告令消费者纷纷慷慨解囊，使其生意蒸蒸日上。

为迎合绿色浪潮的需要，有不少企业正在提升“绿色竞争力”。提升企业绿色竞争力，一般情况下应考虑以下方面：绿色资源、绿色设计、绿色生产、绿色产品、绿色营销、绿色包装、绿色价格、绿色产品监测、绿色服务、绿色市场、绿色生活方式、绿色文化等。其中，最重要的是开发绿色产品，这是企业提升绿色竞争力的基础。

所谓绿色产品，是指不仅要求产品本身对任何环境无害，而且要求产品的整个生命周期（即一种产品从采集原材料开始，到最终再循环作为废弃物处理或处置的整个过程）具有可持续性，能达到节省空间、减少人力消耗，节约能源资源、可回收利用等目的。

也有些企业开始推出绿色管理，这一思想可简称为“5R”，即从研究（research）、减消（reduce）、再开发（rediscover）、循环（recycle）、保护（reserve）共5个方面考虑，将环境保护的观念融于企业的经营管理之中。

在风靡全球的绿色消费浪潮中，涌现出了大批的绿色产品。为便于消费者区别哪些不是绿色的产品，产生了绿色标志。绿色标志是用来标明产品在生产、使用以及回收处置的整个过程中，符合特定的环境保护要求，对环境危害较小的一种标签。原联邦德国是世界上最早使用绿色标志的国家，早在1978年，联邦政府就开始实施环境标志计划，其标志命名为“蓝色天使”，图案是由一个蓝色天使和两穗稻谷组成，图案上并附有该标志的使用标准。紧随原联邦德国之后的是加拿大和日本，接着，法国、瑞士、芬兰、澳大利亚等国家也先后推出了绿色标志。

一些较早实施绿色标志的国家，绿色标志已经成为一种贸易上的非关税壁垒，这些

国家采取限制数量、压低价格等方法，限制没有绿色标志的产品进口。在当时的情况下，我国的“海尔”“万宝”“科龙”“容声”等电器产品首先在国外申请了环境标志，取得了“绿色签证”，加入了国际竞争。我国的环境标志的图案由青山、绿水、太阳及10个环组成。在1993年，我国首先向家用制冷器具、气溶胶制品、降解地膜、无铅汽油、水性涂料、卫生纸等6种产品发放环境标志。现在，最早实施环境标志的德国已有60类、5000多个产品获准贴有环境标志。目前，尚没有国际通行的环境标志和分类标准，实行环境标志制度的国家，都是根据本国的具体情况，互相借鉴，制定产品范围和分类标准的。一般情况下，发放环境标志的产品可以分为以下几种类型：

（1）节水型产品。

（2）节电型产品。

（3）可回收、再生和反复利用型产品。

（4）低毒、低害型产品。

（5）低排放型产品。

（6）可降解产品。

（7）清洁工艺产品。

（五）贸易市场对环境成本内在化的要求

贸易自由化被指责为造成全球生态环境恶化的重要原因就是在国际贸易中没有考虑环境资源的成本。近年来，为了达到保护环境的目的，不少工业化国家采取了单方面的行动，限制进口，如轰动全球的美国禁止进口墨西哥的金枪鱼案，丹麦要求所有进口啤酒、矿泉水和软性饮料一律使用可再装容器等案件，起因均是环境问题。

在一些国家，环境保护逐渐成为一种服务于各国对外贸易保护主义政策一种武器，而且成为在国际贸易谈判中讨价还价的筹码。如在北美自由贸易区的形成过程中，美国要求在环保条件相同的前提下，允许每个贸易伙伴大致相同地进入对方市场，这使环保水平相对低的国家为此付出了高昂的环保成本。

今后国际贸易中的保护主义将更多地运用环境保护的名义，采取更加隐蔽的环境管制措施，设置种种障碍抵制外国商品的进口。乌拉圭回合达成的《技术贸易壁垒协议》中规定：“不得阻止任何国家采取必要的措施来保护人类、动物或植物的生命和健康，保护环境。”这样环境保护变成为不承诺相关的国家贸易规范和准则的一种辩解。

目前，世贸组织的环境政策不像投资、知识产权等问题那样是以单独文本存在的，而是分散在各宣言、协议之中，具体有《建立世界贸易组织》协议前言、《贸易技术壁垒协议》与《卫生与植物检疫措施协议》的开头申明部分、《服务贸易总协定》的第14条、《与贸易有关的知识产权协议》第27条、《农业协议》中有关免除国内补贴削减的条件。由上可以看出，世贸组织在环境问题方面的原则立场，即各成员为保护人类、动植物的生命、健康和环境，有权采取必要的管理措施。这一原则很快成为新型非关税壁垒——绿色贸易壁垒。

从目前的趋势看，环境保护措施作为一种新兴的非关税壁垒，不仅不会像传统贸易壁垒那样在国际贸易发展的过程中被淘汰，反而会不断地加强，并将以其隐蔽性强、技术要求高、灵活多变等特点，在数年内得到越来越多的利用。

二、ISO 14000 的产生历程

20 世纪 90 年代初，一些国家在质量管理标准化成功经验的启发下，率先开展了环境管理标准化活动。国际标准化组织（ISO）随之也在一些成员国家的推动下，着手从事这项工作，并于 1993 年 6 月成立了环境管理标准化技术委员会 ISO/TC 207，正式将环境管理工作纳入了国际标准化的轨道。ISO 14000 环境管理系列标准就是在这一形势下应运而生的。

ISO 14001 标准，作为 ISO 14000 系列标准的核心标准，其发展过程如图 1-1 所示。

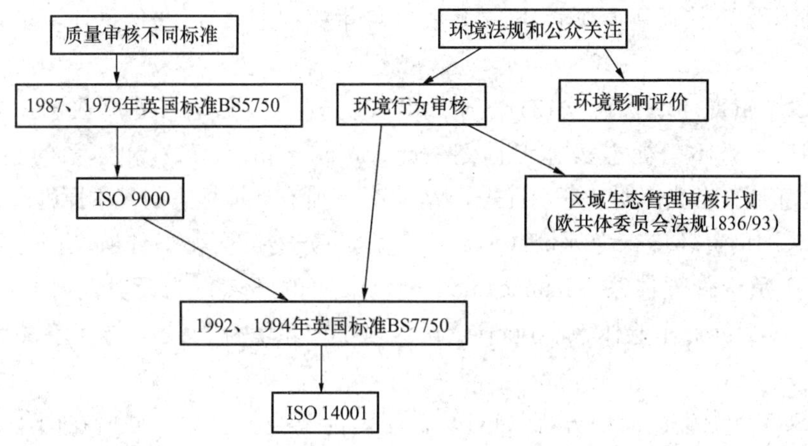

图 1-1　ISO 14001 发展过程示意图

1992 年，世界上首个环境管理体系标准诞生于英国，被命名为 BS7750。BS7750 是自愿性的环境管理体系标准，企业或组织可以自愿实施并可寻求认证，目的是使任何组织在本标准的指导下建立有效的环境管理体系，作为其采取正确的环境行为、持续改进环境质量和参与“环境审核”的基础。该标准的制定和实施在世界各国，尤其是在欧盟各国，引起了极大的反响，各国纷纷开始制定自己本国的环境管理标准。

1992 年联合国环境与发展大会发表了《里约热内卢宣言》，各个国家和地区组织根据该宣言和《21 世纪议程》的原则和具体要求，纷纷制定和加强环境管理法规和标准，推出包括环境标志、环境审核等在内的一系列技术措施，促进了环境保护运动的发展，改善了组织的环境表现。但各个国家和不同地区的这些体系标准大都是根据本国情况制定的，这势必为一些国家制造新的“保护主义”提供条件。不仅是环境管理体系标准如此，其他的环境标准大都分散在国别和区域层次，缺乏统一性，特别在环境标志上各国的规定都不一样，这势必给国际贸易造成很多不必要的麻烦。因此，应有既能统一国际标准，又能够考虑不同国家和地区的差异，不对贸易产生壁垒的标准，ISO 14000 正是在这样的形势和需要下产生的。

三、ISO/TC 207“环境管理技术委员会”

为促进各国环境管理体系标准的统一，国际标准化组织于1992年建立了“环境特别咨询组”，并在同年秋接受了该特别咨询组的建议，制定了一套环境管理标准。1993年6月国际标准化组织正式成立了ISO/TC 207“环境管理技术委员会”，正式开展环境管理体系和工具方面的标准化工作，以实现全球的环境管理的需要。

ISO/TC 207秘书国由加拿大担任，到2015年有P成员国41个，O成员国39个，联络组织26个。ISO/TC 207下设6个分委员会（SC）和1个特别工作组（WG1）：

（1）SC1负责环境管理系统标准（EMS）。英国为分委员会秘书处所在国，下设WG1和WG2分别负责环境管理体系规范和环境管理体系通用指南。

（2）SC2负责环境审核（EA）。荷兰为分委员会秘书处所在国，下设三个WG，WG1负责环境审核通用原则，WG2负责环境审核程序，WG3负责环境审核员的资格要求。

（3）SC3负责环境标志（EL）。澳大利亚为分委员会秘书处所在国，下设三个WG，WG1负责环境标志实施者计划（practitioner program）和体系的指导原则，WG2负责Ⅱ型（自我声明）环境标志，WG3负责所有环境标志的基本原则。

（4）SC4负责环境行为评价（EPE）。美国为分委员会秘书处所在国，下设两个WG，WG1负责管理体系（management system）的环境行为及其与环境关系的评价方法，WG2负责作业体系（operation system）环境行为及其与环境关系的评价方法。

（5）SC5负责生命周期分析（LCA）。法国为分委员会秘书处所在国，下设五个WG，WG1负责生命周期分析的通用原则和程序，WG2负责产品生命周期的通用清单分析，WG3负责产品生命周期的特别清单分析，WG4负责生命周期影响评价，WG5负责生命周期改进分析。

（6）SC6负责术语和定义（T&D）。挪威为分委员会秘书处所在国。

（7）WG1负责产品标准中的环境因素（EAPS）。德国为特别工作组所在国。

ISO/TC 207为有序地制定环境管理国际标准，还对各委员会制定的标准分配了标准号，见表1-1。

表1-1　　ISO 14000系列标准号分配表

序号	分委员会	名　称	标准号
1	SC1	环境管理体系（EMS）	14001～14009
2	SC2	环境审核（EA）	14010～14019
3	SC3	环境标志（EL）	14020～14029
4	SC4	环境表现评价（EPE）	14030～14039
5	SC5	生命周期评价（LCA）	14040～14049
6	SC6	术语和定义（T&D）	14050～14059

续表

序号	分委员会	名　称	标准号
7	WG1	产品标准中的环境因素（EAPS）	14060
8	备用		14060～14100

ISO/TC 207 主要工作范围是环境管理工具和体系方面的标准化，但不包括污染物的测试方法，这方面的标准化工作主要由 ISO/TC 147“水质”、ISO/TC 90“固体质量”和 ISO/TC 43“声学”负责，目前已有包括以下三个方面的国际标准 350 多项：

（1）污染物和排放物极限值。

（2）环境水平和环境质量。

（3）产品标准。

ISO/TC 207 出于以下几个方面的考虑，需要制定环境管理工具和体系标准来协调全球的环境问题。

（1）环境问题对消费者、政府、商业、工业的日益重要。

（2）保护环境直接关系到商业的成功和经济的持续发展。

（3）进一步发展全球的经济和服务。

ISO/TC 207 的工作内容很广，所有人类活动无不与此相关，但从考虑问题的紧迫性和处理问题的技术成熟性出发，ISO/TC 207 的工作主要分三个阶段，按表 1-2 进行。

表 1-2　ISO/TC 207 三个阶段计划

阶段	近　期	中　期	远　期
内容	1. 基础术语定义 2. 环境行为评价 3. 生命周期分析 4. 环境审计 5. 环境标志 6. 环境管理体系 7. 基础术语定义	1. 环境风险评估 2. 紧急计划和准备 3. 现场补救 4. 环境影响评估 5. 环境行为报告 6. 环境设计	1. 环境产品管理 2. 废物管理 3. 资源管理 4. 保护管理

从以上阶段计划中可以看出，ISO/TC 207 环境管理技术委员会的近期核心任务是研究制定 ISO 14000 系列标准，该系列标准的用户是全球商业、工业、政府、非盈利性组织和其他用户，其目的是用来约束组织的环境行为，支持全球的环境保护工作。

四、制定和实施环境管理系列标准的指导思想和原则

在前述内容 ISO 14000 产生的背景中已提到，很多原因促使国际标准化组织建立统一环境管理体系标准，ISO 14000 系列标准的建立正是为了消除这些原因，因此容易理解制定 ISO 14000 系列标准的指导思想和制定的原则。制定 ISO 14000 系列标准的指导思想是：

（1）ISO 14000 系列标准应不增加并消除贸易壁垒。

（2）ISO 14000 系列标准可用于各国对内对外认证、注册等。

（3）ISO 14000 系列标准必须摒弃对改善环境无帮助的任何行政干预。

环境管理标准化还应遵循：弹性的准则、应用对象主要定位在中、小型组织，确保认证审核员保持客观性和独立性。具体可参考《环境管理体系国家标准宣贯教材》。

制定 ISO 14000 系列标准的原则：

（1）ISO 14000 系列标准应真实，具有非欺骗性。

（2）产品和服务的环境影响评价方法和信息应有意义、准确，并可检验。

（3）评价方法、试验方法不能采用非标准方法，必须采用国际、地区、国家标准或技术上能保证再现性的试验方法。

（4）应具有公开性和透明度，但不应该泄露机密的商业信息。

（5）具有非歧视性。

（6）能进行特殊的有效的信息传递和教育培训。

（7）应不产生贸易壁垒，保证国内外的一致性。

五、ISO 14000 的实施及发展动态

ISO/TC 207 由于它的工作适应了联合国环境与发展大会提出的“可持续发展”的要求，适应了社会、经济发展的需要，因此，无论从组织发展还是研究和制定国际标准方面都速度惊人，取得了显著的成就。它所制定的 ISO 14000 系列标准是继 ISO 9000 族标准后推出的又一套重要的管理标准，必然对各国的经济发展、技术交流和贸易往来产生重要影响。

ISO/TC 207 自 1996 年 9 月 1 日起至 2015 年年底，先后颁布了约 30 个国际标准，得到了世界各国普遍响应。2000 年，按国际标准化组织每 5～7 年就要对标准进行评审的规则和要求，ISO/TC 207 技术委员会的第 1 分委员会启动了对 ISO 14001 系列标准的评审和修订工作，并将修订后的 ISO：2004 版标准于 2004 年 11 月 15 日公布。同时，新版 ISO 14004 环境管理体系的通用指南也于 2004 年 11 月 15 日公布。为了更好地适应不断变化的环境形势、管理实践的要求，2011 年 6 月，ISO/TC 207/SCI 再次启动了对 ISO 14001 标准的修订工作，并于 2015 年 9 月 15 日正式发布了 2015 版 ISO 14001 标准。

ISO/TC 207 技术委员会考虑到环境管理体系标准的实施和认证的需要，将修改主要集中于三个方面：一是在结构方面，新标准按 ISO/IEC 导则第 1 部分 ISO 补充规定的附件 SL 的附录 2 的要求编制，以确保与其他管理体系标准结构的相容性；二是导入了“环境、社会和经济三大支柱”的可持续发展的理念；三是应用了基于风险和机遇的思维方法。

据统计，ISO 14000 标准自发布至 2015 年 12 月，全球共有 20 万家组织获得了 ISO 14001 标准认证。

很多国家认为实施 ISO 14001 将会在国际贸易等方面带来经济利益，特别是发达国家，为了各自的利益，都引起了高度重视，不少国家成立了专门的对策机构，也采取了相应措施，推动了全球的环境管理标准化。据报道，加拿大每个城市都成立了推行 ISO

14000 办公室，美国可能将 ISO 14001、ISO 14010～14014 列入现有美国环境法规条文中等。

我国的环境管理体系认证工作起步于 1996 年，到目前为止大体可分两个阶段，即：1996～1997 年为第一阶段，这是认证的试点和环境管理体系认证国家认可制度的筹建阶段；从 1998 年到现在为止为第二阶段，在这个阶段内，建立了国家认可制度。我国的环境管理体系国家认可制度已趋于成熟，国家认可制度的建立有效地规范了环境管理体系认证活动，同时促进了 ISO 14000 系列标准在我国的广泛实施。

环境管理体系认证在我国的发展一直呈逐年递增的趋势，据市场预测，随着我国加入 WTO 及市场化进程的推进，已有越来越多的国内企业表现出对 ISO 14000 认证的积极性。从截至 2015 年 12 月最新的统计数据来看，我国通过认证的企业已经达到了 86000 家，ISO 14000 认证事业还将有大的发展潜力。

虽然 ISO 14000 在全球的推广已取得了相当的成功，但也应当看到，ISO/TC 207 的工作也存在协调的难度，不少提案难以在各成员国间取得满意的协调结果而被迫延期或中途停止。目前 ISO/TC 207 面临的主要问题有：

（1）各个国家的经济发展、地理文化以及社会问题和世界区域贸易很难找到一个平衡点。

（2）环境问题在发达国家和发展中国家要求一致，是不公平、不现实和不可能的，要有区别地对待。

（3）对大型企业与中小型企业的要求一致也有操作上的困难。

（4）与其他组织特别是行业性组织之间难以达到一个满意的协调结果。

（5）信息传递不迅速、有效性差，难以及时收集到有意义的信息。

（6）ISO 14000 系列标准与 ISO 9000 族标准之间有大量的问题需要协调。

（7）ISO/TC 207 内部也需要进一步协调和统一。

第二节　实施 ISO 14000 的作用

随着经济的高速增长，环境问题已迫切地摆在我们面前，它严重地威胁着人类社会的生存健康和可持续发展，并日益受到全社会的普遍关注。国际竞争的需要，国家政策的要求，社会公众的期望，使各种类型的组织都越来越重视自己的环境表现（行为）和环境形象，并希望以一套系统化的方法规范其环境管理活动，满足法律的要求和它们自身的环境方针，求得生存和发展。

建立 ISO 14000 环境管理体系的组织通常会因为不同的特定情况而有不同的受益，但是综合来看，ISO 14000 环境管理体系的建立可给组织带来以下几方面的收益：

（1）有助于节能降耗，降低成本，提高企业单位的市场竞争力。为实现节约能源和原材料，在建立体系时，通过对主要耗能设施运行合理性分析，找出问题，制订措施加以解决；其次是通过改革工艺技术或发行设备来实现节能降耗。

（2）有助于冲破绿色壁垒。在席卷全球的环境保护浪潮中，一些保护环境的措施往往涉及贸易领域，使得国际贸易也受到环境保护浪潮的猛烈冲击。因此，由环境问题引起的国际贸易摩擦也接踵而来。

环境保护措施作为一种新兴的非关税壁垒，必然以其隐蔽性强、技术要求高、灵活多变等特点，在今后若干年内大行其道。由于全球都在关注着环境问题，纷纷对产品及其生产和消费过程可能对环境产生的影响提出了要求，在一定程度上形成了贸易壁垒和新的保护主义，特别是对发展中国家不利。为此，考虑到发展中国家需要的国际贸易制度，应是：

1）制止和消除保护主义，使世界贸易进一步自由化，使所有国家，尤其是发展中国家得已从中获益。

2）建立一个公平、稳定、非歧视而透明的世界贸易和市场准入制度。

3）保证环境与贸易政策相辅相成，以实现可持续发展等。

ISO 14000 系列标准为促进世界贸易的发展，满足了各方面（包括发展中国家、中小型企业）的需要，并为消除国际贸易壁垒和促进体系改善起到了积极作用。无论对现在环境好坏的地区都应不增加贸易壁垒的原则，确定了七条制定 ISO 14000 系列标准的原则（如前所述）。

实施 ISO 14001 环境管理体系认证已成为进入国际市场甚至国内市场的条件，因此有人把 ISO 14001 证书称为是绿色通行证。某些西方发达国家对某些进口产品的要求提供证明其符合环保要求。

ISO 14000 环境管理体系的建立有助于提高组织的环境意识和管理水平，使企业对环境保护和环境的内在价值有了进一步的了解，增强了企业在生产活动和服务中对环境保护的责任感，对企业本身和与相关方的各项活动中所存在的和潜在的环境因素有了充分的认识，这也有利于提高体系的成效。

（3）有助于环境管理现代化。ISO 14000 系列标准的实施将有助于促进环境管理的科学化、现代化。ISO 14000 要求首先在企业内部建立和保持一个符合要求的环境管理体系，这个体系由环境方针、规划（策划）、实施与运行、检查和纠正措施及管理评审五个基本要素组成，通过不断地审核、评价（评定）活动，推动这个体系的有效运行，实现企业内部环境管理体系的不断完善和提高。

通过实施 ISO 14000 系列标准，让企业自身主动地制订环境方针、环境目标与指标及环境管理方案，并通过第三方认证的审核制度，建立企业环境行为的有效约束机制。

另外，ISO 14000 标准也为企业建立了一套环境行为的评价体系，通过对某些重要环境因素的跟踪观察，增进对企业环境管理体系评价的科学性和客观性。

企业通过建立环境管理体系，为企业内部建立了一套环境管理的“法律”制度，使得企业内的环境管理有章可依、有据可寻，规范了企业的环境管理活动。

为从根本上减少环境污染和资源浪费，ISO 14000 还要求实施从产品开发设计、加工制造、流通、使用、报废处理到再生利用的全过程的评定制度，即所谓的生命周期评价制度，以对这个过程中每一个环节的活动进行资源分析、环境因素识别和环境影响评价。这使得企业环境行为的评价超出了企业的边界，包括了从采购原材料对环境的影响，以及企业产品售出后在社会上的流动对环境可能造成的影响，发展了企业环境影响评价的完整性，从真正意义上实现了环境优化的目的。

（4）其他作用。建立 ISO 14000 环境管理体系还有以下作用：

1）有助于推行清洁生产，实现污染预防。

2）减少污染物排放，降低环境事故风险污染带来的后果。

3）保证企业行为符合法律、法律要求，避免环境刑事、民事责任等。

第二章

环境保护基础知识

第一节　与环境有关的一些基本概念

一、环境、环境因素及环境污染

环境是一泛指名词。在不同学科中，环境的科学定义是不同的，其差异源于主体，即中心事物的界定。比如，生态学中，环境被认为是以生物为主体的外部世界；在 ISO 14000 标准中，环境的严格定义是：组织运行活动的外部存在，包括空气、水、土地、自然资源、植物、动物、人，以及它们之间的关系。

不少初次接触 ISO 14001 体系的读者在理解这个定义时发生困难，为方便读者理解，可参考环境科学中“环境”的概念。在环境科学中，目前比较一致的看法是：环境是指围绕人类社会的空间及其可以直接、间接影响人类生存和发展的各种自然因素和社会因素的总体。更狭隘地，可将 ISO 14000 中“环境”的定义理解为《中华人民共和国环境保护法》中的有关环境的定义——“本法所称环境是指：大气、水、土地、矿藏、森林、草原、野生动物、野生植物、水生生物、名胜古迹、风景游览区、温泉、疗养区、自然保护区、生活居住区等。”应当指出，《中华人民共和国环境保护法》中有关环境的概念是一种工作定义，是比较狭隘的概念，因法律保护的范围和能力有限，不可能将所有环境要素都列入保护对象，它仅仅是有重点地明确了 15 类保护的对象。在不同国家环境法中，有关环境的概念又会有一定的出入，在这里提出，仅是为了方便企业或组织中非环境专业人员的理解。

实际上，随着人类社会的不断发展、进步，环境的概念也在拓展，如有的学者把月球也视为人类生存的环境，这是因为：

（1）人类的足迹已踏上月球。

（2）海水的潮汐受月球的影响。

（3）随着宇宙空间科技的发展，人类有可能开发和利用月球资源。

更进一步，有的学者将更大范围的星际空间也作为人类生存的环境的一部分。另外，环境的概念还包括人类与自然要素间相互形成的各种生态关系的组合，如生态平衡、人与自然的和谐共处均反映这种相互之间的关系。“环境”又是动态的、不断变化的，因为客观事物的不断变化，随着组织活动的深入开展，组织与周围环境的关系也处于不断变化之中。

环境因素（environmental aspect）是 ISO 14000 系列标准提到的一个专业术语，它指一个组织的活动、产品或服务中能与环境发生相互作用的要素（注：重要环境因素是指具有或能够产生重大环境影响的环境因素）。这个概念也是一个相当抽象的概念，任何一个人、一个组织都无时无刻不与环境发生作用，或在进行物质和能量的交换，一个绝对孤立的、不与外界发生作用的系统是不存在的，因此，不同的组织对环境因素理解的深度和广度则可能大不一样。ISO 14001 要求组织识别组织活动涉及的环境因素，不同组织识别出来的情况可能大相径庭，如：一个物业管理公司可能将“绿化”作为一个重要环境因素来控制；而一个化工厂可能把某些污染的排放作为重要环境因素，而根本不把“绿化”作为环境因素来考虑。因此，在满足法律法规要求的前提下，如何来把握“环境因素”涉及的广度和深度，则完全由组织（企业）自己根据本行业的特点和发展的要求来把握。

另外，ISO 14000 标准中的环境因素并非特指组织给环境带来的负面影响。但一般来讲，组织总是对给环境造成负面影响的环境因素予以更多的关注。

大量环境因素的综合作用会使得周围的环境发生改变，引起环境污染。环境污染是指排放的污染物超过一定浓度并持续一定时间，或者是排放的有害物质超过环境所能允许的极限（环境容量）时，直接或间接引起人们的生活、工作、健康、精神状态、设备财产及生态环境等产生不利影响。

环境污染的类型可根据污染物的来源、特性、结构形态和调查研究目的的不同有不同的分类方式，环境污染有如下分类：

（1）按污染产生的原因可分为自然污染和人为污染。自然污染包括生物污染（鼠、蚊、蝇、霉素及病原体等）和非生物污染（火山、地震、泥石流等）；人为污染包括生产污染（工业、农业、交通和科研等）和生活污染（住宅、学校、医院和商业等）。在人为污染中，又可根据污染源产生污染的特性不同，将污染分为工业污染、农业污染、生活污染和交通污染四大类。

（2）按环境要素的影响分，环境污染可分为大气污染、水体污染、土壤污染及生物污染。

（3）按污染源的形态特征分，环境污染可分为点源、线源（移动源和固定源）和面源。

（4）按照污染涉及的范围可分为局部污染、区域污染和全球性污染等。

环境污染的产生，可以是人类活动的结果，也可以是自然活动的结果，或是这两者共同作用的结果。通常的环境污染更多地指由人类活动造成的。

二、环境质量与环境质量标准

环境质量是指环境的总体或部分要素对人类的生产生活的适宜程度。环境质量包括自然环境质量和社会环境质量两大部分，可用定性和定量的方法来描述。定量描述可用各种质量参数值、指标、质量指数和质量模型来衡量，如用大气指数法评价大气环境质量（典型的有格林大气污染指数、美国污染物标准指数等）、用水质指数法评价水环境质量（典型的有豪顿水质指数、罗斯水质指数及黄浦江污染指数等）；也可用生物指标和生物指数法来衡量环境质量。用于定性描述的是各种反映环境质量程度的形容词、名词、短语，如好、差、符合标准、不符合标准等。随着环境保护事业的发展，现在已有专业做环境影响评价的单位，对环境质量的优劣做出较准确衡量。

环境质量标准是各国政府对环境要素中各种污染物在一定时间和空间范围内的允许含量所做的强制性规定。环境质量标准有多种分类法，大多以环境要素来划分，如大气环境质量标准、水环境质量标准、土壤环境质量标准等。还有从功能来划分的，如居住环境质量标准和工作环境质量标准及功能区环境质量标准等。实际使用中，不同类型的提法常常是混合使用的。另外，在我国环境标准根据管理层次可以分为国家级和地方级两个层次，或称为国家环境质量标准和地方环境质量标准。国家环境质量标准是由国家规定的，它是统一衡量全国各地环境质量所达到水平的准绳，是各地进行环境管理的依据。地方环境质量标准是根据国家环境质量标准的要求，结合地方的环境特点制定的，补充国家环境质量标准中不包含的主要污染物的项目及其容许浓度，但地方环境质量标准严于国家质量环境标准。

三、环境影响

环境影响在 ISO 14001 标准中的定义是：全部或部分地由组织的环境因素给环境造成的有害或有益的变化。

环境影响有别于环境污染这个概念，环境污染仅指人类活动给环境造成负面影响，而环境影响则既包括了有害的、不利的负面影响，还包括有益的变化，是一个中性的词。环境影响是由环境因素而导致的环境的变化。

评价与环境因素相关的环境影响也是组织进行体系策划的重要步骤，它为组织的环境方针、目标和指标的订立奠定了基础。组织评价环境影响应结合每一个被确定的环境因素，分别进行评价，评价过程尽可能反映真实的情况。一般情况下，评价过程需考虑以下过程：

（1）环境影响的规模。

（2）环境影响的严重程度。

（3）环境影响发生的概率。

（4）环境影响的持续时间。

（5）环境影响的范围。

（6）过程失效所造成的潜在的环境影响有多大。

另外，组织评价环境影响有别于有国家认可做环境影响评价资质的单位所做的环境影响评价。有国家认可资质的单位所做的环境影响评价是具有法律效力的，它将企业的活动对环境造成的影响与国家有关环境的法律法规和标准的要求做比较，来说明企业的行为对环境影响的程度，该环境影响报告可作为企业向上级机关申报新项目的依据。而组织（企业、事业及其他团体）评价环境影响是作为企业自身来控制环境的依据，在满足国家有关法律法规的基础上，环境影响的重要程度的把握因组织本身对自身发展方向和对环境保护的重视程度而异。

第二节　环境科学与我国的环保事业

一、环境科学

随着环境问题的不断出现，人类逐渐加深了对环境的理解，大约在 20 世纪 70 年代初形成了环境科学。环境科学是一门新兴的综合性科学，以化学、物理化学、生物学、水力学、气象学、地理学等各学科的理论为基础，系统地研究“人-环境”这对矛盾，揭示人类生产和生活活动与引起的生态平衡的破坏之间的关系，并对其发生与发展做出判断，为调节与控制及利用与改进环境提供理论指导。

环境科学是综合性的新兴学科，从长远的眼光看，环境科学尚处于发展阶段，很难对环境科学的体系进行划分。较普遍的看法是，将环境科学按其性质和作用划分为基础环境学、应用环境学及环境学三部分，如图 2-1 所示。

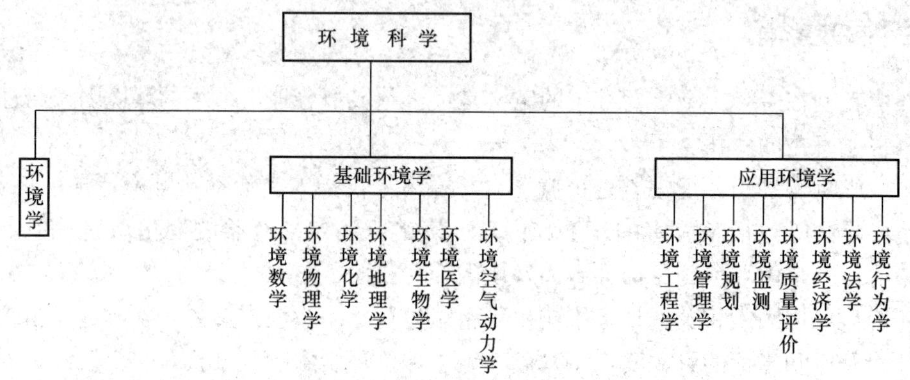

图 2-1 环境科学分科体系示意图

二、我国的环境保护事业

各国的环境保护因经济的发达程度而有区别，我国因经济相对落后，环境保护事业的起步也比国外晚一些，但成就突出。从环境保护发展的历程上大致可以分为三个阶段，这三个阶段分别是：1973～1978 年为起步阶段；1979～1992 年为发展阶段；1992 年以后为可持续发展阶段。

（一）1973～1978 年

在这个阶段以前，我国环境污染和破坏达到了最严重的程度，出现了一些较严重的环境污染事件，如：大连湾污染事件，涨潮一片黑水，退潮一片黑滩，使大量海生生物死亡，经济损失严重；北京发生了鱼污染事件；松花江水系一些渔民出现了“水俣病”的症状。这些事件使人们意识到环境问题的严重性，1973 年 8 月 5～20 日，在北京召开了第一次全国环境保护会议，这次会议标志着我国环境保护事业的开端。这次会议得出了环境问题“现在就抓，为时不晚”的明确结论，审议通过了“32 字环境保护方针”和《关于保护和改善环境的若干规定（试行）》。在这个时期内环境保护工作主要取得了以下几方面的成果：全国重点污染源调查、环境质量评价及污染防治途径的研究；开展了以水、气污染治理和“三废”综合利用为重点的环保工作；制订环境保护规划和计划；形成了一些环境管理制度，制定了“三废”排放标准。

（二）1979～1992 年

1983 年召开了全国第二次环境保护会议，主要的成果有以下几方面：确立了把环境保护作为基本国策；提出了“三同步”“三统一”战略方针；确定了“预防为主、防治结合、综合治理”“谁污染谁治理”“强化环境管理”三大环境政策；提出了20世纪末的环保战略目标。在这个阶段内初步形成了我国的环保政策、法规体系。1989年又召开了第三次全国环境保护会议，在这次会议上提出了努力开拓有中国特色的环境保护道路及总结确定了八项有中国特色的环境管理制度。

（三）1992年以后

这个阶段以1992年在里约热内卢召开的联合国环境与发展大会为界线，该次大会的召开标志着世界环境保护已进入可持续发展时代，环境原则已成为世界经济活动中的重要原则，相应地我国的环境保护进入了一个新的阶段。在这个阶段，第四次全国环境保护会议提出两项重大举措：“九五”期间对全国12种主要污染物的排放量进行总量控制；实施中国跨世纪绿色工程规划。国务院发布了目标明确、重点突出、可操作性强的《国务院关于环境保护若干问题的决定》，提出有名的如“一控双达标”治理“三湖三河”（三湖指太湖、巢湖、滇池，三河指淮河、海河、辽河）等口号。

从三个阶段来看，中国解决中国的环境与发展问题进行了不懈的努力，取得不少的成果。然而，由于环境问题是一个复杂的、长久的问题，许多环境问题需要在几年、十几年甚至几十年后才能暴露出来，加上我国尚处在社会主义初级阶段的特殊国情，环境保护的事业任重而道远。

第三节　环境污染及治理技术

前面章节已讲了环境污染的概念，并且也知道了根据考虑问题的方法不同，污染类型有不同的划分。本节将按大气污染、水体污染、固体废物污染、噪声污染及其他污染的顺序来简单描述污染的基本情况及其治理技术。

一、大气污染

（一）大气污染的类型

大气污染的类型按不同的划分原则有不同的划分方式。

大气污染按其影响涉及范围可分为四大类：局部污染、地区性污染、广域性污染、全球性污染。这类划分范围的大小是相对的，没有具体标准。一般情况下，局部污染可能是某个烟囱排放的废气所造成的直接影响；地区性污染，比如像工矿区或附近地区的污染，或整个城市的大气污染，如像洛杉矶光化学烟雾事件；广域性污染，是指更广泛地区的大气污染，如酸雨；全球性污染，指跨国界及至整个地球大气层的污染，如温室效应、臭氧层破坏等。

根据能源性质和大气污染物组成和反应，可将大气污染分为煤烟型、石油型、混合型和特殊型四种类型。

煤烟型污染的污染物主要是烟气、粉尘和二氧化硫，二氧化硫经过在空气中的转化反应后，变成毒性更大的二次污染物硫酸及其盐所构成的气溶胶。石油型污染，主要发生在油田及石化企业和发达国家汽车较多的城市，原因是炼油过程中排放的一些有机废气和大量汽车在使用过程中排放的尾气中含有一些未完全燃烧的有机物，经阳光的照射转化为毒性更强的二次污染物，这些污染主要是臭氧、氢氧基、过氧氢基等自由基、醛和过氧酰基硝酸酯（PNA）。混合型污染是指既有煤烟型的污染，又有石油型的污染。特殊型污染是指特殊行业排放的污染物所造成的污染。

（二）主要大气污染物及其危害

（1）二氧化硫。无色刺激性气体，对人呼吸道及眼睛具有强烈刺激作用，在低浓度下主要影响呼吸道浓度较高时，喉头感觉异常，大量吸入可出现咳嗽、胸痛、呼吸困难等症状，引起肺水肿、喉水肿、声带痉挛而致窒息。严重二氧化硫污染地区在一定条件下易形成酸雨（$pH<5.6$ 的降水），造成器物腐蚀、植物枯黄、水生生物减少等一系列损失和生态破坏。

（2）氮氧化物。高温燃烧过程产生的 NO（无色），如打雷、汽车发动机燃烧等，其在空气中易与氧结合生成红棕色二氧化氮，二氧化氮是一种刺激性气体，毒性与二氧化硫相似。二氧化氮与二氧化硫及粉尘共存时，会产生协同作用（所谓协同作用是指相互影响产生的毒性比三者加起来大得多的一种情形），比单独存在时的毒性更大。粉尘能加速二氧化硫向高价硫酸盐转化，并容易附着在细小的粉尘上，而细小的粉尘（主要是指可吸入颗粒物，特别是直径为 $2\mu m$ 左右的粒子危害最大）又容易被肺组织吸收，从而使得产生的危害更大。二氧化氮与碳氢化合物共存（汽车排放的尾气经转化后正好符合这个条件）时，经阳光中紫外线照射会形成光化学烟雾。氮氧化物被空气中小水滴吸收会形成酸雨。

（3）烟、粉尘。烟尘主要是指煤、油等物质在燃烧过程形成的颗粒物，这类颗粒物本身毒性不大，但它容易吸附其他有害气体、有毒重金属、强致癌物质等。粉尘主要是建筑施工和矿石加工过程（如水泥加工厂、石灰生产厂、没有环保措施的石材加工厂、磨煤机磨煤等）形成的无机颗粒物，粉尘中直径在小于 $10\mu m$ 的飘尘很容易吸入肺泡中，进入血液及淋巴液内，长期与这些物质接触的人，导致纤维组织增生、肺气肿等病变。另外一方面飘尘粒子也是其他多种有毒物质载体，并且具有催化作用，可能会导致产生毒性更大的物质。

（4）碳氢化合物。含碳和氢两种化合物的有机物统称碳氢化合物，其种类、名目繁多，这类物质本身一般是低毒或无毒物质，但适当条件下，在空气中与氮氧化物相互作用形成毒性很强二次污染物质——光化学烟雾剂。

（5）一氧化碳。无色、无嗅、具有很大毒害性的气体，其毒性在于它能与血红蛋白结合，生成碳氧血红蛋白，使血液失去输氧功能。二氧化碳无色、无嗅、无毒，对人无显著危害作用，但其排放量大，是重要的温室气体之一。

（6）光化学烟雾剂。主要是指由氮氧化合物与碳氢化物经光化学反应产生二次污染物。以臭氧为主，约占 90%，其次为 PNA 及甲醛等。其中臭氧毒性超过二氧化氮和二氧化硫，主要破坏人体的呼吸系统，引起胸部、头痛、咳嗽等症状，PNA 和甲醛刺激黏膜和皮肤，致使眼痛、流泪、害红眼病等。

（三）大气污染物控制技术

根据污染物的形态，可将大气污染治理技术分为颗粒污染物净化技术和气态污染物净化技术。前者是利用质量大的特点，将污染物通过外力的作用分离出来，从含尘气体中分离并捕集粉尘或雾滴的装置统称为除尘器。后者是利用污染物的物理性质和化学性质，采用吸收、吸附、燃烧、冷凝等方法进行处理。

1. 颗粒污染物净化技术

目前，除尘器的种类繁多，按捕集粉尘的机理不同，可将各种除尘器分为机械式除尘器、过滤式除尘器、洗涤式除尘器和静电除尘器四类。各种除尘装置的实用性能比较见表 2-1。

表 2-1　各种除尘装置的实用性能比较

类型		结构形式	处理的粒度（μm）	压力降（mmH_2O）	除尘效率（%）	设备引用程度	运转费用程度
机械式	重力除尘	沉降式	50～1000	10～15	40～60	小	小
	惯性力除尘	烟囱式	10～100	30～70	50～70	小	小
	离心除尘	旋风式	3～100	50～150	85～95	中	中
洗涤式除尘		文丘里式	0.1～100	300～1000	80～95	中	大
过滤式除尘		袋式	0.1～20	100～200	90～99	中以上	中以上
静电除尘		—	0.05～20	10～20	85～99.9	大	小～大

注　$1mmH_2O=9.8Pa$。

（1）机械式除尘器是利用重力、惯性力或离心力等的作用使粉尘与气流分离沉降的装置，包括重力沉降室、惯性除尘器和旋风除尘器等。这类除尘器的特点是结构简单，造价低，维护方便，但除尘效率不高。

重力沉降室是利用气流中尘粒自身的重力作用进行分离，一般可捕集 50μm 以上的粒子，沉降室内的气体流速一般取 0.4～1m/s，除尘率为 40%～60%。

惯性除尘器一般作为高性能除尘装置的前级，可先除去较粗尘粒，通常可除去10～20μm 的金属或矿物性粉尘，对粘结性和纤维性粉尘，不宜采用。

旋风式除尘器是利用气流在旋转运动中产生的离心力来清除气流中尘粒的设备。主要用于处理粒径大（10μm 以上）和密度较大的粉尘，可作为一级除尘装置，也可作为多级除尘的第一级。

（2）过滤式除尘器是使含尘气体通过滤料，将尘粒分离捕集的装置。常见的包括袋式除尘器和颗粒层除尘器两种。其突出特点是除尘效率高（达 99%以上），主要缺点是压力损失高。

（3）静电除尘器是利用高压电场产生的静电力（库仑力）的作用实现固体粒子或液体粒子与气流分离的方法。一般可分为干式电除尘器和湿式电除尘器。其特点是除尘效率高，耗电量少，主要缺点是费用较高。

(4) 洗涤式除尘器分为低能洗涤式除尘器（如重力喷淋除尘器、水膜除尘器等）、高能洗涤除尘器（如文丘里除尘器）。主要特点是除尘效率高，缺点是能耗高，对产生的污水须进行处理。

2. 气态污染物净化技术

控制气态污染物的排放，主要的途径是净化工艺尾气，常用的方法主要有吸收法、吸附法、催化法、燃烧法、冷凝法等。

吸收法是采用适当的液体作为吸收剂，使含有有害物质的废气与吸收剂充分接触，废气中的有害物质被吸收于吸收剂中，使气体得到净化。该法具有设备简单、捕集效率高、应用范围广、投资低等特点，但有害物质转入吸收液后，须对其进行处理，否则会引起二次污染。

吸附法治理废气即将废气与大表面多孔性固体物质（如活性炭、分子筛、硅胶、氧化铝等）相接触，使得废气中有害物质被吸附在固体表面，达到分离的目的。对使用后失效的吸附剂采取某种方法，可使吸附剂重新恢复吸附能力，即所谓的吸附剂的再生。吸附法的净化效率高，特别适用于排放标准要求严格同时有毒物浓度低的情况，常作为深度净化的手段。

催化法净化气态污染物是利用催化剂的作用，使废气中有害成分发生化学反应并转化为无害物或易于去除物质的一种方法。该方法应用的比较成功的例子是汽车尾气催化转化。

燃烧法是将废气中污染物（可燃气体、有机溶剂、炭烟等）转变成无害物质或更容易除去物质的过程。主要应用于碳氢化合物、甲烷、苯、二甲苯、一氧化碳、硫化氢、恶臭物质、黑烟（含炭粒和油烟）。实用中的燃烧净化方法有三种，即直接燃烧、热力燃烧与催化燃烧。

冷凝法是利用物质在不同湿度下具有不同的饱和压力这一性质，采用降低系统的温度或提高系统的压力，使处于蒸汽状态的污染物冷凝并从中分离出来的过程。该法特别适用于净化浓度很高的有机溶剂蒸气。通常用于高浓度气态污染物的预处理，可以减轻吸附、燃烧等处理的负荷。

其他的废气处理方法（如生物法处理法），使有机废气通过高湿并有适合微生物生长固定的塔，经过适当的停留时间，使有机废气被分解为无毒或低毒的物质。

二、水体污染

(一) 水体污染的定义

水体是河流、湖泊、沼泽、水库、地下水、冰川、海洋的总称。它不仅包括水，而且还包括水中的悬浮物、底泥及水生生物等。

水体污染是指排入水体的污染物在数量上超过了该物质在水体中的本底含量和水体的环境容量，超出了水体的自净能力，从而导致水体的物理特性、化学特性和生物特性的改变和水质的恶化，破坏了水中固有的生态系统，破坏了水体的功能及其在经济发展和人们生活中的作用。

（二）水体主要污染物及危害

水体中的污染物按其种类和性质一般可分为四大类，即无机无毒物、无机有毒物、有机无毒物和有机有毒物。除此以外，对水造成污染的还有放射性物质、生物污染物质和热污染等。所谓有毒和无毒也是一个相对的概念，只有当浓度达到一定值后，有些物质才显示出毒性。值得注意的是，水中生物对某些毒物浓度具有"放大"作用，经过一定食物链传递后，有害物质浓度大大提高。

1. 无机无毒物

无机无毒物又可细分为三种类型：一是属于砂粒、矿渣一类的颗粒状的物质；二是酸、碱、无机盐类；三是氮、磷等植物营养物质。

水体中颗粒状污染物使得水浑浊，降低了光的穿透能力，减少光合作用，也有可能会堵塞鱼鳃，致鱼死亡，水中的悬浮物还可能是某些污染物的载体。

酸、碱污染水体，可使水体的pH值发生改变，破坏自然缓冲，水质逐渐恶化，周围土壤酸化等，并会抑制或消灭微生物生长和妨碍水体自净，对淡水生物和植物生长不利。

氮、磷等营养物质是促进水中植物生长的元素，过量的营养元素被植物吸收后，加速了水体富营养化。天然水体中过量的营养物质主要来自农田施肥、农业废弃物、某些工业废水和城市生活污水。大量营养元素排放进入湖泊、水库及海湾等水体，促进了藻类等水生生物异常繁殖。藻类的过度繁殖，造成了水体中溶解氧急剧下降，从而导致鱼类和其他的一些水生生物缺氧而死亡，进而导致整个水体恶化。

2. 无机有毒物

无机有毒物又可分为两类，一类是毒性作用快；另一类是通过食物链缓慢逐渐富集，当达到一定浓度后才显示出症状，不易为人发现，但危害形成，就难治疗，如日本发现的水俣病和骨痛病。无机有毒物按化学性质又可分为非重金属无机毒性物质和重金属毒性物质。

非重金属无机盐毒性物质，典型的如氰化物、砷化物等。

水体中氰化物主要来源于电镀污水、焦炉和高炉的煤气洗涤冷却水、某些化工厂的含氰废水及金、银选矿废水等。氰化物是剧毒类物质，急性中毒抑制细胞呼吸，造成人体组织严重缺氧，人只要口服0.3～0.5mg就会致死。氰对许多生物有害，只要0.2mg/L就能杀死虫类。我国饮用水标准规定，氰化物浓度不超过0.05mg/L，农业灌溉水质标准为不大于0.5mg/L，渔业用水标准不大于0.005/L。

含砷废水主要来源于化工、有色金属冶炼、炼焦、火电、造纸、皮革等行业。三价砷的毒性大于五价砷，所以氧化性较强的环境有利于降低含砷废水的毒性。对人体而言，亚砷酸盐的毒性作用比砷酸盐大60倍，因为亚砷酸盐能够与蛋白质中的硫基反应，而三甲基砷的毒性比亚砷酸盐更大。砷也是累积性中毒的物质，当饮用水中砷含量大于0.05mg/L时，就会导致累积。砷还是致癌物质，我国饮用水标准规定，砷含量不应大于0.05mg/L，农田灌溉标准不大于0.05mg/L，渔业用水不超过0.05mg/L。

重金属毒性物质在水中不能为微生物降解，只能在各种形态之间相互转化以及分散和富集，重金属在水体中的迁移主要与沉淀、络合、螯合、吸附和氧化还原等作用有关。典型的有铬化物、汞化物及镉化物等。

低价铬的毒性较小，三价铬和六价铬的毒性依次增大，其中，六价铬对人体的毒性比三价铬要大100倍，产生毒性的浓度范围为1～10mg/L。

镉与机体中各种含硫基的酶结合，从而抑制酶的活性和生理功能，并在肾、肝中蓄积。非水溶性镉不溶于水、不易迁移、不易被植物吸收，而水溶性镉很容易通过土壤转移到作物中，间接引起人畜中毒，产生毒性范围为0.01～0.001mg/L。

从毒性和生物体的危害方面看，重金属污染主要具有以下特点：①天然水体中只要达到微量浓度即可产生毒性效应，毒性较强的重金属如汞、镉等，产生毒性的浓度范围在0.01～0.001mg/L；②微生物不能降解重金属，在一定条件下微生物可重金属转化为毒性更强的金属有机化合物，如无机汞可在微生物的作用下转化为毒性更强的甲基汞(该过程也可在生物体内进行)，它是“水俣病”事件的毒害物质；③重金属离子在水中转化与水中的酸碱条件有关；④地表水中重金属离子可通过生物的食物链富集，浓度大，超出环境中的水平；⑤重金属在进入人体内后能够与生理活性分子起作用，使它们失去活性，也可在某些器官中累积，造成慢性累积性中毒。

3. 有机无毒物

这类物质多属碳水化合物、蛋白质等大分子有机物，易生物降解，在水体中有机物浓度过高时，微生物吸收降解有机物往往消耗大量的氧，因此，又叫耗氧物质或需氧物质。这类物质主要来自生活废水、食品加工工业、制革、造纸、印染等工业废水。含有有机无毒物的废水排入水体后，在微生物的降解作用下，会使得水中溶解氧的含量大大下降，从而使得水体中的溶解含量达不到鱼类生存的要求，当水中溶解氧的含量低于1mg/L时，会导致大部分的鱼类死亡。

4. 有机有毒物

这类物质主要是由石油化学工业合成过程排放的不经处理的污水，及有机农药在使用过程排放的一些有毒有害物质，目前比较引人关注的是有机氯化合物和多环有机化合物两大类化合物。由于这些化合物性质稳定、难降解，具有溶脂性及累积效应等特点，危害的影响较大，其中，有机氯农药的污染是世界性的，从水中的浮游生物到鱼类，从家禽到野生动物，从南极洲冰雪中到青藏高原的积雪中均能检出有机氯农药的存在。

5. 石油类污染物

这类污染物对水体的污染比较突出，在石油的开采（海上）、储运、炼制及使用过程中，排出的含油废水体遭受污染，特别的，海洋遭受的石油污染最严重。除了上面提到的源头外，工业生产中产生的含油废水也是相当严重的。

6. 其他类污染物

如核电厂和核动力舰排放的含放射性物质的废水，或铀矿开采、提炼、纯化、浓缩过程中产生的含放射性物质的废水，会使生物和人类产生遗传变异。

另外，如工矿企业向江河排放的冷却废水，使水体的温度升高，改变了原来的水体环境，加速了水体中化学反应速率，从而破坏了水体的生态，影响水体的使用价值。

（三）水污染防治技术

污水中的污染物质很复杂，往往不是用一种方法就能够把污染物质去除干净，一般情况下需要根据污水的水质、水量、排放标准、处理方法的特点、处理成本等，通过专业处理污水单位的调查、分析和比较后才能确定，有时还需要小试、中试等试验研究。根据对污水中污染物去除程度，可将污水处理分为一级处理、二级处理和三级处理。一般情况下，对于一些单纯成分废水，往往只需要采用某一单元技术，没有必要分成一级、二级、三级，而对多数复杂或成分单纯但浓度较大且要求处理程度高的废水，往往采用多种处理方法联用。

一级处理主要是分离水中的悬浮固体物、胶状物、浮油或重油等；二级处理主要是去除可生物降解的有机溶解物和部分胶状污染物，以降低废水中 BOD 和 COD；三级处理主要是去除难降解的、浓度低且危害较大的污染物。

按照作用原理分，可将废水处理技术分为物理处理法、化学处理法、物理化学处理法和生物处理法四大类。不同的污水处理方法对其污水处理的作用（或深度）是不一样的，表2-2列举了常用的废水处理方法及对应去除的污染物。

表 2-2　　常用废水处理方法及对应去除的污染物

类别	处理方法	主要去除污染物
一级处理	格栅分离	粗粒悬浮物
	沉砂	固体沉淀物
	均衡	不同的水质冲击
	中和（pH 值调节）	酸、碱
	油水分离（API、CPI）	浮油、粗分散油
	气浮或聚结	细分散油及微细的悬浮物
二级处理	活性污泥法	微生物可降解的有机物、BOD、COD
	生物膜法	
	氧化沟	
	氧化塘	
后处理	氨气提法	气体 H_2S、CO_2、NH_3
	凝聚沉淀法	不能沉降的悬浮粒子、胶体粒子、细分散油
	过滤或微絮凝过滤	悬浮固体物、细分散油
	气浮	
	活性炭过滤（生物炭过滤）	

续表

类别	处理方法	主要去除污染物
三级处理	活动性炭吸附	臭味、颜色、COD、细分散油、溶解油
	灭菌	细菌、病毒
	电渗析 离子交换	盐类、重金属
	反渗透 蒸发	盐类、有机物、细菌
	臭氧氧化	难降解的有机物、溶解油

1. 物理处理法

通过物理作用，以分离、回收污水中不溶解的呈悬浮状的污染物质，在处理过程中不改变其化学性质。常用的有重力分离法、离心分离法、过滤法及蒸发等。

（1）重力分离法是借用重力沉降（或上浮）作用，使水中悬浮物分离出来。如沉砂池、沉淀池和隔油池，这些方法常作为预处理使用。

（2）过滤法是利用过滤介质去除水中的悬浮物，常用的设备如格栅、栅网、微滤机、砂滤机、真空滤机、压滤机等。

（3）气浮是将空气通往污水中，微小的气泡将微小的粒状污染物黏附，并随气泡上升至水面，使污染物与水分离开来。

（4）离心分离法是利用离心力的作用将污染物从废水中分离出来。

2. 化学处理法

通过投加某种化学物质，利用化学反应来分离、回收污水中的某些物质，或使其转化为无害的物质。常用的方法有化学沉淀法、混凝法、中和法、氧化还原法等。

（1）化学沉淀法是利用投加的化学物质与污水中溶解性物质发生互换反应，生成难溶于水的沉淀物。常用于含重金属、氰化物等工业废水的处理。

（2）混凝法是利用投加的混凝剂使水中的胶体颗粒失去稳定性，凝聚成大颗粒而下沉。

（3）中和法是用来处理酸性废水和碱性废水，通过向酸性废水中加入碱性物质或向碱性废水中加入（通入）酸性物质，使废水变为中性。

（4）氧化还原法是利用强氧化性物质（如液氯、臭氧等）或阳极反应，将废水中的有害物质氧化分解为无害物质；或是利用强还原性物质或阴极反应，将废水中的有害物质还原为无害物质。如臭氧氧化法在进行污水的除臭、脱色、杀菌及除酚、氰、降低BOD与COD等方面有显著效果，只是成本相对较高。

3. 物理化学法

物理化学法是利用吸附、萃取、离子交换、膜分离技术等操作将污染物从水中分离。

（1）吸附法是利用多孔性固体物质将污水中的一种或多种物质吸附在固体表面而去除的方法。此法可用于吸附水中的酚、汞、铬、氰等有毒物质，还可除色、脱臭等。

（2）萃取（液-液）法是利用不溶于水的溶剂与水，对污水中的溶质不同的溶解度的性质来分离溶质。

（3）离子交换法是利用离子交换剂的离子交换作用来置换污水中的离子化物质。目前使用的离子交换剂有无机离子交换剂和有机离子交换剂两大类，可去除（回收）污水中的铜、镍、镉、锌、汞、金、银、铂、有机物和放射性物质等。

（4）膜分离法是用一种特殊的半透膜将溶液隔开，使溶液中的某种溶质（杂质）或者溶剂（水）渗透出来，从而达到分离的目的。膜分离法有电渗析法、反渗析法和超过滤法。电渗析法是在外加直流电场的作用下，利用阴、阳离子交换膜对水中离子的选择透过性，使一部分溶液中离子迁移到另一部分溶液中去，以达到浓缩、纯化、合成、分离的目的。

4. 生物处理法

生物处理法是利用微生物的作用对废水中的胶体和溶解的有机物质降解并转化为无害的物质，使污水得以净化。属于生物处理法的工艺，又根据参与作用的微生物的呼吸特性不同，可将生物法分为好氧生物处理与厌氧生物处理。

好氧生物处理法是在有氧条件下，利用好氧菌分解稳定有机物的生物处理方法，常见有活性污泥法、生物膜法和生物塘法。

活性污泥法是当前使用最广泛的一种生物处理法。该法是将空气连续鼓入曝气池的污水中，经过一段时间，水中形成繁殖有巨量好氧性微生物的絮凝体，即活性污泥，它具有吸附能力和氧化能力。当污水经过初次沉淀池，进入含有大量活性污泥的曝气池时，有机物被活性污泥所吸附，在污泥的表面微生物对有机物进行氧化分解，同时氧化后的污水进入二次沉淀池，活性污泥在重力的作用下沉降，从而使污染物与水分离。以活性污泥法处理污水的基本流程如图 2-2 所示。

生物膜法是利用附着在固体表面上的微生物膜，与废水进行固、液相间的物质交换，并在膜内进行生物氧化达到去除废水中有害物质的目的。根据废水与生物膜的接触形式不同，可分为生物滤池、生物转盘、接触氧化法等。

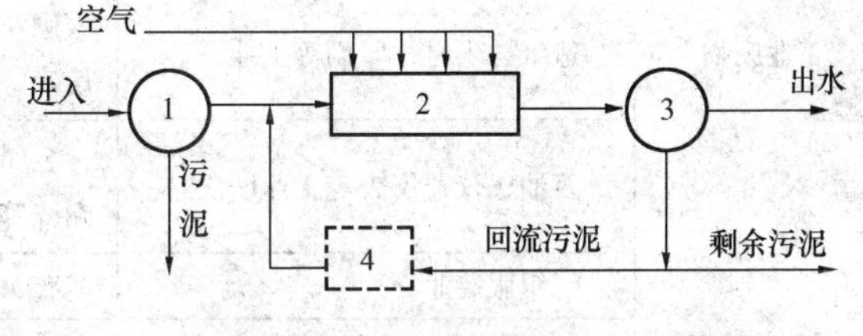

图 2-2　活性污泥法基本流程

1—初次沉淀池；2—曝气池；3—二次沉淀池；4—再生池

生物塘法是在自然条件下，依靠大量繁殖的微生物转化废水中的有机物。常见的有氧化塘、兼性氧化塘、厌氧塘、曝气氧化塘等。

厌氧生物处理法是在无氧（或缺氧）的条件下，利用厌氧微生物的作用分解污水中的有机物，达到净化水的目的。与好氧法相比存在着处理时间长、对低浓度有机污水处理效率低等缺点，该法常用于与处理污泥及高浓度有机废水。但最近几年来，出现了一批高效新型厌氧生物反应器，如厌氧生物滤池、升流式厌氧污泥床、厌氧流化床等。

三、固体废物污染

（一）固体废物的定义

固体废物（solid wastes）是指人类在生产、加工、流通以及生活等过程中丢弃的固体和泥状物质。“废物”具有相对性，一种过程的废物往往可成为另一过程的原料，所以废物也有“放在错误地点的原料”之称。为便于环境管理，国际上也将容器盛装的易燃、易爆、有毒、腐蚀等具有危险性的废液、废气定为固体废物，执行固体废物管理法规，划入固体废物管理范畴。

固体废物的分类方法很多，按其化学性质可以分为有机废物和无机废物；按其来源可分为矿业的、城市的、农业的和放射性的四类；按其形态可分为固体的（块状、粒状、粉状的）和泥状的。我国从固体废物管理的需要出发，将其分为工业固体废物、危险废物和城市垃圾三类。这里的危险废物是指列入国家危险废物名录或者根据国家规定的危险废物鉴别标准和鉴别方法认定的具有危险特性的废物。表 2-3 列举了常见固体废物的来源与分类。

表 2-3　　常见固体废物的来源与分类

分类	来源	主要组成物
矿业	矿山	废矿石、尾矿、金属、废木、砖瓦石灰等
工业废物	冶金、交通、机械、金属结构等工业	金属、矿渣、砂石、模型、芯、陶瓷、边角料、涂料、塑料、橡胶、烟尘等
	煤炭	矿石、木料、金属
	食品加工	肉类、谷物、果类、蔬菜、烟草
	橡胶、皮革、塑料等工业	橡胶、皮革、塑料、布、纤维、染料、金属等
	造纸、木材、印刷等工业	刨花、锯末、碎木、化学药剂、金属填料、塑料、木质素
	石油、仪器仪表等工业	金属、玻璃、木材、橡胶、塑料、化学药剂、研磨料、陶瓷等
	纺织服装业	布头、纤维、橡胶、塑料、金属
	建筑材料	金属、水泥、陶瓷、石膏、石棉、砂石、纸、纤维等
	电力工业	炉渣、粉煤灰、烟尘
城市垃圾	居民生活	食物垃圾、纸屑、布料、木料、植物修枝、金属、玻璃、粪便、杂品等
	商业、机关	办公用品以及类似居民生活栏内的各种废物
	市政维护、管理部门	碎砖瓦、树叶、污泥等
农业废物	农林	稻草
	水产	腥臭死禽畜，腐烂鱼、虾、贝壳，水产加工污泥等
放射性废物	核工业、核电站、科研单位、医疗单位	金属、含放射性废渣、粉尘、污泥、器具、劳保用品、建筑材料

（二）固体废物对环境的危害

由于固体废物成分复杂，呆滞性大，扩散性较小，直接占用土地或空间，其对环境的影响需要通过水、气或土壤进行，污染往往是多方面的、多要素的。

1. 污染水体

固体废物随雨水径流进入地面水体，通过渗透作用，通过土壤进入地下水，也有的细小固体废物会随风飘扬落入水体。如果将固体废物直接倒入江河、湖泊、海洋等水体中，会造成更严重的污染。

2. 污染大气

固体废物一般会以以下几种途径污染大气：以细颗粒状存在的废渣和垃圾包括病原微生物会随风的吹动进入大气；垃圾在运输过程中也会产生粉尘和有害气体；有些有机物会腐烂、分解，释放出有害气体或产生使人恶感的臭气；垃圾在堆放过程中（垃圾本向自燃或因微生物的分解而产生的可燃性气体在闪电、吸烟等的作用下）燃烧产生有毒、有害废气。典型的例子是煤矸石的自燃，在各地的煤矿曾多次发生，燃烧过程中产生的大量的二氧化硫、氨气、二氧化碳等气体，造成严重的大气污染。

3. 侵占土地

固体废物不加利用时，需占用土地推放，城市中每天产生的大量垃圾，导致城市被垃圾包围，影响了市容市貌，破坏了地貌和植被。

4. 污染土壤和水体

没有适当的防渗措施的垃圾填埋，经过长期的风化、雨淋、微生物的作用、地表径流的侵蚀产生渗出液，该渗出液 BOD 浓度极高，有毒有害且有强烈的恶臭。当该渗出液渗入土壤，能杀害土壤中的微生物，严重破坏土壤环境中的生态系统，随着渗出液进入地下水或渗出液随天然降水和地表径流进入水体，会使河流、湖泊或海洋受到污染。另外，进行过防渗处理的垃圾填埋场在处理导出的渗出液时，由于 BOD 极高且成分极其复杂，处理的技术难度很大，如果直接排放造成的污染会更严重。

实际上固体废物填埋场产生的污染作用是综合的。如某城市垃圾填埋场，渗出的废水使得周围溪流、江河等水体的生物无法生存；垃圾在运往填埋场的过程中的损失或散落再次造成污染；在堆放过程中因微生物作用产生的甲烷气体在夏天打雷的时候引起填埋场爆炸，使得垃圾四处飞散并引起垃圾场火灾，场面惊心动魄；填埋场散发出的恶臭使周围 1km 内的居民无法正常生活；填埋场周围的地下水因异味不能饮用，渗出液下流方向的农作物因土壤污染而减产等。

另外，像化学企业在生产过程中产生的废物，其危害更大，如铬渣是一种有代表性的工业废渣，能引起一系列严重病患，特别是能致癌、致畸和致突变。比较典型的事件是我国辽宁锦州铁合金厂的铬渣山累积堆存约 25 万 t 铬渣，受雨雪淋浸，渣堆不断渗出黄色的渗出水，其中所含 Cr（Ⅵ）浓度超标几千倍，导致铬渣山下游 60km 以内的地下水和 1800 多口井水受污染，无法饮用。

（三）固体废物处理技术

对固体废物，已从理论上建立和实践上确立了全过程管理原则和“三化”（即无害化、减量化、资源化）原则，形成了“从摇篮到坟墓”的管理控制体系（如图 2-3 所示）。我国已制定出近期以“无害化”“减量化”“资源化”作为控制固体废物污染的技术政策，并确定今后较长一段时间内应以“无害化”为主，以“无害化”向“资源化”过渡，“无害化”和“减量化”应以“资源化”为条件。

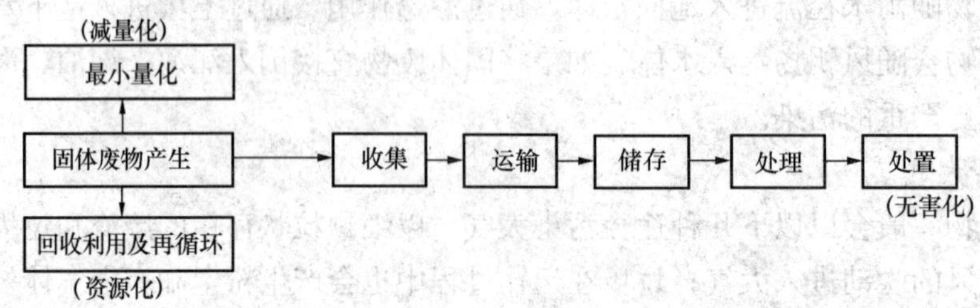

图 2-3　固体废物“从摇篮到坟墓”的管理控制体系

固体废物的“无害化”“减量化”“资源化”需要以各种处理、处置技术为支持。

（1）固体废物的处理是指通过各种物理、化学、生物的方法将固体废物转变为适于运输、利用、储存或最终处置的一种过程，其方法主要有物理处理、化学处理、生物处理、热化学处理及固化处理等。

物理处理是通过压实、破碎、分选、增稠、吸附等方法改变固体废物的结构，使之成为便于运输、储存、利用或处置形态。压实技术是通过对废物施加压力，将其做成一定体积的固化块，外用金属捆包后，再用沥青涂层，以实现减容的技术。破碎技术主要是通过挤压破碎、剪切破碎、冲击破碎、低温破碎以及几种方式组合起来的破碎方法。分选技术是根据物质的粒度、密度、磁性、电性、电光性等特性差异，可采用筛分、重力分选、磁力分选、涡电流分选、光学分选等方法。

化学处理是通过加入其他化学物质与固体废物中有害成分起作用，从而达到无害化，或将其转变成为适于进一步处置的形态。化学处理方法包括氧化法、还原法、中和法和化学沉淀法等。该法适用所含成分单一或所含几种成分化学性质相似的废物处理方面。

固化处理是采用固化基材料将废物固定或包覆起来，以降低其对环境危害的方法。根据固化时使用固化基材料的不同，固化处理可分为水泥固化、沥青固化、玻璃固化、自胶结固化等。该法适用的对象是放射性物质和有害废物。

热化学处理是高有机物含量废物无害化、减量化、资源化的一种有效方式。高有机物废物在高温（如焚烧）条件下分解，分解过程中释放的热量可以用来发电，充分实现废物的资源化。常用的热化学处理与资源化技术主要有焚烧、热解、湿式氧化等。

生物处理是利用微生物对有机固体废物的分解作用来实现废物无害化和资源化。常见的有堆肥法、沼气法、废纤维素糖化、废纤维饲料化、生物浸出等。

（2）固体废物的处置是指最终安全处置，是固体废物污染控制的末端环节。固体废物处置可分为海洋处置和陆地处置两大类。

海洋处置又可分为海洋倾倒和远洋焚烧两种方法。海洋倾倒是利用海洋的巨大环境容量，将废物直接投放海洋的处置方法；远洋焚烧是利用焚烧船将固体废物运至远洋处置区进行船上焚烧的处置方法。

陆地处置包括填埋法、堆存法、土地耕作法、储留池储存法，以及深井灌注等。填埋处置是从传统的堆放和填地处置演变而来的一项技术，特点是工艺简单、成本低、适于处置多种类型废物，从而成为一种处置固体废物的主要方法。土地填埋按地形特征可分为山间填埋、平地填埋、废矿填埋；按填埋场的状态可分为厌氧填埋、好氧填埋、准好氧填埋；按法律可分为卫生填埋和安全填埋等。填埋时应注意回填地的下部要有不透水的岩石或黏土层，否则需加不渗水层，以防止污染地下水。如果填埋废物中有机物含量较高，填埋场应设置排气口，以使废物在生物分解作用下产生的甲烷等气体及时导出，避免发生爆炸。

土地耕作法是利用现有的耕作土地，将固体废物分散在土壤中，通过生物的降解、植物吸收、风化等作用降低污染危害。该法具有费用低、损伤方便、工艺简单、对环境影响小等优点，还能改善土壤的结构和增加肥力。

深井灌注是将固体废物液化，用外力将液体注入地下与饮用水和矿脉层隔开的可渗透性岩层中。该法主要用来处置那些难于破坏、难于转化的废物，如放射性废物。

实际上固体废物的处理和处置两个概念存在一定的交叉，在处理不同的废物时既可称为处理技术又可称为处置技术，如焚烧技术。

（四）固体废物的综合管理

根据国内外固体废物管理的发展过程，可以看出废物管理大致经历了三个阶段：未加控制的土地处理阶段、卫生填埋与简单的资源回收并存阶段、固体废物的综合管理阶段。固体废物的综合管理模式是许多发达国家多年实践的基础上逐步形成的（见图2-4），其主要目标是能源回收、节约原材料和减少废物处理量，降低固体废物对环境的影响，从而实现“三化”的目的。

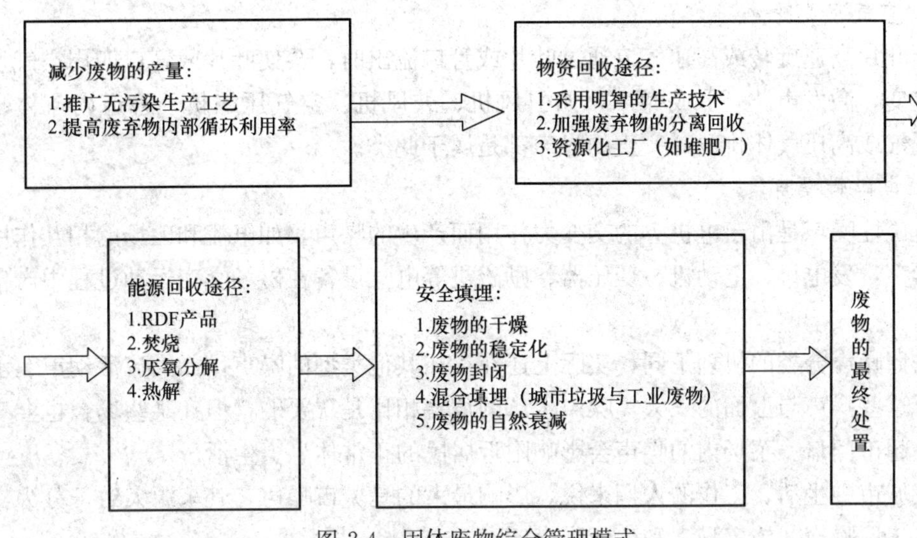

图 2-4　固体废物综合管理模式

四、噪声污染

（一）噪声污染的定义

由于近代工业的大规模的发展，噪声污染已呈越来越严重的发展趋势。噪声污染与大气污染、水体污染被公认为当今世界的三大公害。一般认为凡是干扰人们休息、学习和工作的声音，统称为噪声。噪声是一个非科学语言的定义，一个声音是否是噪声与主观上的因素有关，同一个人对同一种声音，在不同的时间、地点和条件下会产生不同的主观判断。例如，在心情舒畅时音乐对人们来说是一种享受，而在当心情不好或在专心思考或学习时，音乐反而会使人反感。另外，同样一种声音，对某些人来说可能是噪声，而对另一些人来说可能就不是噪声。

噪声作为一种公害具体有四大特性：感觉性、暂时性、局限性和分散性。所谓的感觉性是由于人对噪声的感觉会因人、因时、因地而异，对习惯在噪声环境下工作的人和刚进入此环境的人来说会不一样，同一响度的噪声在白天和在晚上对人又会产生不同的感觉。噪声的暂时性是指发生源一旦停止发声，噪声也马上消失，在环境中不积累、不持久、也不残留。噪声的局限性是指噪声在传播过程中，随着传播距离的增加和物体的阻挡、吸收、反射而减弱直到消失。它的影响和危害局限在噪声源附近。噪声的分散性是指噪声的来源是很广的，有些是固定源产生的，有些是流动源产生的，如交通噪声，某一处的噪声又往往是由多个噪声源产生的。

（二）噪声的分类

根据物体振动的物理特性可将噪声分为空气动力噪声、机械噪声和电磁性噪声三大类。

1. 机械噪声

机械噪声是指物体间在撞击、摩擦、振动作用下产生的噪声，如车床、空气锤、球磨机、打桩机、机车等产生的噪声。

2. 空气动力噪声

当叶片高速旋转或高速气流通过叶片或管口流出时，会使叶片或管口四周空气发生压力突变，激发声波，形成噪声，如引风机、鼓风机、空气压缩机、管道内流体、节流、漏气或高压气体排放时产生的噪声都是属于此类。

3. 电磁性噪声

电磁性噪声是由于电机等的交变力作用而产生的噪声，如电流和磁场的相互作用产生的噪声，发电机、电动机、变压器、励磁机等电气设备在磁场交变运动过程中产生的噪声。

按照噪声分类的机理不同，实际上还在存在其他类型的噪声，如人流活动声、水流声等，这些噪声与上面的三大类噪声生产的危害相比是次要的，但在某些场合也会变得突出，超市门口、菜场内的噪声会影响附近居民的正常休息、生活。

就城市中生活、工作的人们来说，影响最大的是城市噪声，其来源大致可分为交通噪声、工厂噪声、施工噪声和生活噪声四种。

交通噪声是城市噪声的主要来源，它是交通工具（汽车、火车、飞机等）活动的结果。随着交通工具的日益增多和人们对环境要求的提高，交通噪声越来越成为人们关注的重点。产生交通噪声的原因是由于机动车发动机的振动、进气、排气以及轮胎与路面的摩擦所引起的。根据报道，距行驶车辆 5m 处，拖拉机的行进噪声 89～92dB，电喇叭为 90～100dB，汽喇叭为 105～110dB，车速越快，噪声越大。对交通噪声的控制主要是采用“禁鸣”、安装隔声屏和对路面的设计等方面来考虑降低噪声。

工厂噪声是工厂的机器在运转时产生的噪声。特别是工业和居民混住区，在工厂没有采取隔声、降噪装置的情况下，噪声对居民的日常生活的干扰比较严重。如印刷厂噪声为 70～100dB，纺织厂噪声为 80～106dB，机械工业噪声为 80～120dB，大型鼓风机可达 120dB 以上。

随着我国城市建设步伐的加快，城市噪声中的施工噪声对人们的影响越来越突出。如在建筑施工过程中，搅拌机产生的噪声为 75～88dB，汽锤、风钻为 82～98dB，打桩机为 95～105dB。施工噪声对施工场地附近居民生活的干扰是很大的，因此有些城市在城市建筑施工过程中禁止使用击打式打桩工艺。

生活噪声是人们在生活活动或商业活动等过程中出现的噪声，如人们的喧闹声、沿街商贩的叫卖声、音响声等。这些噪声虽然没有直接危害，但有时会严重干扰居民的正常生活、工作、学习和休息。

（三）噪声的危害

噪声危害是很广泛的，不仅对人类有影响，对动物、建筑物及仪器设施也有影响。归纳起来，噪声的危害主要表现在以下几个方面：

（1）对人的危害，主要是听力损伤，对睡眠的干扰，对人心理产生影响，对交谈、通信、工作思考的干扰等，还能影响人体内分泌而引起多种疾病，且能对物质结构产生影响。

吵闹的噪声让人厌烦，精神不集中，降低工作效率，妨碍睡眠和休息等。在强噪声下暴露一段时间后，引起暂时性听阈上移，听力变迟钝，平时讲话时，需要加大嗓门才能使听觉受害者听到，称为听觉疲劳。它是暂时性的生理现象，经过一段时间的休息后能恢复正常，但如长期在强噪声环境下工作会使听觉不能恢复，成为永久性耳聋。表 2-4 反映了在不同噪声强度下、暴露不同时间与耳聋的关系。针对噪声危害的这种特点，卫生部和国家劳动总局分发的《工业企业噪声卫生标准（试行）》中第五条规定：工业企业生产车间和作业场所的工作地点的噪声标准为 85dB。企业现有条件暂时达不到规定要求时，可适当放宽但不超过 90dB。第六条规定：对每天接触噪声不到 8h 的工种，噪声标准可按表 2-5 相应放宽。

表 2-4　　噪声强度、工作时间与耳聋发病的关系

噪声强度 (dB)	工作时间（年）							
	5	10	15	20	25	30	35	40
≤80	0	0	0	0	0	0	0	0

续表

噪声强度（dB）	工作时间（年）							
	5	10	15	20	25	30	35	40
85	1	3	5	6	7	8	9	10
90	4	10	14	16	16	28	20	21
95	7	17	24	28	29	31	32	29
100	12	29	37	42	43	44	44	41
105	18	42	53	58	60	62	61	54
110	26	55	71	78	78	77	72	62
115	36	71	83	87	84	81	75	64

表 2-5　　　　新建、扩建、改建企业参照表

每个工作日接触噪声时间（h）	标准	分贝值［dB（A）］	每个工作日接触噪声时间（h）	标准	分贝值［dB（A）］
8	新建 85	现有 90	2	91	96
4	88	93	1	94	99

长期在强噪声下工作的人还会产生耳鸣、耳痛、头昏、头痛、消化不良、记忆力下降、高血压和心血管病等病症。如果人们突然暴露在 140～160dB 的高强度噪声下，会引起听觉器官发生外伤，引起鼓膜破裂流血，螺旋体从基底急性剥离，双耳完全失听。另外，研究表明在噪声会使母体产生紧张反应，引起子宫血管收缩，影响供给胎儿发育所必需的养料和氧气，从而对胎儿也产生有害影响，如出现胎儿畸形和婴儿体重减轻等现象。在噪声环境下儿童的智力发育也会迟缓。

（2）高强度的噪声对机械设备和建筑物具有破坏作用。研究表明，150dB 以上的强噪声，由于声波振动，会使金属疲劳，由于声疲劳可造成飞机及导弹失事。高强度的噪声（如火箭导弹声、低飞的飞机声）可以造成抹灰开裂、瓦损坏等，降低建筑物的使用寿命。

（3）噪声对动物也会产生影响并产生危害。强噪声会使鸟类羽毛脱落，不下蛋，内出血，甚至死亡。实验表明，特强噪声能引起动物死亡，噪声越强，死亡时间越短。类似的事故也有所报道，如超音速飞机在试飞时产生的轰鸣声，造成某农场内大量母鸡死亡。

（四）噪声控制技术

噪声在传播过程中需要有声源、传播途径和接受者三个要素，所以噪声控制也应从声源、传播途径和接受者三方面入手。

控制噪声声源是噪声控制的根本措施，它是考虑控制噪声的第一步。为从源头降低噪声，一般是改进工艺，降低声源噪声的发射功率，也可采用隔振等技术，控制噪声源噪声的辐射。当无法在声源处控制噪声时，考虑在传播途径上控制噪声，也可采用吸声、隔声、消声、隔振等技术。具体选用何种方法降低噪声，应在调查噪声源的实际情况后针对性地选择。当在声源和传播途径上有困难或达不到规定要求时，考虑对接受噪声的个人采取防护措施，如佩戴耳塞、耳罩、防声头盔等。

1. 声源控制技术

由于噪声源产生噪声的机理不同，采用的声源控制技术也各不相同。与三大类噪声相对应常见的有机械噪声、气流噪声和电磁噪声三大类控制技术。实际上一个噪声源产生的噪声往往是多方面的，如鼓风机产生的噪声包含机械噪声、气流噪声和电磁噪声三个方面。对机械噪声的控制主要是提高部件的加工精度、光洁度、平衡精度，安装减振器，改变部件的质量和刚度达到降低噪声的目的；对气流噪声的控制主要是通过改变空气动力设计参数，改变气流速度（降低或提高），安装消声器等达到降低噪声的目的；对电磁噪声主要是通过提高制造和装配精度，提高电源稳定度，增加定子刚性，填充环氧树脂，选择低磁性硅钢，合理选择铁芯结构等达到降低噪声的目的。另外，为降低声源噪声，常采用隔振技术，由于振动是诱发产生噪声的原因，因此通过减小振动源的激励、防止或减小设备、结构对振动的响应以及减小或隔离振动的传递等手段，达到消除因振动而激发的噪声。

2. 噪声传播途径的控制

在声源控制上效果不理想时，可在噪声传播的途径上采取措施。

一般情况下可从以下四个方面来考虑：

（1）利用闹静分开的方法降低噪声。

（2）利用地形和声源的指向性降低噪声。

（3）利用绿化降低噪声。

（4）采取声学控制手段。

前三种方法受现有条件和既成事实的限制，一般情况下常采用第四种方法，即采取声学控制手段来降低噪声，在传播过程中的控制主要有吸声降噪、消声降噪、隔声降噪技术等来达到有效控制噪声的目的。吸声降噪是利用声波入射到物体表面进，部分入射声能被物体表面吸收的机理来降低噪声的影响。吸声效果与吸声材料和吸声结构有关，吸声材料可有效降低室内混响声（不能降低直射噪声），常见的吸声结构有共振吸声器、穿孔板、微穿孔板、膜状和板状等共振吸声结构及空间吸声体。

3. 接收点控制

当上述两种方法控制途径难以奏效时，需要采取个人防护措施，如佩戴耳塞、防声棉、耳罩、防声头盔等，利用隔声原理来阻挡噪声传入隔膜，具有较高经济性和有效性。其缺点是这种方法仅适用于降低车间或其他特殊工作场合产生的噪声对员工的影响，对于厂界噪声超标对周围居民生活造成的干扰时，需要考虑其他办法来降低噪声对接收者的影响，如为周围居民的房子安装隔声窗、隔声地板、隔声墙等办法。

五、其他污染

1. 电磁污染

电磁辐射是指由加速运动的电荷所产生的能量大到一定程度时，造成的环境污染。

(1）电磁污染源。电磁污染源可分为天然电磁污染源和人为电磁污染源两大类。天然电磁污染主要由自然现象引起的，如雷电、地震、火山喷烟、太阳黑子活动与耀斑、新星爆发、宇宙射线等。人为电磁污染是指各种系统、电气和电子设备产生的电磁辐射，这些电磁辐射包括某些类型的放电、工频场源与射频场源。其中射频源频率范围宽、影响区域大，是电磁污染的主要因素。人为电磁污染源的分类见表 2-6。

表 2-6　人为电磁污染源分类

分　类	设　备　名　称	污染来源与部件
电晕放电	电力线（送配电线）	高电压、大电流而引起静电感应、电磁感应，大地泄漏电流
辉光放电	放电管	白光灯、高压水银灯及其他放电管
弧光放电	开关、电气铁道、放电等	点火系统、发电机、放电管、点火系统等
火花放电	电气设备、发动机、冷藏车、汽车等	整流器、发电机、放电管、点火系统等
工频交变电磁场源	大功率输电线、电气设备、电气铁道	污染来自高电压、大电流的电力线场电气设备
射频辐射场源	无线电发射机、雷达等	广播、电视与通风设备的振荡与发射系统
	高频加热设备、热合机	工业用射频利用设备的工作电路与振荡系统
	理疗机、治疗机	医学用射频利用设备的工作电路与振荡系统
建筑物反射	高层楼群以及大的金属构件	墙壁、钢筋、吊车等

(2）电磁辐射的危害。电磁辐射污染会对电子设备产生干扰，影响正常工作，严重的还会导致电子仪器、设备的损坏。

微波对人体及环境的危害主要有以下几方面：

1）使自动控制系统发生障碍，如微波造成飞机信号发生错误。

2）降低收音机、电视机接收效果。

3）伤害眼睛，可引起白内障。

4）影响生殖功能、造成不育或女孩出生率明显增加。

5）影响遗传，子女中先天性畸形发病率高；损害中枢神经系统，引起头痛、头晕、疲劳、记忆力下降。

6）引起心血管疾病等。

(3）电磁辐射污染的防治。常用的防护电磁场辐射的方法有区域控制及绿化、屏蔽防护、吸收防护和个人防护几种。所谓的区域控制是对电子工业集中的城市或电气、电子设备密集使用地区，可将其集中在某一区域，并设置安全隔离带；屏蔽防护是使用能抑制电磁辐射扩散的材料，将电磁场源与其环境隔离开来，达到防止电磁污染的目的；吸收防护是采用对辐射能量具有强烈吸收作用的材料，敷设于场源外围，防止大范围污染，是减少微波辐射危害的一项积极有效的措施；个人防护的对象是微波作业人员，防护措施主要有穿防护服、戴防护头盔和防护眼睛等。

2. 放射性污染

（1）当人类活动排出的放射性污染物使环境的放射性水平高出国家规定标准或天然本低值时，称为放射性污染。放射性物质与一般污染物有明显的不同，每种放射性核素都有一半衰期，并能放出一定能量的射线，持续地产生危害作用，除了核反应外，任何化学、物理或生物的方法，都无法改变其放射特性。

对人造成危害的放射线主要有α射线、β射线和γ射线。α粒子流形成的射线称为α射线，它实际上是由氦原子核组成的粒子流，在空气中易被吸收，其穿透能力小，电离能力强。β射线是带负电荷的电子流，穿透能力较强。γ射线是波长很短的电磁波，穿透能力极强，对人的危害也最大。放射源也可分为天然源和人工源两类，天然源主要来自天然性矿物质和宇宙射线；人工辐射源有核试验、核工业过程的排放物（包括开采、冶炼、精制与加工及反应堆运行过程和核燃料使用后产生裂变废物）、医疗照射和其他工业上的应用等。

（2）放射性污染的危害。射线的危害特点是与三种射线的物理特性相对应，α射线射程短、电离本领大、致伤集中，α射线在机体内照射产生的危害最大，β、γ射线次之；γ射线穿透能力最强，体外照射危害性最大，α、β次之。当射线大剂量照射时（如核事故或核爆炸），人会产生恶心、呕吐、发烧、出血等症状，严重者当场死亡。

（3）放射性的防治。放射性污染的治理包括分散稀释、浓缩储存、回收利用、包覆埋藏或海洋处置。此外，我国在 1988 发布了 GB 8703《电磁辐射防护规定》，专门规定了对放射防护的标准。

3. 热污染

一般是把由于人类活动影响危害热环境的现象称为热污染（thermal pollution）。

热污染的内容包括如下几方面：

（1）燃料燃烧和工业生产过程产生的废热直接向环境排放。

（2）消耗臭氧物质的排放和大量二氧化碳的排放，改变了大气的组成，使太阳辐射增加，大气逆辐射增强，增强了温室效应的作用。

（3）由于地球表面状态的改变，使反射率发生变化，影响了地表和大气间的换热，另外在城市地区还形成了“热岛”现象等。

热污染主要来自能源消费，发电、冶金、化工和其他的工业生产过程使用大量燃料，同时产生热量。这些热量一部分以废热的形式直接排入环境，另一部分热以其他形式存在，但经过适当形式的转化，最终还是以不同的途径释放到环境中。

全球气温的变化会引起干旱、农作物减产、冰山融化、海面上升、全球气象异常等危害。

大量废热向水体排放会使局部范围内引起水温的升高。水温升高会影响水生生物的正常生长，会导致水中溶解氧的降低，引起藻类及湖草的大量繁殖。水温升高引起的变化还会引起其他相关的变化，如藻类的大量繁殖会进一步降低水中的溶解氧，使鱼类的生存环境进一步恶化，甚至导致死亡，从而使水质的恶化加剧。

防治热污染的措施常用的有三种：首先是改进热能利用技术，提高热能的利用率，减少废热的排放量；其次是对废物采取综合利用措施，如利用排放的废热预热冷料、取暖、淋浴、调节港口水温防止冻结、温水养殖、冬季灌溉农田等；另外，可将温排水冷却后重新利用或排放。

4. 光污染

过量的光辐射对人类生活和生产环境造成的不良现象称为光污染（light pollution）。一般情况下，按光的类型，光污染分为可见光污染、红外线污染和紫外线污染三种。

（1）可见光污染。常见的是眩光污染，如电焊时产生的强烈眩光，在无防护情况下会对人的眼睛、皮肤造成伤害；夜间迎面驶来的汽车头灯的灯光，会使人视物极度不清；长时间受街道上闪动、渲染的灯光影响，会使人视觉不舒服。视觉污染也是可见光污染的一种，所谓的视觉污染是指都市中杂乱无章的色彩、广告等使人感觉不舒服、心理不悦、情绪不佳。城市夜间灯光路灯安装不善或建筑工地上的聚光灯照进住宅，会影响居民休息。

（2）红外线污染。红外线是一种热辐射，对人体可造成高温伤害、皮肤病和视力损伤等。

（3）紫外线。紫外线对人体主要的伤害是眼角膜和皮肤。如刚学电焊的工人，如不注意防护，会使其眼睛剧痛、流泪，脸上有火烧一般的感觉，并出现红斑和小水疱，严重时会使表皮坏死和脱皮。

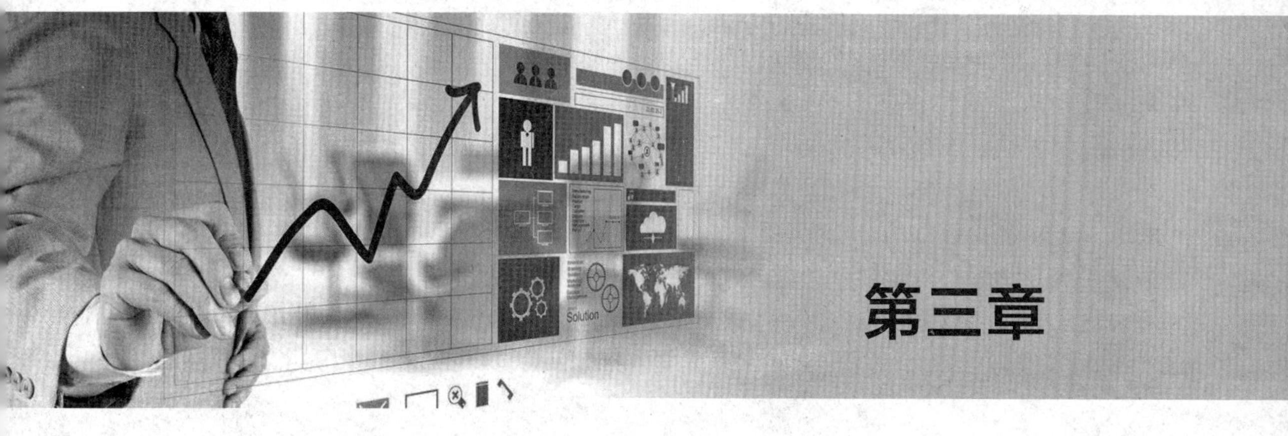

第三章

ISO 14001 标准要求的理解要点

第一节　概　述

ISO 14001 环境管理体系标准由国际标准化组织于 1996 年 9 月 1 日正式颁布。2000 年，按国际标准化组织规则，要求每 5～7 年对标准进行评审，ISO 207 技术委员会的第 1 分委员会启动了对 ISO 14001 系列标准的评审和修订工作。国际标准化组织对 ISO 14001：1996 版环境管理体系标准进行了修订，修订后的 ISO 14001：2004 版标准（以下简称本标准）于 2004 年 11 月 15 日公布。同时，ISO 14004 环境管理体系的通用指南也于 2004 年 11 月 15 日公布。经过多年的实施和应用后，为更好适应新形势新要求，ISO 于 2015 年 9 月 15 日正式发布了 ISO 14001：2015 标准。

作为组织提出认证申请依据的认证性标准，ISO 14001 在 ISO 14000 系列标准中地位较为特殊，是各相关组织重点关注的标准之一。

本标准提出了对组织的环境管理体系进行认证/注册和（或）自我声明的要求，它与用来为组织实施或改进环境管理体系提供一般性帮助的非认证性指南有重要差别。环境管理包容了全方位的内涵，其中有些还具有战略性与竞争性含义。一个组织可以通过展示对本标准的成功实施，使相关方确信它已建立了妥善的环境管理体系。

本标准规定了对环境管理体系的要求，使组织能根据法律法规要求和重要环境因素信息来制定和实施方针与目标。本标准拟适用于任何类型与规模的组织，并适用于各种地理、文化和社会条件，其 PDCA 运行模式与标准框架间的关系如图 3-1 所示。体系的

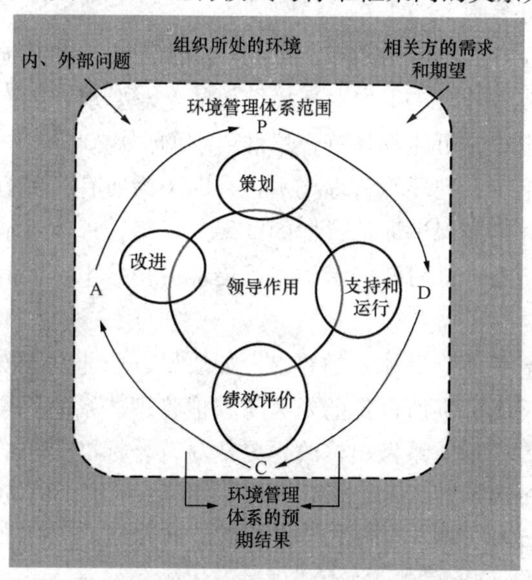

图 3-1　PDCA 与本标准框架之间的关系

注：本标准基于策划-实施-检查-改进（PDCA）的运行模式。关于 PDCA 的含义简要说明如下：
策划：建立所需的目标和过程，以实现与组织的环境方针相一致的结果；
实施：实施所策划的过程；
检查：依据环境方针、目标和运行准则，对过程进行监测和测量，并报告其结果；
改进：采取措施以持续改进。
PDCA 可以应用于所有的过程。

成功实施有赖于组织中各个层次与职能的承诺，特别是最高管理者的承诺。这样一个体系可供组织制定其环境方针，建立实现所承诺的方针的目标和过程。采取必要的措施来改进环境绩效，并证实体系符合标准的要求。本标准的总目的是支持环境保护和污染预防，协调它们与社会和经济需求的关系。应当指出的是，其中许多要求是可以同时或重复涉及的。

本标准的修订重点是更加明确地表述第二版的内容；同时对 ISO 9001 的内容予以必要的考虑，以加强两标准的兼容性，从而满足广大用户的需求。

为便于使用，本标准的附录 A 和正文第 4 章～第 10 章的相关条目采用了对应的序号，如 A. 6. 2 对应 6. 2，其内容都是关于目标和目标措施的论述，A. 9. 2 和 9. 2 的内容都是关于内部审核等。另外，本标准还在附录 B 中给出了 ISO 14001：2015 和 ISO 14001：2004 之间相近内容的对应关系。

本标准规定了对组织的环境管理体系的要求，它能够用于对组织的环境管理体系进行认证（或注册）和（或）自我声明，标准和用来为组织建立、实施或改进环境管理体系提供一般性帮助的非认证性指南有重要区别。环境管理涉及多方面内容，其中有些还具有战略与竞争意义。一个组织可以通过对标准的成功实施，使相关方确信已建立了适当的环境管理体系。

其他一些标准，特别是 ISO /TC 207 制定的关于环境管理的各种技术文件，提供了环境管理支持技术的指南。对其他标准的参阅仅用于获取信息。

本标准仅包含那些可以进行客观审核的要求，需要得到环境管理体系中诸多问题更加全面指导的组织，可参阅 ISO 14004。

本标准除了要求在方针中承诺遵守适用的法律法规要求和其他应遵守的要求，以及进行环境保护和持续改进外，未提出对环境绩效的绝对要求，因而两个从事类似活动但具有不同环境绩效的组织，可能都是符合标准要求的。

系统地采用和实施一系列环境管理技术，有助于为所有相关方带来更好的结果。然而，采用标准本身，并不能保证取得这样的结果。环境管理体系能够促使组织为实现环境目标，在适宜和经济条件许可时，考虑采用最佳可行技术，同时充分考虑到采用这些技术的成本效益。

本标准不包含针对其他管理体系的要求，如质量、职业健康安全、财务或风险等管理体系要求，但可以将本标准所规定的要素与其他管理体系的要素进行协调，或加以整合。组织可通过对现有管理体系做出修改，以建立符合标准要求的环境管理体系。这里还要指出，对各种管理体系要素的应用，可能因不同的用途和不同相关方而异。

环境管理体系的详细程度、复杂程度、体系文件的规模和所投入的资源等，取决于多方面因素，如体系覆盖的范围，组织的规模，组织的活动、产品和服务的性质等，中小型企业尤其如此。

第二节　环境管理体系术语

术语是对某一学科、专业或应用领域内，使用的一般性概念所做的准确而统一的描述，以使人们对某些概念形成共同认识，从而奠定相互交流、相互理解和开展工作的基础。

在对 ISO 14001：2004 中 20 条术语和定义进行保留、修改和删减的基础上，新增 18 条术语和定义，2015 版 ISO 14001 目前共包含 33 条术语和定义。

33 条术语可以划分为 4 类，它们分别是：

（1）与组织和领导作用有关的术语共 6 条。

1）管理体系；

2）环境管理体系；

3）环境方针；

4）组织；

5）最高管理者；

6）相关方。

（2）与策划有关的术语共 11 条。

1）环境；

2）环境因素；

3）环境状况；

4）环境影响；

5）目标；

6）环境目标；

7）污染预防；

8）要求；

9）合规义务；

10）风险；

11）风险和机遇。

（3）与支持和运行有关的术语共 5 条。

1）能力；

2）文件化信息；

3）生命周期；

4）外包；

5）过程。

（4）与绩效评价和改进有关的术语共 11 条。

1）审核；

2）符合；

3）不符合；

4）纠正措施；

5）持续改进；

6）有效性；

7）参数；

8）监视；

9）测量；

10）绩效；

11）环境绩效。

下面对 ISO 14001《环境管理体系　要求及使用指南》中的重点术语及其定义进行解释。

术语和定义
1. 环境管理体系　environmental management system 管理体系的一部分，用于管理环境因素、履行合规义务，并应对风险和机遇。

＜解释要点＞

管理体系是组织用于制定方针、目标以及实现这些目标的过程所需要的一组相互关联或相互作用的要素，这些要素是构成管理体系的基本单元，包括组织结构、岗位和职责权限、策划和运行、绩效评价和改进。管理体系是根据这些要素的功能，进行系统、有序地组合和排列，有效地实施和运行，体现管理的科学化，系统化。

组织的管理体系可以是涉及一个领域，也可以涵盖多个领域。环境管理体系是组织管理体系的一个部分，环境管理是它的关注焦点。

环境管理体系是组织用于用来制定环境方针和目标，并通过一系列步骤管理组织的环境因素，分析风险和机遇，采取应对措施，实现对重要环境因素的有效控制，履行合规义务，从而实现组织的环境方针和目标。

术语和定义
2. 环境方针　environmental policy 由最高管理者就环境绩效正式表述的组织的意图和方向。

＜解释要点＞

环境方针是最高管理者制定并正式发布，组织表述环境绩效承诺方面的原则和立场，体现组织支持和提高其环境绩效的愿望、路线和追求。

环境方针是关于组织环境绩效的总体意图和方向。一个组织的环境方针是组织最高管理者对本组织环境绩效的承诺。组织的全部活动都应该围绕这个承诺并加以实现。

环境方针包含三个基本承诺，它们是：保护环境、履行组织的合规性义务和持续改进。

环境方针正式表述的环境绩效的实现和评价有赖于环境目标的建立、展开和实施，因此环境方针为环境目标的制定提供了框架。

术语和定义
3. 组织　organization 为实现目标，由职责、权限和相互关系构成自身功能的一个人或一组人。 注 1：组织包括但不限于个体经营者、公司、集团公司、商行、企事业单位、政府机构、合股经营的公司、公益机构、社团，或上述单位中的一部分或结合体，无论其是否具有法人资格、公营或私营。

＜解释要点＞

组织是实施环境管理体系的主体。在这个主体内各类人员的职责、权限和相互关系得到安排，以实现其目标。

组织包括但不限于独立的个体经营者、公司、集团、企业、商行、事业单位、机关、合伙人、慈善组织或机构，或是上述机构的一部分或其组合，只要具有自身职能。

组织可能是具有法人资格或可能不具法人资格；可能是公营性质或私营性质。

术语和定义
4. 最高管理者　top management 在最高层指挥并控制组织的一个人或一组人。 注 1：最高管理者有权在组织内部授权并提供资源。 注 2：若管理体系的范围仅覆盖组织的一部分，则最高管理者是指那些指挥并控制组织该部分的人员。

＜解释要点＞

最高管理者可以是一个人或一组人。

最高管理者可授权给各级管理人员，并明确其职责和权限；能够提供组织的资源，保证各级管理人员能顺利行使职责。

如果管理体系只覆盖某组织的一部分，则最高管理者是指那些能指挥和控制组织这一部分的领导者。

术语和定义
5. 相关方　interested party 能够影响决策或活动、受决策或活动影响，或感觉自身受到决策或活动影响的个人或组织。 示例：相关方可包括顾客、社区、供方、监管部门、非政府组织、投资方和员工。 注 1："感觉自身受到影响"意指已使组织知晓这种感觉。

＜解释要点＞

相关方包括三类：能够对组织的决策或活动产生直接影响的相关方；受组织的决策或活动影响的相关方；自身认为受到了组织的决策或活动影响的相关方。组织的相关方通常可能包括顾客、社区、监管部门、上级组织、股东、供方、员工、公益组织等。

组织应合理地考虑相关方的要求并尽可能予以满足，以满足他们的需求和期望，以得到相关方的理解和支持，为组织的成功打下基础。

术语和定义
6. 环境　environmental aspect 组织运行活动的外部存在，包括空气、水、土地、自然资源、植物、动物、人，以及它们之间的相互关系。 注 1：外部存在可能从组织内延伸到当地、区域和全球系统。 注 2：外部存在可用生物多样性、生态系统、气候或其他特性来描述。

＜解释要点＞

组织运行活动的外部存在指组织外部（包括所在地、地区直至全球系统）存在的全部介质，如空气、水、土地、自然资源、植物、动物、人类等。组织的各种活动都同时对其外部存在产生影响。这些外部存在的总和以及它们之间的相互关系构成了“环境”。

外部存在可用土壤、水体、大气、植被等自然环境要素描述，也可用自然要素组合如土壤生态系统、水生态系统、地区生物多样性、湿地生态系统等描述。

术语和定义
7. 环境因素　environmental aspect 一个组织的活动、产品和服务中与环境或能与环境发生相互作用的要素。 注 1：一项环境因素可能产生一种或多种环境影响。重要环境因素是指具有或能够产生一种或多种重大环境影响的环境因素。 注 2：重要环境因素是由组织运用一个或多个准则确定的。

＜解释要点＞

环境因素是能够与环境发生相互作用的要素，因此能够与环境发生相互作用是构成环境因素的必要条件，如装在封闭容器内的盐酸本身只是一个化合物而不是环境因素，而盐酸排放到水体中，引起水体污染等，盐酸的排放成为环境因素。环境因素来自于组织的活动、产品和服务。

一项活动、产品或服务可能会具有多种环境因素，如坯布印染这一项活动相关的环境因素不仅有废气排放，还有燃料的消耗、噪声排放、废水排放等。一项环境因素也可能会产生多种环境影响，如电站污水的排放可能造成的环境影响有水中污染物的增加、水体温度的升高等。

环境因素导致环境影响，这种影响可能是有害的，也有可能是有益的（如：植树造林可改善空气质量、降低噪声）。

一家组织的环境因素可能有很多，不同环境因素对环境影响的程度也各不相同，其中具有或可能具有重大环境影响的环境因素被称为重要环境因素。为了确定重要环境因素，组织应明确一个或多个判定准则。

术语和定义
8. 环境状况　environmental condition 在某个特定时间点确定的环境的状态或特征。

<解释要点>

环境状况是指组织在某一特定时间点，在某个特定的地点、范围的环境现状。环境状况通常会以环境因素所处的特定的指标或关联特征来表达，如某地区 2016 年 11 月 11 日 8 时的 PM2.5 超标，碳排放量低于规定值等。

组织确定环境状况，可获得环境管理体系预期结果的能力或环境受组织影响的程度提供有价值的信息。通常情况下，组织在策划、建立、实施、改进 EMS 过程中应及时了解或测定必要的环境状况。

术语和定义
9. 环境影响　environmental impact 全部或部分地由组织的环境因素给环境造成的不利或有益的变化。

<解释要点>

环境的变化，无论是有害的还是有益的，是全部的还是部分的，都是环境因素作用的结果。环境因素导致环境变化的结果称为环境影响。例如，SO_2 的排放造成该地区大气污染；植树造林改善了土壤流失和风向下流地区的空气质量。

环境因素与环境影响之间存在因果关系。环境因素是导致环境影响的根本原因，某种环境影响可能是全部或部分由组织的环境因素引起的，例如：组织油品存储区局部泄漏，污染了一块土地，这一变化是全部由组织的环境因素造成的；而大气污染严重，除了本组织排放 SO_2、NO_x 和 PM2.5 外，其他企业也排放，这样的变化就是部分由组织环境因素引起的。

对环境影响进行量化评价是确定重要环境因素的必要环节。

术语和定义
10. 环境目标　environmental objective 组织依据其环境方针建立的目标。

<解释要点>

环境目标的设立必须在环境方针的框架下进行，即环境方针为环境目标指出了组织所追求实现的环境方面目的。

环境目标是组织要实现的环境绩效的目的具体化。组织应展开制定具体的、可测量的指标，并定期测量结果，证实其是否达到目标。

环境目标的制定可以依据法律法规的规定、针对重要环境因素，考虑技术可行性、经济性、相关方的要求等方面因素，同时考虑初始环境评审结果。

环境目标可以是长期的或近期的。组织应在不同层面设立，如组织整体、部门、职能、项目等。各层面针对本身的职能，结合上级目标的要求，制订并执行具体的措施方案，确保目标的实现。

术语和定义
11. 污染预防　prevention of pollution 为了降低有害的环境影响而采用（或综合采用）过程、惯例、技术、材料、产品、服务或能源以避免、减少或控制任何类型的污染或废物的产生、排放或废弃。 注：污染预防可包括源消减或消除，过程、产品或服务的更改，资源的有效利用，材料或能源替代，再利用、回收、再循环、再生或处理。

＜解释要点＞

污染预防的目的是从根源上消除或降低环境因素造成的有害的影响。

通过采用诸如能源替代、再利用、再循环、回收处置、再生处理、节能设备应用、产品或服务变更、过程再造、系统控制、资源有效利用等措施或方法，来达到避免、减少或控制污染物或废物的产生、排放或废弃。

污染预防各种措施的优先顺序为：

（1）源削减（包括环境上合理的设计和开发，材料替代，过程、产品或技术的变更和有效使用，以及能源和资源的节约）。

（2）再利用或再循环（物质在组织内部过程或设施中的再利用或再循环）。

（3）回收和处理（从现场内、外的废物流中进行物料的回收、再生和利用，并对相关过程中的废物和排放进行管理）。

（4）污染物或废物的排放控制（如按照规程进行烟气处理，确保其达标排放）。

术语和定义
12. 合规义务　compliance obligations（首选术语） 法律法规和其他要求　legal requirements and other requirements（许用术语） 组织必须遵守的法律法规要求，以及组织必须遵守或选择遵守的其他要求。 注 1：合规义务是与环境管理体系相关的。 注 2：合规义务可能来自于强制性要求，例如：适用的法律和法规，或来自于自愿性承诺，例如：组织的和行业的标准、合同规定、操作规程、与社团或非政府组织间的协议。

＜解释要点＞

合规义务是指组织必须遵守的与环境管理体系相关法律法规要求和组织必须或可以选择遵守的其他要求。组织必须遵守的法律法规要求指立法机构和政府发布的必须遵守的强制性要求。组织必须或可以选择的其他要求指行业性的、区域性的强制性规定以及组织按自愿原则有权决定是否采用的义务，如组织与社会团体或非政府组织的协议等。组织一旦选择执行协议，则成为组织内强制性的要求，组织工作人员必须予以遵守。

术语和定义
13. 风险　risk 不确定性的影响。 注1：影响指对预期的偏离——正面的或负面的。 注2：不确定性是一种状态，是指对某一事件、其后果或其发生的可能性缺乏（包括部分缺乏）信息、理解或知识。 注3：通常用潜在“事件”和“后果”，或两者的结合来描述风险的特性。 注4：风险通常以事件后果（包括环境的变化）与相关的事件发生的“可能性”的组合来表示。

＜解释要点＞

风险是由不确定性带来的影响，即实际结果与预期之间的偏离，这种影响可能是有利的或者是不利的。

风险可以按不同的分类标准进行划分。如按照产生原因，风险可分为自然风险、社会风险、政治风险、经济风险、技术风险；又如按所导致的后果，风险可分为威胁风险与机会风险。

不确定性是风险的原因。不确定性是指对事件、后果或者可能性缺少必要的信息或认知。在识别、分析和评价风险时，常常从后果和可能性这两个方面进行考虑。

术语和定义
14. 风险和机遇　risks and opportunities 潜在的不利影响（威胁）和潜在的有益影响（机会）。

＜解释要点＞

潜在事件存在风险，其发生的影响可能是有害的或有益的，如果是有害的称之为“威胁”，如果是有益的称之为“机会”。

风险导致的威胁和机会与组织的重要环境因素、合规性义务或其他问题相关联，并会对环境管理体系的预期结果产生影响。为此，识别并应对风险和机会是管理体系策划的重要内容之一。通过策划和风险分析，可针对“威胁”制定对策，采取措施以消除、降低或控制有害影响；针对“机会”适时采取措施以把握“机会”，提高环境绩效。

术语和定义
15. 文件化信息　documented information 组织需要控制并保持的信息，以及承载信息的载体。 注1：文件化信息可能以任何形式和承载载体存在，并可能来自任何来源。 注2：文件化信息可能涉及： ——环境管理体系，包括相关过程； ——为组织运行而创建的信息（可能被称为文件）； ——实现结果的证据（可能被称为记录）。

<解释要点>

文件化信息可以包括：

(1) 环境管理体系（包括相关过程的规定信息）。

(2) 为组织运行所创建的信息（通常称为文件）。

(3) 作为活动及其结果的证据（通常称为记录）。

文件信息可以任何格式、任何媒体、任何来源的形式出现，如书面、计算机硬盘、光盘或其他电子媒体、照片、标准样品等载体。

术语和定义
16. 生命周期　life cycle 产品（或服务）系统中前后衔接的一系列阶段，从自然界或从自然资源中获取原材料，直至最终处置。 注 1：生命周期阶段包括原材料获取、设计、生产、运输和（或）交付、使用、寿命结束后处理和最终处置。

<解释要点>

生命周期是指产品或服务从摇篮到坟墓的全部阶段，包括了产品或服务从所需的原材料采集（如矿石采掘等）、提炼、加工、制造、运输、销售、使用、使用后的处理，直至最终处置的全过程。

引入“生命周期”的目的是从全球范围考虑，对产品或服务在其整个生命周期内的每一个环节进行环境影响评定，以最终解决产品或服务的环境影响问题。

产品或服务生命周期中各阶段的环境问题彼此密切关联，组织应考虑产品或服务生命周期各个阶段的环境影响，使产品或服务生命周期各阶段对环境的负面影响降到最小、资源和能源的利用率更高。

术语和定义
17. 纠正措施　corrective action 为消除不符合的原因并预防再次发生所采取的措施。 注 1：一项不符合可能由不止一个原因导致。

<解释要点>

消除不符合所采取的行动一般称为纠正。为了防止再发生，从根源上消除不符合再发生的原因所采取的行动，一般称为纠正措施。

当不符合的产生存在系统性或多个原因时，只有针对这些系统性或多个原因采取措施，才能防止不符合的再发生。

术语和定义
18. 持续改进　continual improvement 不断提升绩效的活动。 注 1：提升绩效是指运用环境管理体系，提升符合组织的环境方针的环境绩效。 注 2：该活动不必同时发生于所有领域，也并非不能间断。

<解释要点>

持续改进是 ISO 14001：2015 标准的基本思路之一。持续改进是一个过程。对 EMS 而言，这个过程就是按照 PDCA 的模式，策划、实施、保持、改进环境管理体系，发现改进机会，实施改进决策和措施，提升管理体系的适宜性、充分性、有效性，提升组织的环境绩效。

持续改进既可以是对现有过程进行更新和改进，也可以是实施一个新的过程；还可以是在现有过程中操作活动的日常改进等。

持续改进并不意味改进活动必须连续地进行或在不同的领域同时展开。

术语和定义
19. 参数　indicator 对运行、管理或状况的条件或状态的可度量的表述。

<解释要点>

为清晰地表达运行、管理或状况的条件或状态的内容，以便于准确地理解、信息交换，需要将它们通过一些具体化的、可度量的项目进行表述，这就是参数。

组织在 EMS 中设立的参数通常包括环境绩效参数（包括运行绩效参数、管理绩效参数）、环境绩效评价参数、环境状况参数以及监控环境目标实现进程所需的参数等。

组织根据管理的需要并结合组织有关的条件或状态设立恰当的参数。参数应是可度量的（包括定性和定量的度量），以便于组织可以开展必要的监视、测量、分析和评价。

术语和定义
20. 环境绩效　environmental performance 与环境因素的管理有关的绩效。 注 1：对于一个环境管理体系，可依据组织的环境方针、环境目标或其他准则，运用参数来测量结果。

<解释要点>

绩效是可测量获得的结果，它可以是定量测量的结果，或是定性判断的结果，它与活动、过程、产品（或服务）、体系或组织的管理水平相关。

环境绩效是组织对环境因素实施管理取得的结果，既包括运行绩效（如污染物的排放浓度和总量、资源能源的消耗量等），也包括管理绩效（如环境改善项目的资源投入量、员工环境技能满足要求的程度、参与或支持社区环境改善项目参与度等）。

组织应根据环境方针、目标或者其他要求建立评价准则，设立环境绩效评价参数，对环境绩效进行评价。

第三节　标准总体结构

本标准第 4 章～第 10 章是标准的主要内容，其结构见表 3-1。

表 3-1　　　　　ISO 14001 第 4 章～第 10 章结构图

项目	章	条款
条款名称	4　组织所处的环境	4.1　理解组织及其所处的环境 4.2　理解相关方的需求和期望 4.3　确定环境管理体系的范围 4.4　环境管理体系
	5　领导作用	5.1　领导作用与承诺 5.2　环境方针 5.3　组织的角色、职责和权限
	6　策划	6.1　应对风险和机遇的措施 6.2　环境目标及其实现的策划
	7　支持	7.1　资源 7.2　能力 7.3　意识 7.4　信息交流 7.5　文件化信息
	8　运行	8.1　运行策划和控制 8.2　应急准备和响应
	9　绩效评价	9.1　监视、测量、分析和评价 9.2　内部审核 9.3　管理评审
	10　改进	10.1　总则 10.2　不符合和纠正措施 10.3　持续改进

本标准主要内容共包括 7 章和 22 个条款（4.1、4.2、4.3、4.4、5.1、5.2、5.3、6.1、6.2、7.1、7.2、7.3、7.4、7.5、8.1、8.2、9.1、9.2、9.3、10.1、10.2、10.3）构成了环境管理体系的完整要求。

第四节　标准要求的理解要点

一、理解组织及其所处的环境

1. 标准原文

4　组织所处的环境

4.1　理解组织及其所处的环境

组织应确定与其宗旨相关并影响其实现环境管理体系预期结果的能力的外部和内部问题。这些问题应包括受组织影响的或能够影响组织的环境状况。

2. 标准理解及使用指南

组织的宗旨是关于组织存在的目的或社会发展的某一方面应做出的贡献的陈述。组织宗旨陈述组织未来的任务、完成任务的原因及如何完成任务。组织的宗旨一般通过组织的使命、愿景、价值观、战略等体现。

环境管理体系的预期结果是指组织预先期望通过实施环境管理体系所要实现的结果，环境管理体系的预期结果至少包括提升环境绩效、履行合规义务、实现环境目标等。

在纷繁复杂的运营环境中，组织应确定并关注那些与组织宗旨有关的、影响其环境管理体系实现预期结果的能力的内外部事项。在确定哪些才是最需要关注的重要内外部事项时，组织可以考虑以下几个方面内容：① 组织生存发展的关键因素及其趋势，如环境状况、相关方关注的事项；②反映环境或组织客观存在的问题事项；③能产生有益的影响或提升环境绩效的事项；④能提升客户价值、改善组织形象、提高组织竞争力的事项。

组织所处的环境包括外部环境及内部环境。

（1）组织所处的外部环境。外部环境是影响企业经营管理活动及其发展的、存在于或来源于组织外部的各种客观因素与力量的总和，是组织不可控制的因素，包括国内外的、地区性的以及行业性的有关事项。

外部环境分为宏观外部环境和微观外部环境。宏观外部环境包括政治、军事、文化、经济、法律、社会、技术等，当宏观外部环境发生剧烈变化时，会导致组织发展的重大变革。微观外部环境包括顾客、供方、同行、行业状况、政府和社会团体等，微观外部环境会对组织产生直接的、迅速的影响。

开展外部环境分析的常用工具有 PEST 分析、五力模型分析等。PEST 分析是对宏观外部环境进行分析的工具，其中 P 代表政治（political）、E 代表经济（economic）、S 代表社会（social）、T 代表技术（technological）。通过以上四个因素的分析，来确定组织所面临的宏观外部环境状况。五力模型分析是对组织所处行业环境进行分析的工具，通过对竞争的五个重要来源（即供应商、顾客、潜在的入行者、替代品以及现存竞争对手）的分析，组织可以了解、确定其所处的行业竞争态势。

组织应考虑的与外部环境有关的事项通常可能包括以下方面：

1）与政治有关的事项，如现行的政治体制、国家发展战略、国际合作、监管体制等。

2）与法律有关的事项，如法律法规架构、执法体制等。

3）与社会有关的事项，如劳动力状况、医疗条件、教育水平、收入分布等。

4）与经济有关的事项，如经济增长率、金融体制、收入状况、基础设施状况等。

5）与文化有关的事项，如思想观念、宗教、风俗、文化遗产、审美观等。

6）与技术有关的事项，如专利情况、新技术、新工艺、新材料的应用等。

7）与市场有关的事项，如民众对环保产品和服务的需求及其趋势等。

8）与供应链有关的事项，如供应商资源的充沛性等。

9）与竞争对手有关的事项，如竞争对手环保产品研发能力、发展理念等。

（2）组织所处的内部环境。组织内部环境是指组织的内部特征或条件，是组织内部物质和文化因素的总和，包括组织结构、文化、资源等。

组织应考虑的内部环境有关的事项通常可能包括以下方面：

1）组织的使命、愿景、价值观、战略。

2）组织的产品和服务。

3）组织的管理机构及决策机制。

4）组织的知识。

5）组织的信息交流。

6）组织合规义务的履行情况及其趋势。

7）组织现有管理模式的长处和不足之处。

（3）环境状况。组织在分析其所处的环境时，应考虑有关环境状况的信息。环境状况是指在某个特定时间点确定的环境的状态或特征。

环境状况受组织的产品、服务、活动的影响（如组织向环境排放污染物），另外，它也会对组织的运营产生影响（如洪水会影响组织储存危险废弃物的行为等）。

组织应对环境状况的信息进行分析，确定其可能的影响并制订相应的管理措施，以支持组织的可持续发展。

组织获得环境状况的信息来源包括：有关气象、地质、水文、生态的信息；曾经发生过的事故、灾害；审计、评估、评审报告；环境监测结果等。

组织建立或改进环境管理体系时，应对组织所处的环境进行充分的调查分析，通常采用初始环境评审，即应调查与分析组织的经营全过程的所有的活动、产品和服务的整个生命周期各阶段，组织的环境文化等方面对环境的影响，以及外部对组织的环境管理的需求。然后分析收集的各类环境信息的环境影响，掌握环境的风险所带来的威胁（有害的环境影响）和机遇（有利的环境影响），以评价环境绩效，寻找改善的机会。调查、收集环境信息内容一般包括：

a）针对组织经营过程的活动、产品和服务。调查和分析整个生命周期对环境造成影响的环境因素，特别是对环境造成重大影响的重要环境因素。

b）收集必须履行的合规性义务。

c）汇集使用原材料和自然资源的情况（包括名称、消耗量、环保性能等）。

d）建立危险化学品一览表（包括品名、危险特性、使用量、贮存和使用，以及用后处置和监控等）。

e）建立危险固废一览表（包括名称、危险特性、贮存及处置等）。

f）测量能源和其他资源消耗（场所、耗量、节能等）。

g）收集与环境管理体系有关的相关方对组织经营造成有害环境影响的抱怨和投诉，以及环境监管部门对组织实施的处罚。

h）收集以往环境绩效监测结果。

i）调查“三废”产生地点、排放量及处置。

j）收集以往曾发生不良环境影响的事件及其处置等。

二、理解相关方的需求和期望

1. 标准原文

> **4.2** 理解相关方的需求和期望
>
> 组织应确定：
>
> a）与环境管理体系有关的相关方；
>
> b）这些相关方的有关需求和期望（即要求）；
>
> c）这些需求和期望中哪些将成为其合规义务。

2. 标准理解及使用指南

相关方是指能够影响组织的决策或活动、受组织的决策或活动影响，或感受自身受到组织的决策或活动影响的个人或组织。

与环境管理体系相关的相关方是指与组织的环境因素相关的个人或组织，包括顾客、社会团体、供应商、监管部门、投资方、居民和工作人员等。

相关方能影响组织的行为和决策，如环保局对组织的排放行为提出要求、周边居民要求组织减少污染物的排放等。因此组织有必要确定有哪些相关方，了解相关方的需求与期望，确定必须遵守的合规义务。

相关方可能来自组织的外部，也可能来自组织的内部。组织可通过调查表、头脑风暴、公开媒体、同行交流等方式确定相关方。不同的组织，由于产品、服务、过程、地理位置等的不同，其相关方可能不同。同时，组织所处的内外部环境情况发生的变化也会导致相关方的变化。

相关方的需求和期望可能有很多，它们并不全部与组织的环境管理体系有关。组织并不一定要满足所有相关方的全部要求。组织可通过召开座谈会、发放征询意见表、网络搜索等方式来获取相关方的需求和期望。组织应根据法律法规、管理权限、自身环境因素、自身能力等因素，考虑相关方的需求和期望。

针对已识别确定的相关方的要求，组织应确定其中哪些要求是必须遵守的，即构成组织的合规义务。

相关方的要求会随着所处环境的变化、民众环境意识的变化、环境科学的发展等而发生变化，因此，组织应持续了解和收集相关方要求的变化，并及时制订相应的对策，以持续改进组织的环境绩效。

三、确定环境管理体系的范围

1. 标准原文

> **4.3** 确定环境管理体系的范围
>
> 组织应确定环境管理体系的边界和适用性，以确定其范围。

确定范围时组织应考虑：

a）4.1 所提及的内、外部问题；

b）4.2 所提及的合规义务；

c）其组织单元、职能和物理边界；

d）其活动、产品和服务；

e）其实施控制与施加影响的权限和能力。

范围一经界定，该范围内组织的所有活动、产品和服务均需纳入环境管理体系。

范围应作为文件化信息予以保持，并可为相关方所获取。

2. 标准理解及使用指南

组织有权自行灵活决定标准的实施边界，即无论是在整个组织，还是仅在特定的运行单位实施标准，由组织自行决定。

在确定环境管理体系范围时，组织应基于生命周期的观点，充分考虑以下方面的内容：

（1）ISO 14001 标准 4.1 条款所提及的内外部问题。

（2）ISO 14001 标准 4.2 条款所提及的合规义务。

（3）组织单元、职能及物理边界。

（4）活动、产品与服务。

（5）对活动、产品和服务实施控制与施加影响的权限与能力。

组织应当规定其环境管理体系的范围并形成文件，以明确界定实施环境管理体系的组织边界。当组织是一个更大组织在指定场所的一部分时，对范围的确定尤为必要。边界一经确定，组织在此范围内的所有活动、产品和服务，均须包括在环境管理体系内。在确定环境管理体系的范围时，应当注意它的可信度取决于边界的选取。环境管理体系范围不应该用于排除具有重要环境因素的活动、产品、服务或设备，或用于规避其合规性义务。若组织的某一部分被排除在环境管理体系之外，组织应当能对此做出解释。如标准仅在特定的运行单位实施，可以采纳组织内其他部门业已建立的方针和程序，用来满足标准的要求，只要它们适用于这些即将采用标准的部门。

四、环境管理体系

1. 标准原文

4.4 环境管理体系

为实现组织的预期结果，包括提升其环境绩效，组织应根据本标准的要求建立、实施、保持并持续改进环境管理体系，包括所需的过程及其相互作用。

组织建立并保持环境管理体系时，应考虑在 4.1 和 4.2 中所获得的知识。

2. 标准理解及使用指南

实施标准所规定的环境管理体系是为了改进环境绩效，所以，标准基于这样一个前提，即组织将定期评审和评价其环境管理体系，以确定改进的机会并付诸实施。这一持续改进过程的速度、程度和时间表，组织依据其经济状况和其他客观条件来确定。对环境管理体系的改进，是为了实现环境绩效的进一步改进。

标准要求组织：

（1）制定适宜的环境方针。

（2）识别其过去、当年或计划中的活动、产品和服务中的环境因素，以确定其中的重大环境影响。

（3）识别适用的法律法规和组织应遵守的其他要求。

（4）确定优先事项并建立适宜的环境目标。

（5）建立组织机构，制订实现计划，以实施环境方针，实现环境目标。

（6）开展策划、控制、监测、纠正措施、审核和评审活动，以确保对环境方针的遵守和环境管理体系的适宜性。

（7）有根据客观环境的变化做出修正的能力。

ISO 基于 PDCA 循环的运行模式建立体系框架。PDCA 是一个持续、反复进行的过程，它使组织能够基于最高管理者的领导和对环境管理体系的承诺，建立、实施并保持其环境方针。在组织评价其当前环境状况后，应当采取以下步骤来实施这一持续进行的过程：

（1）策划——建立一个持续的重划过程，使组织能够：

1）识别和理解组织所处的内外部环境。

2）识别和确定相关方的要求。

3）建立适宜的组织架构和职责权限。

4）识别环境因素和确定相关的环境影响。

5）识别和跟踪适用的法律、法规和其他要求。适当时，制定内部绩效准则。

6）建立环境目标，并制订实施计划以实现这些目标。

7）建立并使用绩效参数。

（2）实施——实施和运行环境管理体系。

1）建立组织机构，明确作用和职责，并授予足够的权限。

2）提供充分的资源。

3）对为组织或代表组织工作的人员进行培训以确保其具备必要的意识和能力。

4）建立内部和外部交流的过程。

5）建立并保持文件。

6）建立并实施文件控制。

7）建立并保持运行控制。

8）确保做好应急准备和响应。

（3）检查——评价环境管理体系的过程。

1）进行持续性的监测和测量。

2）评价合规性状况。

3）发现不符合并采取纠正和预防措施。

4）记录管理。

5）实施定期的内部审核。

（4）改进——评审并采取措施改进环境管理体系。

1）按照适当的时间间隔对环境管理体系进行管理评审。

2）识别改进的领域。

这一不断进行的过程使组织能够持续改进其环境管理体系和总体环境绩效。

一个尚未建立环境管理体系的组织，首先应当通过评审的方式来确定自己当前的环境状况，以便对它的所有环境因素予以考虑，作为建立环境管理体系的基础。

评审应当包括以下四方面关键内容：

（1）识别环境因素。包括在正常运行条件下、异常条件下（如启动和关闭情况）、发生紧急情况和事故时的环境因素。

（2）确定适用的法律法规和组织应遵守的其他环境要求。

（3）审查所有现行环境管理惯例和程序（包括与采购和合同活动有关的管理惯例和程序）。

（4）评价此前发生的紧急情况和事故。

评审时，可根据活动的性质，采用调查表、面谈、直接检查和测量，以及参考过去的审核或其他评审结果等方式。

五、领导作用与承诺

1. 标准原文

5 领导作用

5.1 领导作用与承诺

最高管理者应通过下述方面证实其在环境管理体系方面的领导作用和承诺：

a）对环境管理体系的有效性负责；

b）确保建立环境方针和环境目标，并确保其与组织的战略方向及所处的环境相一致；

c）确保将环境管理体系要求融入组织的业务过程；

d）确保可获得环境管理体系所需的资源；

e）就有效环境管理的重要性和符合环境管理体系要求的重要性进行沟通；

f）确保环境管理体系实现其预期结果；

g）指导并支持员工对环境管理体系的有效性做出贡献；

h）促进持续改进；

i）支持其他相关管理人员在其职责范围内证实其领导作用。

注：本标准所提及的“业务”可广义地理解为涉及组织存在目的的那些核心活动。

2. 标准理解及使用指南

最高管理者负有环境管理体系有关的特殊职责，应亲自参与或进行指导。最高管理者的参与、支持和兑现承诺是确保组织环境管理体系取得成功的关键。

最高管理者通过以下活动实现对环境管理体系的适宜性、充分性和有效性的承诺，包括：

（1）承担责任：最高管理者对环境管理体系的有效性负责，是环境管理体系的成功实施的总负责人。

（2）指明方向：最高管理者通过建立环境方针和目标，明确组织在环境管理的努力方向，引领员工共同奋斗，努力实现方针和目标。最高管理者应确保环境方针和环境目标与组织的战略方向一致，并与组织所处的运营环境及其风险相一致。

（3）融入过程：最高管理者应将环境管理体系要求融入组织的业务过程中。环境管理体系是组织体系的一部分，是组织体系的有机组成部分。将环境管理体系与业务过程进行融合，有助于组织提升运行效率和效果，克服“多张皮”现象，从而使环境管理体系为组织带来更多的价值。

（4）提供资源：环境管理体系在建立、实施、保持和持续改进的各个阶段都需要必要的资源支持，才能有效地实施，实现预期的结果。最高管理者应确保能够及时提供适宜的资源，满足相关需求。资源可包括人力资源（包括必要的技能和知识）、财务资源、基础设施（包括建筑、设备、通信、办公设施、工作环境等）、知识资源、技术资源等。

（5）实施沟通：最高管理者应就有效的环境管理和符合环境管理体系要求的重要性在组织内进行沟通，良好的沟通可以提升组织员工的环境意识，促进员工自觉遵守环境管理体系要求和履行合规义务。沟通的方式应是灵活多样，如培训、会议、网络传播、知识竞赛、杂志传阅、板报等。

（6）实现结果：最高管理者要确保环境管理体系实现预期结果，如提升环境绩效、履行合规义务、实现环境目标等。最高管理者应确保环境管理体系能够得到认真策划、全面实施、耐心保持、有效监测和持续改进，只有这样，才能确保预期结果的实现。

（7）支持参与：各级员工的充分参与才能使他们发挥作用，才能确保环境管理体系能够有效地实施。最高管理者通过各种方式指导并支持员工对环境管理体系的有效性做出贡献，如考核奖惩机制、合理化建议等，激发员工的主人翁意识，形成全员参与环境管理的良好氛围。

（8）促进改进：持续改进是组织永恒的追求，最高管理者应促进持续改进活动在组织内建立起持续改进的机制，持续改进环境管理体系的适宜性、充分性、有效性、提升环境绩效。

（9）授权管理：最高管理者需要通过合理的授权等方式支持其他管理者开展工作，让他们在各自负责的领域发挥其影响力和领导作用，以确保环境管理体系的建立实施、保持、改进。

六、环境方针

1. 标准原文

5.2 环境方针

最高管理者应在界定的环境管理体系范围内建立、实施并保持环境方针，环境方针应：

a）适合于组织的宗旨和所处的环境，包括其活动，产品和服务的性质、规模和环境影响；

b）为制定环境目标提供框架；

c）包括保持环境的承诺，其中包含污染预防及其他与组织所处环境有关的特定承诺；

注：保持环境的其他特定承诺可包括资源的可持续利用、减缓和适应气候变化、保持生物多样性和生态系统。

d）包括履行其合规义务的承诺；

e）包括持续改进环境管理体系以提升环境绩效的承诺。

环境方针应：

——以文件化信息的形式予以保持。

2. 标准理解及使用指南

建立或改进环境管理体系，首先需要最高管理者对改进组织的活动、产品和服务的环境管理做出承诺。最高管理者贯彻始终的承诺和领导对环境管理体系的实施具有决定性作用。认识到实施环境管理体系可能带来的利益和可能规避的风险，有助于保证最高管理者的承诺和领导。

环境方针确定了实施与改进组织环境管理体系的方向和组织的行动纲领，及其应履行的环境责任和环境绩效水平，具有保持和改进环境绩效的作用，并以此为评判后续行动提供依据。因此，环境方针应当反映最高管理者对遵守适用的环境法律法规和其他环境要求、进行污染预防和持续改进的承诺。环境方针的内容应当清晰明确，使内、外相关方能够理解。应当对方针进行定期评审与修订。以反映不断变化的条件和信息。方针的应用范围应当是可以明确界定的，并反映环境管理体系覆盖范围内活动、产品和服务的特有性质、规模和环境影响。

国际上越来越多的组织，包括政府部门、行业协会和民间团体，都制定了一些指导原则。这些指导原则能帮助组织明确应当在哪些方面做出环境承诺，并有助于不同的组织确立共同的价值观。组织在建立环境方针时，可参考这些指导原则，制定出能适合自身个性的方针。制定环境方针的责任属于组织的最高管理者。环境方针可以纳入组织其他方针文件，或与它们相联系。组织的管理者要对方针的实施负责，并为方针的制定和修改提供必要的投入。方针应当传达给所有为组织或代表组织工作的保员。此外，方针应当能为相关方所获取。

应当就环境方针与所有为组织工作，或代表它工作的人员进行沟通，包括与为它工作的合同方进行沟通。对合同方，不必拘泥于传达方针条文，而可采取其他形式，如规则指令、程序等，或仅传达方针中和它有关的部分。如果该组织是一个更大组织的一部分，组织的最高管理者应当在后者环境方针的框架内规定自己的环境方针，将其形成文件，并得到上级组织的认可。

组织制定环境方针时应当考虑：

（1）组织的使命、愿景、核心价值观和信念。

（2）与组织和其他方针（如质量、职业健康安全）相协调。

（3）相关方的要求和与他们的信息交流。

（4）指导原则。

（5）当地或区域的特定条件。

（6）保持环境的承诺，其中包含污染预防及其他与组织所处环境有关的特定承诺。

（7）持续改进的承诺。

（8）履行合规义务的承诺。

下面的案例是椰风集团环境管理方针：

始终坚持椰风人的“人和”，共同为持续改进人类生存环境而努力；

始终坚持椰风人的“诚实”，承诺遵守环境法律、法规等有关要求；

始终坚持椰风人的“整洁”，节能降耗，预防及控制污染，保持头上蓝天、脚下绿土；

始终坚持椰风人的“创意”，生产绿色产品，报答社会，让全世界知道；

地球有椰风！椰风爱地球！

组织环境管理体系界定范围内所有的活动、产品和服务都可能对环境造成影响，环境方针应当体现这一认识。

方针所涉及的内容依组织的性质而定，但至少应当包括以下方面的承诺：

（1）遵守或超越与环境因素有关的适用的法律法规要求和其他要求。

（2）保护环境的承诺。

（3）通过建立环境绩效评价程序和相关参数实现持续改进。

方针还可以包括其他承诺，例如：

（1）通过对环境管理程序和设计进行综合考虑，最大限度地降低新开发项目的任何重大有害环境影响。

（2）设计产品时考虑环境因素。

（3）领导者在环境管理中的表率作用。

可将污染预防思想运用于新产品和服务的设计和开发，以及相关过程的建立。这能帮助组织在提供产品和服务时节约资源，减少废物和排放。

源削减往往具有事半功倍的效果，它一方面能够避免废物和排放的产生，另一方面又节约了资源。但在某些情况下，或对于某些组织而言，通过源削减来实现污染预防可能难以做到。此时，组织应当以污染预防的角度确定各种方法的优先等级。其中，最优先的是在源头上进行污染预防，优先性排序如下：

（1）源削减或消除（包括环境上合理的设计和开发，材料替代、过程、产品或技术的变更和有效使用，以及能源和材料的节约）。

（2）内部再利用或再循环（材料在过程或设施中的再利用或再循环）。

（3）外部再利用或再循环（材料转移到其他地方进行再利用或再循环）。

（4）回收和处理（为了减少其环境影响，从现场内、外的废物流中进行回收，对现场内、外废物的排放进行处理）。

（5）控制机制，例如在经过许可的条件下进行焚烧或有控制的处置，但上述方法应当在其他方法不适合时再考虑使用。

七、组织的岗位、职责和权限

1. 标准原文

5.3 组织的角色、职责和权限

最高管理者应确保在组织内部分配并沟通相关角色的职责和权限。

最高管理者应对下列事项分配职责和权限：

a）确保环境管理体系符合本标准的要求；

b）向最高管理者报告环境管理体系的绩效，包括环境绩效。

2. 标准理解及使用指南

环境管理体系的成功建立、实施和保持很大程度上有赖于最高管理者在组织内部如何规定岗位和分配职责和权限。通常情况下，组织应以文件化信息的形式，确定组织机构，规定各部门职责范围，明确各级管理者和各类人员的职责和权限。各部门和各级人员在环境管中的职责和权限，可在工作标准、部门职责书、职务说明书或程序文件中规定。

最高管理者可指派具有充分权限、意识、能力和资源的一名或多名管理者（或用其他称谓），以便：

（1）确保在组织所有适当的层次上建立、实施和保持环境管理体系。

（2）向最高管理者报告环境管理体系的绩效和改进的机会。

管理者代表的职责可包括与相关方就与环境管理体系有关的问题进行交涉。管理者代表可负有其他职责。在小型组织中，这项工作可由总经理承担。

组织应当对那些其工作与环境管理有关的，为它或代表它工作的人员的职责和权限予以规定和交流。环境职责不应当被视为仅仅是环境职能部门的职责，可能还包括组织的其他领域，如运行管理或其他主要职能部门（如采购、工程、质量等）。最高管理者提供的资源应当使所规定的职责能够实现，当组织的机构发生变化时，应当对职责和权限予以评审。

八、风险和机遇的应对措施

1. 标准原文

6 策划

6.1 应对风险和机遇的措施

6.1.1 总则

组织应建立、实施并保持满足6.1.1～6.1.4的要求所需的过程。

策划环境管理体系时，组织应考虑：

a）4.1所提及的问题；

b）4.2所提及的要求；

c）其环境管理体系的范围。

并且，应确定与环境因素（见6.1.2）、合规义务（6.1.3）、4.1和4.2中识别的其他问题和要求相关的需要应对的风险和机遇，以：

——确保环境管理体系能够实现其预期结果；

——预防或减少不期望的影响，包括外部环境状况对组织的潜在影响；

——实现持续改进。

组织应确定其环境管理体系范围内的潜在紧急情况，包括那些可能具有环境影响的潜在紧急情况。

组织应保持以下内容的文件化信息：

——需要应对的风险和机遇；

——6.1.1～6.1.4中所需的过程，其详尽程度应使人确信这些过程能按策划得到实施。

2. 标准理解及使用指南

组织在策划环境管理体系时，应从组织的实际出发，应考虑4.1提出的问题、4.2提出的需求和期望，以及组织确定的环境管理体系的范围。

确保环境管理体系能够实现其预期结果，预防或减少不期望的影响，包括外部环境状况对组织的潜在影响，实现持续改进环境绩效。

确保环境管理体系能够实现其预期的结果，预防或减少不期望的影响，包括外部环境状况对组织的潜在影响，实现持续改进环境绩效。组织在策划过程中应首先识别和确定风险和机会，然后确定应对措施。风险和机会主要源于以下几个方面：

（1）组织所处的环境。如当利润下降时，组织的污染治理技改资金紧张；又如民众环境意识高，对环保产品、无毒产品提出了明确要求。

（2）相关方的需求和期望。相关方的需求和期望，其中一部分由组织选择执行而构成了合规性义务；其他部分虽不构成组织的合规性义务，但是如果组织理解并满足了相关方需求和期望，会给组织带来发展的机遇。

（3）环境因素。环境因素可产生有害环境影响或有益环境影响，重要环境因素可能导致风险和机遇。如某家电公司，交付欧盟客户的产品不能满足ROHS要求，导致批量退货、客户流失。

（4）合规义务。合规义务是组织必须遵守或选择遵守的那些要求，也会给组织带来风险和机遇，如某汽车公司未能遵守大气污染物排放法规，废气排放超标，受到高额罚款。消息一公开后，汽车公司形象受损，股价下跌，给公司带来经济和声誉的很大风险。又如某培训公司，主动投身环境保护，宣传垃圾分类处理，主动践行骑自行车上班等。该培训公司致力于在资源节约型和环境友好型社会中发挥先锋作用，赢得社会和民众的信任和尊重。

组织在策划时应确定环境管理体系范围内的紧急情况，特别是那些可能会产生环境危害的紧急情况。

组织应把风险分析和措施策划过程形成文件化信息并予以保持。常见的有管理标准、程序文件、风险和机会一览表、环境因素及重要环境因素清单、合规性义务一览表和初始环境评审报告等。

九、环境因素

1. 标准原文

6.1.2 环境因素

组织应在所界定的环境管理体系范围内，确定其活动、产品和服务中能够控制和能够施加影响的环境因素及其相关的环境影响。此时应考虑生命周期观点。

确定环境因素时，组织必须考虑：

a）变更，包括已纳入计划的或新的开发，以及新的或修改的活动、产品和服务；

b）异常状况和可合理预见的紧急情况。

组织应运用所建立的准则，确定那些具有或可能具有重大环境影响的环境因素，即重要环境因素。

适当时，组织应在其各层次和职能间沟通其重要环境因素。

组织应保持以下内容的文化信息：

——环境因素及相关环境影响；

——用于确定其重要环境因素的准则；

——重要环境因素。

注：重要环境因素可能导致与不利环境影响（威胁）或有益环境影响（机会）有关的风险和机遇。

2. 标准理解及使用指南

要建立一个有效的环境管理体系，首先要正确认识组织和环境之间相互作用的情况。组织活动、产品和服务中能与环境发生相互作用的要素称为环境因素。例如，包括排放、材料的消耗或再利用、噪声的产生等。组织实施环境管理体系应当识别自身能够控制的和能够对其施加影响的环境因素。

全部或部分地由组织的环境因素给环境造成的任何有害或有益的变化称为环境影响，如空气污染、自然资源的耗竭等属于有害影响，水质或土壤质量的改善属于有益影响。环境因素和相关的环境影响之间是一种因果关系。组织应当确定那些具有或可能具有重大环境影响因素（即重要环境因素）。

由于组织可能有很多环境因素和相关的环境影响，应当建立确定重要环境因素的准则和方法。建立准则时应当考虑如环境特征、适用的法律法规和其他要求的信息及内外部相关方的关注等。其中有些准则是应当可直接用于识别组织环境因素，有些可用于确定相关的环境影响。

为了确定需要控制或改进的区域和采取管理措施的优先顺序，有必要先确定重要环境因素和相关的环境影响。组织的方针、目标、培训、信息交流、运行控制和监测方案首先应当基于对重要环境因素的认识，同时也应当考虑适用的法律法规和其他要求以及相关方的观点等问题。重要环境因素的确定是一个持续进行的过程，它可增强组织对自身与环境之间关系的理解，并帮助组织通过对环境管理体系的强化而持续改进其环境绩效。

由于不存在唯一的方法可供所有的组织识别环境因素和环境影响，并进而确定重要环境因素，因此每一个组织都应当选择一种适合其范围、性质和规模的方法，并考虑方法的详略和复杂程序、时间、成本及获得可靠数据的需求。采用程序来实施所选择的方法有助于取得一致性。

（1）对活动、产品和服务的理解。几乎所有的活动、产品和服务都对环境产生某些影响，该影响可以发生在活动、产品或服务生命周期的全过程或某些阶段，例如从原材料获取、配送、使用直至最终处置。这种影响可能是当地的、区域性的或全球性的，长期或短期的，具有不同的重要程度。组织应当了解其环境管理体系范围内的活动、产品和服务。将这些活动、产品和服务进行分组或归类，有助于环境因素的识别和评价，从中识别出共同的或相似的环境因素。这一分组或归类可基于一些共同特征，例如组织单位、地理位置、运行工作流程、材料或能源的使用，或受到影响的环境介质（如空气、水体和土地）。为便于使用，类别应大到足以对其进行有效分析，小到足以对其充分理解。

（2）环境因素的识别。组织应当识别其环境管理体系范围内与过去、现在和将来的活动、产品和服务有关的环境因素。在所有情况下，组织都应当考虑正常和异常（包括启动、停机维护等）的运行条件、紧急情况和事故等。

除了那些能够直接控制的环境因素外，组织还应当考虑它能够施加影响的环境因素，如与组织所使用或所提供的产品和服务有关的环境因素。当评价组织对活动、产品或服务的环境因素施加影响的能力时，组织应当考虑法律或合同的约束力、它的方针、地方或区域性问题以及它对相关方的义务和责任等。组织还应当考虑诸如采购包含危险材料的产品对其自身环境绩效的影响。这些考虑应用的示例可包括承包方或分承包方的活动，产品和服务的设计，材料、产品或服务的提供和使用，投放市场的产品的运输、使用、再利用或再循环等。

为了识别和理解环境因素，组织应当收集有关其活动、产品和服务特性的定量的和/或定性的数据，如材料或能源的输出，所采用的过程和技术、设施和场所，运输方式以及人的因素（如视力或听觉缺陷）。此外，还应当收集以下方面的信息：

1）组织活动、产品和服务方面的因素与潜在的或实际的对环境所造成的变化之间的因果关系。

2）相关方对环境的关注。

3）依据政府法规、许可制度、其他标准，或由行业协会或学术机构识别出的可能的环境因素。

熟悉组织的活动、产品和服务的个人的参与有助于环境因素的识别。对环境因素识别不存在一种唯一的方法，但通常可以从下列方面进行考虑：

1）向空气的排放；

2）向水体的排放；

3）向土壤的排放；

4）原材料和自然资源的使用（如土地使用、水的使用）；

5）地方的或社区的环境问题；

6）能源的使用；

7）能量的释放（如热、辐射、振动等）；

8）废弃物和副产品；

9）物理属性（如尺寸、形状、颜色、外观）。

因此，在识别环境因素时，组织的活动、产品和服务中应当考虑的因素可包括：

1）设计和开发；

2）制造过程；

3）包装和运输；

4）合同方和供方的环境绩效和操作方式；

5）废弃物管理；

6）原材料和自然资源的获取和分配；

7）产品的分配、使用和废弃；

8）野生生物和生物多样性。

（3）对环境影响的理解。识别环境因素并确定其重要性有赖于对环境影响的认识。评价环境影响存在多种方法，组织应当选择一种适用的方法。

对于某些组织，与其环境因素有关的环境影响类型的现有信息可能是充分的。其他组织可选择使用因果关系图或流程图来表明输入、输出或物质或能量平衡，或选择其他方法，如环境影响评价和生命周期评价。

所采用的方法应当能够识别：

1）积极的（有益的）消极的（有害的）环境影响；

2）实际的和潜在的环境影响；

3）环境中可能受到影响的部分，如空气、水体、土地、植物、文化遗产等；

4）可能对环境影响发生作用的区域特征，如当地的气候条件、地下水位、土壤类型等；

5）环境变化的性质（如全球性和区域性问题、发生环境影响所持续的时间、长期积累造成的潜在环境影响）。

环境因素和环境影响之间的关系也可通过表 3-2 予以反映。

表 3-2　　环境因素和环境影响之间的关系

活动、服务或产品	项目	环境因素（因）	环境影响（果）
活动	工业锅炉燃烧	煤的消耗	自然资源减少
		废渣排放	污染土地、水体
		SO_2 排放	导致酸雨
产品	汽车技术改进	尾气改善	空气污染减弱
		噪声降低	扰民减弱
		耗油降低	自然资源消耗减少
服务	车辆维护	杜绝滴漏	避免污染土地

（4）重要环境因素的确定。重要性是一个相对的概念，重要和不重要之间不存在绝对的界限。一个组织的重要环境因素对于另一个组织而言可能就不是重要的。对重要性的评价要同时运用技术分析和判断的方法。所使用的评价准则应当能帮助组织确定那些它认为是重要的环境因素和相关的环境影响。用于重要性评价制定的准则应当能提供一致性和可再现性。

组织在制定重要环境因素评价准则时应当考虑以下因素：

1）环境准则（如影响的规模、严重性、持续时间，环境因素的类型、规模和经常性等）。

2）适用的法律法规（如法规或许可规定的排放限值）。

3）内、外部相关方的关注（如法规或许可规定的排放限值）。

评价重要性的准则对于评价环境因素和相关的环境影响都是适用的。但更多是用于环境影响。运用准则时，组织可针对每一个准则规定重要性等级，如对基于事件发生的可能性（概率或频次）和后果（严重程度或强度）的组合进行赋值。可采用设定阈值或划分等级的方式来表示不同的重要程度，例如用数值进行定量的表示，或定性地把重要程度分为几个等级，如高、中、低、可忽略等。

组织可选择评价环境因素的重要性，或评价相关环境影响的重要性，应当将以上根据不同准则所取得的评价结果结合起来，并确定哪些环境因素是重要的（如通过阈值进行判断）。

为了便于策划，组织应当保持有关所识别的环境因素和所确定的重要环境因素方面的适当信息。组织应当根据这些信息来确定进行运行控制的需求，并决定如何进行运行控制。适宜时，应当包含有关确定环境影响方面的信息。应当定期对信息予以评审和更新，以便适应客观环境的变化。为了上述目的，最好能以清单、登记、数据库或其他形式保持这些信息。

确定环境因素和环境影响可利用的信息源可包括：

1）提供一般信息的文件，如宣传册、目录、年度报告等；

2）运行手册、过程流程图、质量计划、产品计划等；

3）以往审核、评价或评审的报告，如初始环境评审报告、生命周期评价报告等；

4）来自其他管理体系，如质量或职业健康安全管理体系的信息；

5）技术资料报告、公开的分析或研究成果、有毒物质清单等；

6）适用的法律法规和其他要求；

7）工作规范、国家和国际政策、指南和纲要；

8）采购资料；

9）产品说明书、产品开发资料、材料和化学品安全数据清单（M/CSDS）、能源和材料平衡数据等；

10）废弃物清单；

11）监测数据；

12）环境许可或许可申请；

13）相关方的观点、要求或与他们订立的协议；

14）紧急情况和事故报告。

在识别和评价环境因素的过程中，还应当考虑到从事活动的地点、进行这些分析所需的时间和成本，以及可靠数据的获得。对环境因素的识别不要求做详细的生命周期评价。另外，还可以利用出于规章或其他要求所取得的信息。

对环境因素进行识别和评价的要求，不改变或增加组织的法律责任。

十、合规义务

1. 标准原文

6.1.3 合规义务

组织应：

a）确定并获取与其环境因素有关的合规义务；

b）确定如何将这些合规义务应用于组织；

c）在建立、实施、保持和持续改进其环境管理体系时必须考虑这些合规义务。

组织应保持其合规义务的文件化信息。

注：合规义务可能会给组织带来风险和机遇。

2. 标准理解及使用指南

合规义务是指组织必须遵守的法律法规要求和组织必须遵守或选择遵守的其他要求。履行合规义务是环境管理体系的一项核心承诺。

环境管理体系标准多次体现合规义务的要求，主要有：

（1）环境方针中应包括履行合规义务的承诺（5.2）；

（2）识别、获取并理解合规义务（6.1.3）；

（3）制订措施，应对合规义务所面临的风险的机会（6.1.4）；

（4）建立环境目标时应考虑合规义务（6.2.1）；

（5）应确保在其控制下工作的人员意识到不符合环境管理体系要求，包括未履行组织的合规义务的后果（7.3）；

（6）通过对运行过程策划并实施控制，履行合规义务措施（8.1）；

（7）定期评价组织对适用的法律法规和其他要求的遵守情况（9.1.2）；

（8）管理评审评价组织环境绩效方面的信息，包括合规义务的履行情况及趋势（9.3）。

法律法规要求是指与组织的环境因素有关的、由政府部门（包括国际、国家和地方）发布或授予的具有法律效力的各种要求或授权。

法律法规要有多种形式，例如：

（1）国际、国家、省部级及地方性法规，包括条例和规章；

（2）法令和指令；

（3）许可、执照或其他形式的授权；

（4）执法部门发布的规定；

（5）司法或行政裁决；

（6）习惯法或不成文法；

（7）条约、公约和议定书。

为了对法律法规要求进行跟踪，建议组织保持对适用法律法规要求的登记或清单，并及时予以更新。

组织也可以考虑超越现行法律法规要求。虽然这可能要求它付出更多的成本。但这样所提升的声誉、带来的竞争优势、对未来法律法规要求的预见或影响、对环境绩效的改进，以及与公众及官方关系的改善足以补偿在增加的成本。

组织可以根据其具体情况与自身需求，自愿遵守一些法律要求之外的，适合其活动、产品和服务的环境因素的要求。这些要求包括：

（1）和政府机构的协定；

（2）和顾客的协议；

（3）非法规性指南；

（4）自愿性原则或工作规范；

（5）自愿性环境标志或产品照管承诺；

（6）行业协会的要求；

（7）和社区团体或非政府组织的协议；

（8）组织或其上级组织对公众的承诺；

（9）本单位的要求。

上述承诺或协定所涉及的范围，不仅包括环境方面的，也包括其他许多方面的。作为环境管理体系，只须考虑那些与组织的环境因素有关的承诺或协定。

组织应当识别和跟踪它所须遵守的其他要求；

（1）识别其环境方针中这方面的其他要求；

（2）保持一份现行有效的有关其他要求的清单、登记数据库或其他形式的记录。

在组织制定环境目标和指标时，须使用关于内部绩效准则的信息以及适用的法律法规和其他要求。当法律法规和其他要求不存在，或不能充分满足组织的需求时，组织可制定并实施内部绩效准则来满足它们的需求。内部绩效准则的实例如：对某设施所使用（或管理）的燃料（或有毒物质）的类型和数量加以限制；对超过法律要求的有害气体的排放进行限制。

遵守适用的法律法规和其他要求是环境管理体系的一项核心承诺。该承诺应当体现在环境管理体系的策划过程中，并通过实施环境管理体系加以实现。最高管理者应当定期评审环境管理体系的充分性以确保其有效性，包括在合规性方面。

为方便起见，环境管理体系中与合规性相关的主要部分概括于下面的清单。组织应当建立、实施、操持过程并提供足够的资源，以便：

（1）制订方针中包括遵守适用的法律法规和其他要求的承诺。

（2）识别、获取并理解适用的法律法规和其他要求。

（3）根据遵守法律法规和其他要求的需要，制定目标和指标。

（4）通过下列方式，实现合规性目标和指标：

1）实施一个识别有关作用、职责、程序、方法和时间框架的方案；

2）实施运行控制（必要时包括程序）。

（5）确保所有为组织或代表组织工作的人员，以及其工作与重要因素相关的人员接受适当的培训，使其了解适用的法律法规和其他要求、所使用的相关程序，以及不符合这些要求的后果。

（6）定期评价组织对适用的法律法规和其他要求的遵守情况。

（7）识别所有不合规或不符合（以及可预见的潜在不合规或不符合）的情况，并采取及时措施来确定、实施和跟踪纠正措施。

（8）保持并管理关于合规性的记录。

（9）对环境管理体系进行定期审核时审查合规性情况相关的特性定期。

（10）进行管理评审时考虑适用的法律法规和其他要求的变化。

合规义务承诺反映了一种期望，即组织能通过采用一种系统化的方法来实现并保持对适用的法律法规和其他要求的符合。

在识别法律法规和其他要求的过程中，往往已确定了这些要求是如何作用于组织的环境因素的，因此，不一定要求专门为此制订文件化程序，但需保持相应的文件化信息。

十一、措施的策划

1. 标准原文

6.1.4 措施的策划

组织应策划：

a）采取措施管理其：

1）重要环境因素；

2）合规义务；

3）6.1.1所识别的风险和机遇。

b）如何：

1）在其环境管理体系过程（见6.2、第7章、第8章和9.1）中或其他业务过程中融入并实施这些措施；

2）评价这些措施的有效性（见9.1）。

当策划这些措施时，组织应考虑其可选技术方案、财务、运行和经营要求。

2. 标准理解及使用指南

在确定重要环境因素、合规义务、需要应对的风险和机遇之后，组织应策划管理重要环境因素、履行合规义务、应对相关的风险和机遇的措施，以实现有效地控制重大环境影响、有效地应对风险和机遇、全面有效地履行合规义务，确保实现环境管理体系的方针。

组织在策划措施时，应从技术上的可行性、经济上的合理性、业务运行上的适宜性等方面考虑是否可行。

组织策划的措施可包括以下一项或全部：

（1）建立环境目标，并采取措施以实现环境目标。

（2）可独立或融入环境管理体系的其他过程，如通过环境管理体系的支持、运行、监视、测量、分析及评价等过程予以解决，如人员招聘、培训教育、运行控制、应急准备与响应、监测等。

（3）通过组织的其他管理体系的一些过程予以解决，如开发环保节能产品、通过财务管理相关的经营过程提出措施。

针对确定的风险和机会，组织采取的措施优先顺序是：规避风险、接受风险、降低风险和分担风险等。

组织对所确定的每项应对措施，均应当规定相应的实施途径，如纳入相应的管理体系文件、建立专项文件、纳入管理方案、纳入管理措施计划、纳入技术改造计划、设备更新计划等。

组织在策划措施的同时应确定对措施执行效果进行评价的时机、方法、职责等内容，以便在措施执行阶段和完成后的有效性进行监视、测量、分析和评价。

十二、环境目标和实现环境目标的策划

1. 标准原文

6.2 环境目标及其实现的策划

6.2.1 环境目标

组织应针对其相关职能和层次建立环境目标，此时必须考虑组织的重要环境因素及相关的合规义务，并考虑其风险和机遇。

环境目标应：

a）与环境方针一致；

b）可度量（如何行）；

c）得到监视；

d）予以沟通；

e）适当时予以更新。

组织应保持环境目标的文件化信息。

6.2.2 实现环境目标的措施的策划

策划如何实现环境目标时，组织应确定：

a）要做什么；

b）需要什么资源；

c）由谁负责；

d）何时完成；

e）如何评价结果，包括用于监视实现其可度量的环境目标的进程所需的参数（见9.1.1）。

组织应考虑如何能将实现环境目标的措施融入其业务过程。

2. 标准理解及使用指南

目标应当具体，可行时应当是可测量的。此外，它们还应当兼顾短期和长期的需要。

在制定目标和指标时，组织应当考虑的输入包括：

（1）组织环境方针中的原则和承诺；

（2）组织的重要环境因素（及在确定这些环境因素时收集到的信息）；

（3）适用的法律法规和其他要求；

（4）因实现目标对组织其他活动及过程带来的影响；

（5）相关方的观点；

（6）可选技术方案及其可行性；

（7）经济上、运行上和组织上的因素，包括来自供方和合同方的信息；

（8）可能给组织公众形象带来的影响；

（9）环境评审时了解到的情况；

（10）组织的其他目标。

应当对组织的最高层次，以及其他层次与职能建立目标，这些职能和层次的活动对于实现环境方针的承诺是很重要的，组织的总体目标也通过他们的活动来实现。目标应当与环境方针保持一致，通常包括对保护环境、履行其合规义务以及持续改进等承诺。

目标可以直接表述为一种具体的绩效水平，也可以是一般性的叙述，并进而规定为一个或多个参数。所规定的指标应当是可测量的，体现为实现相关目标应达到的绩效水平。对指标往往有一个时间限制，通过实施措施方案予以实现。

之所以要将方向分成两个层次，即包括目标及参数，主要考虑到组织要实现的具体表现要求会很多，如果不设定目标，直接根据环境方针来制订环境参数，则在设立参数时，易于陷入具体的细节而不便实现通盘的全面考虑，容易出现遗漏或轻重倒置的情况。环境目标的设定，为组织描绘了一幅欲实现的环境管理目的蓝图，环境目标是环境方针声明意向的具体化，参数又是目标的具体化。在实际制订过程中，参数既可以单独设立，也可以包含在目标中。

环境目标应当纳入组织的整体管理目标。这一整合不仅使环境管理体系，同时也使参与整合的其他管理体系，都得到了价值提升。

目标的制订可以针对整个组织，也可以只针对特定场所乃至个别活动。例如，一处制造设施可以有一个总体节能目标，该目标通过其中一个单独的部门采取节能措施加以实现；有时，组织的总体目标需要各个部门做出不同程度的努力才能实现；还有一种情况是，组织中各个部门致力于一个共同的总体目标，但需要采取不同的措施，来实现各自的部门目标。

组织应当确定其各层次和职能在实现目标时所起的作用，并使每个员工了解自己的职责。

绩效参数可用于跟踪实现目标的进度。将目标形成文件并进行沟通，用以加强组织实现其目标的能力。有关目标的信息应当提供给那些负责实现的部门，以及工作中需要这些信息的人员，如从事运行制定的人员。

组织应当建立可测量的环境绩效参数。这些参数应当是客观的、可验证的和可再现的。它们应当适用于组织的活动、产品和服务，与其环境方针一致，实用、成本效益高，并在技术上可行。这些参数可用于追踪组织实现其目标的进度，也可以用于其他目的，如用于评价和改进环境绩效，环境绩效参数可分为管理绩效参数和运行绩效参数，组织应当根据具体情况选择适用于其重要环境因素的参数类型。

环境绩效参数是监测持续改进的一项重要工具。

通常可用环境绩效参数来评价某一目标的进展，例如下列环境绩效参数：

（1）原材料或的使用量；

（2）气体（如 CO_2）的排放量；

（3）单位产量成品所产生的废物；

（4）材料和能源的使用效率；

（5）意外环境事件（如超过上限值）的数量；

（6）环境事故（如非计划排放）的数量；

（7）循环使用的废物的百分比；

（5）再循环包装材料使用率；

（9）单位产量所需的运载里程数；

（10）特定污染物，如 NO_x、SO_2、CO_2、VOCs、Bb、CFCs 的排放数量；

（11）用于环境保护的投资；

（12）诉讼数量；

（13）为野生生物预留的栖息地面积。

成功地实施环境管理体系，有赖于制订和实施一个或多个措施方案。措施方案中应当说明如何实现组织的环境目标，包括时间进度、所需的资源和负责实施方案的人员。措施方案可予以细化，具体到组织运行的基本单元。

对于环境管理措施方案的制订，应按表 3-3 的过程实施。

表 3-3　　环境管理措施方案制订过程

规划	承诺和方针	示　　例
方案	环境方针承诺 1	保护自然资源
	目标 1	技术和生产上可行时，尽量减少用水量
	参数 1	一年内将选定场所的用水量在现有基础上减少 15%
	环境管理措施方案 1	水的回用
	措施 1	安装循环水装置，以便将过程 A 中用过的水循环到过程 B 中回用

对全部的方针和承诺、目标，都应重复这一过程。

在适当和可行时，措施方案中应当全面考虑计划、设计、生产、营销和处置等各个阶段。无论是当前的还是新增的活动、产品或服务，都可以在这些方面进行考虑。对于产品，可从设计、材料、生产过程、使用和最终处置等方面进行考虑。对于安装或过程的重大修改，可从计划、设计、施工、试运行、运行，以及根据组织决定的适当时间退出使用等方面考虑。

措施方案应随情况的变化及时进行调整和修订，使之适应新的情况。

十三、资源

1. 标准原文

> **7**　支持
>
> **7.1**　资源
>
> 组织应确定并提出建立、实施、保持和持续改进环境管理体系所需的资源。

2. 标准理解及使用指南

组织的管理者应当确定并提供建立、实施、保持和改进环境管理体系所需的资源，并及时有效地予以提供。

在组织在确定建立、实施和保持环境管理体系所需的资源时，应当考虑以下因素：

（1）基础设施；

（2）信息系统；

（3）培训；

（4）技术；

（5）运行活动所需的人力、财力和其他资源。

应当对组织当前的和将来的资源配置需求予以考虑。在资源配置上，组织可制订程序，以跟踪其环境或有关活动的效益及成本。其中可包括污染控制、废物管理及处置等方面的费用。

应当结合管理评审对资源及其配置进行定期评审以确保做出了适当安排。对资源充分性进行评价时，应当考虑计划的变更、新的项目或运行。

中、小型企业的资源基础和组织结构可能给实施环境管理体系带来一定的局限，它们可考虑通过以下外部合作来克服这些局限：

（1）分享较大客户和供方组织的技术和经验；

（2）与处在同一供应链内或本地的其他中、小型企业确定并解决共同存在的问题，共享经验，推进技术开发，共同使用设施，联合获取外部资源；

（3）参加标准化组织、中小型企业协会、商会等举办的培训项目；

（4）与大学和其他研究机构合作，以提高生产力水平，进行技术革新。

十四、能力

1. 标准原文

7.2 能力

组织应

a）确定在其控制下工作，对其环境绩效和履行合规义务的能力具有影响的人员所需的能力；

b）基于适当的教育、培训或经历，确保这些人员是能胜任的；

c）确定与其环境因素和环境管理体系相关的培训需求；

d）适用时，采取措施以获得所必需的能力，并评价所采取措施的有效性。

注：适用的措施可能包括，例如：向现有员工提供培训、指导，或重新分配工作；或聘用、雇佣能胜任的人员。

组织应保留适当的文件信息作为能力的证据。

2. 标准理解及使用指南

能力是指应用知识和技能实现预期结果的本领。

组织应确定为组织工作和代表组织工作的影响环境绩效和履行合规义务的各类岗位人员的能力，特别是环境管理人员及从事可能产生重大环境影响的作业人员。他们所需要的教育、培训，或所需要的能力及经历应予以规定，并采取教育、培训或其他措施，以确保他们能够胜任所承担的工作。

组织应对具有环境影响的所有岗位人员，识别和确定培训需求，对他们实施培训。组织应建立有效的培训过程。通过对培训的策划，对照岗位培训需求，确定培训对象，明确培训内容，确定培训方式。另外，组织应评价培训的有效性，并改进培训的过程。

为了能有效地对代表组织工作的供方施加环境影响，组织应通过适当的途径要求供方能够证实相关的人员具有必要的能力，包括接受了适当的培训和必要的经历。

十五、意识

1. 标准原文

7.3 意识

组织应确保在其控制下工作的人员意识到：

a）环境方针；

b）与他们的工作相关的重要环境因素和相关的实际或潜在的环境影响；

c）他们对环境管理体系有效性的贡献，包括对提升环境绩效的贡献；

d）不符合环境管理体系要求，包括未履行组织合规义务的后果。

2. 标准理解及使用指南

组织应当确定负有职责和权限代表其执行任务的所有人员了解组织的环境方针和环境管理体系，以及与他们工作有关的组织活动、产品和服务中的环境因素。

最高管理者通过阐明组织的环境价值观、宣传环境方针的承诺，树立员工的环境意识，对他们进行激励，并鼓励所有为组织或代表组织工作的人员认识到在实现他们所负责的环境目标的重要性方面具有关键职责。正是由于这些基于共同环境价值观的个人承诺，使环境管理体系从文件转化成有效的运行过程。应当鼓励为组织或代表组织工作的人员就改进环境绩效提出建议。

组织应当确保所有为它或代表它工作的人员意识到符合环境方针和环境管理体系要求的重要性、他们在环境管理体系中的作用和职责、他们工作活动中实际或潜在的重要环境因素及相关的环境影响、改进环境绩效的益处，以及偏离适用的环境管理体系要求所带来的后果。

十六、信息交流

1. 标准原文

7.4 信息交流

7.4.1 总则

组织应建立、实施并保持与环境管理体系有关的内部与外部信息交流所需的过程，包括：

a）信息交流的内容；

b）信息交流的时机；

c）信息交流的对象；

d）信息交流的方式。

策划信息交流过程时，组织应：

——必须考虑其合规义务；

——确保所交流的环境信息与环境管理体系形成的信息一致且真实可信。

组织应对其环境管理体系相关的信息交流做出响应。

适当时，组织应保留文件化信息，作为其信息交流的证据。

7.4.2 内部信息交流

组织应：

a）在其各职能和层次间就环境管理体系的相关信息进行内部信息交流，适当时，包括交流环境管理体系的变更；

b）确保其信息交流过程使在其控制下工作的人员能够为持续改进做出贡献。

7.4.3 外部信息交流

组织应按其合规义务的要求及其建立的信息交流过程，就环境管理体系的相关信息进行外部信息交流。

2. 标准理解及使用指南

组织可以根据其自身和相关方的需求，建立、实施和保持就其环境方针、绩效或其他信息进行内、外部信息交流的程序。相关方可包括组织周边的单位和居民、非政府组织、顾客、合同方、供方、投资方、应急服务机构和执法者等。

信息交流的目的和益处可包括：①展示组织改善环境绩效的承诺和所做出的努力及其结果；②增进对组织的环境方针、环境绩效和其他相关业绩的了解，并促进以上方面的沟通；③接收、考虑、关注其他输入信息并答复有关问题；④促进环境绩效的持续改进。

（1）内部信息交流。组织内部各层次和职能间的信息交流对于有效实施环境管理体系是至关重要的。例如对于解决问题、协调行动、跟踪实施计划、改进环境管理体系等都有重要作用。向组织的员工提供适当的信息，可调动他们的积极性，并促使他们认同组织改进环境绩效的努力。这有助于员工履行其职责，并帮助组织实现环境目标和指标。组织应当建立渠道，鼓励所有层次反馈信息、积极参与，并接受和答复员工的建议和关注。向代表组织工作的其他人员（如合同方和供方）提供信息通常也是很重要的，应当将环境管理体系监测、审核和管理评审的结果通报组织内部的有关人员。

内部信息交流可有多种方式，如通过会议纪要、公告板、内部通讯简报、意见箱、网站、电子邮件、会议和联合委员会等进行信息交流。

（2）外部信息交流。与外部相关方进行信息交流是环境管理的重要且有效的手段。积极主动地进行外部信息交流能使之更加有效。组织在制定适合其特定环境的信息交流计划时，应当考虑采用不同方法的潜在成本和利益。它还应当考虑是否与其相关方就其环境因素进行外部信息交流，包括与其供应和产品链有关的环境因素的交流。

组织至少应当建立、实施并保持对外部相关方信息交流进行接收、形成文件和答复的程序，将外部信息交流程序形成文件是值得推荐的做法。

无论组织是否决定积极主动地进行外部信息交流，都应当对决定予以记录。组织应当建立过程，在发生紧急状况或事故时与受其影响或对其关注的外部相关方进行信息交流。

外部信息交流的方式有多种，如非正式的讨论、对外开放日、对焦点问题的沟通、和社区居民进行对话、参与社区活动、网站、电子邮件、新闻发布会、广告、通讯简报、年度报告（或其他定期的报告）、热线电话等。这些方式有助于公众对组织环境管理所作努力的理解和认同，并促进与相关方之间的对话。

内、外部信息交流的信息可包括：

1）组织的概况。

2）管理者声明。

3）环境方针、目标。

4）环境管理过程（包括员工和相关方的参与）。

5）组织关于持续改进、环境保护和履行合规义务的承诺。

6）与产品和服务的环境因素有关的信息，例如通过环境标志和声明传达的信息。

7）组织环境绩效方面的信息，包括发展趋势（如废弃物减少、产品照管和以往绩效等）。

8）组织符合法律法规和其他要求，以及针对所确定的不符合采取的纠正措施。

9）报告的辅助信息，如词汇表。

10）财务信息，如成本节约或环境项目投资。

11）可供采用的改进组织环境绩效的策略。

12）有关突发环境事件的信息。

13）更多的信息来源，如联系人或网站。

对于内、外部的环境信息交流，应注意做到：

1）使信息易于理解，并予以充分的解释。

2）使信息具有可追溯性。

3）对环境绩效予以准确描述。

4）尽可能以可比较的形式提供信息（如采用一致的测量单位）。

（3）信息交流过程。组织在建立信息交流方案时，应当考虑自身的性质和规模、重要环境因素和相关方的性质和需求。在对信息交流进行策划时，一般还要考虑进行交流的对象、交流的主题和内容、可采用的交流方式等方面问题。

组织应当考虑以下步骤：

1）收集信息，或向相关方征求意见。

2）确定交流对象以及对信息或对话的需求。

3）选择与交流对象相关的信息。

4）决定与交流对象进行交流的信息。

5）确定进行信息交流的适用方法。

6）评价和定期检查信息交流过程的有效性。

十七、文件化信息

1. 标准原文

7.5 文件化信息

7.5.1 总则

组织的环境管理体系应包括：

a）本标准要求的文件化信息；

b）组织确定的实现环境管理体系有效性所必需的文件化信息。

注：不同组织的环境管理体系文件化信息的复杂程度可能不同，取决于：

——组织的规模及其活动、过程、产品和服务的类型；

——证明履行其合规义务的需求；

——过程的复杂性及其相互作用；

——在组织控制下工作的人员的能力。

7.5.2 创建和更新

创建和更新文件化信息时，组织应确保适当的：

a）标识和说明（例如：标题、日期、作者或参考文件编号）；

b）形式（例如：语言文字、软件版本、图表）和载体（例如：纸质的、电子的）；

c）评审和批准，以确保适宜性和充分性。

7.5.3 文件化信息的控制

环境管理体系及本标准要求的文件化信息应予以控制，以确保其：

a）在需要的时间和场所均可获得并适用；

b）得到充分的保护（例如：防止失密、不当使用或完整性受损）。

为了控制文件化信息，组织应进行以下适用的活动：

——分发、访问、检索和使用；

——存储和保护，包括保持易读性；

——变更的控制（例如：版本控制）；

——保留和处置。

组织应识别其确定的环境管理体系策划和运行所需的来自外部的文件化信息，适当时，应对其予以控制。

注："访问"可能指仅允许查阅文件化信息的决定，或可能指允许并授权查阅和更改文件化信息的决定。

2. 标准理解及使用指南

文件化信息是组织需要控制并保持的信息及其载体。文件化信息主要有两类：

一类是环境管理体系运行的依据，可以起到沟通意图、统一行动的作用，也就是通常所说的"文件"，在标准条款中一般表述为"保持文件化信息"。

另一类是环境管理体系运行及其结果提供证据，也就是通常所说的"记录"，在标准条款中一般表述为"保留文件化信息"。

ISO 14001 标准中明确提到需保持或保留文件化信息之处，详见表 3-4。

组织应当建立并保持充分的文件化信息以确保对环境管理体系的理解和有效实施。形成文件化信息的目的是为员工和其他相关方提供所需的信息。文件化信息的收集和保持应当能体现组织文化及其需求，将其建立在现有的信息系统的基础上，并使后者得到改进。文件化信息的详略程度可因组织的情况而异，但对环境管理体系的描述是必要的。

表 3-4　　ISO 14001 标准中需保持或保留文件化信息的条款

标准条款	保持文件化信息	保留文件化信息
4	① 环境管理体系范围(4.3)	—
5	② 环境方针(5.2.2)	—
6	③ 需要应对的风险和机遇(6.1.1) 6.1.1 至 6.1.4 中所需的过程(6.1.1) ④ 环境因素及其环境影响(6.1.2) 用于确定重要环境因素的准则(6.1.2) 重要环境因素(6.1.2) ⑤ 合规义务(6.1.3) ⑥ 环境目标(6.2.1)	—
7	—	① 相关人员的能力证据(7.2) ② 内、外部信息交流活动的适当证据(7.4.1)
8	⑦ 为满足环境管理体系要求所建立的与运行控制过程有关的信息(8.1) ⑧ 与应急准备和响应有关的过程信息(8.2)	③ 相关的运行控制(8.1)(必要时) ④ 应急准备和响应(8.2)(必要时)
9	—	⑤ 监视、测量、分析和评价结果(9.1.1) ⑥ 合规性评价结果(9.1.2) ⑦ 审核方案实施的有关证据(9.2.2) 内部审核结果(9.2.2) ⑧ 管理评审结果(9.3)
10	—	⑨ 不符合性质、后续措施，纠正措施结果(10.2)

文件化信息的详尽程度，应当足以描述环境管理体系及其各部分协同运作的情况，并指示获取环境管理体系某一部分运行的更详细信息的途径。可将环境文件纳入组织所实施的其他体系的文件化信息，而不强求单独采取环境管理的文件化信息。

对于不同的组织，环境管理体系文件化信息的规模可能由于它们在以下方面的差别而各不相同：

(1) 组织及其活动、产品或服务的规模和类型。

(2) 过程及其相互作用的复杂程度。

(3) 人员的能力。

这些文件化信息可包括：

(1) 环境方针、目标和指标。

(2) 重要环境因素信息。

（3）程序。

（4）过程信息。

（5）组织机构图。

（6）内、外部标准。

（7）现场应急计划。

（8）记录。

对于程序是否形成文件，应当从下列方面考虑：

（1）不形成文件可能产生的后果，包括环境方面的后果。

（2）用来证实遵守法律、法规和其他要求的需要。

（3）保证活动一致性的需要。

（4）形成文件的益处：易于交流和培训，从而加以实施；易于维护和修订，避免含混和偏离；提供证实功能和直观性等。

（5）出于标准的要求。

不是为环境管理体系所制定的文件化信息，也可用于本体系。此时应当指明其出处。

为有效管理关键过程（即那些与其所确定的重要环境因素有关的过程），组织应当建立适当详尽的程序，描述实施每一过程的具体方法。若组织决定对某一程序不形成文件，则需通过信息交流或培训，使有关员工了解应当达到的要求。

当环境管理体系的过程与其他管理体系的过程一致时，组织可将环境文件化信息与其他管理体系的有关文件化信息进行整合。

为便于识别、检索文件化信息并防止误用，组织应对文件化信息采用适当的方式方法进行标识。常用的标识方式有如版本号、修订状态、作者名称、编制日期、指定的电子存储区、文件编号等。

文件化信息的管理可采用各种实用的、清晰的、易于理解并可获得的媒介（如纸张、电子版、照片、张贴物等），保持电子版文件化信息可能有多种好处，例如便于更新，易于控制其存取，以及确保使用文件化信息的有效版本。

在创建或者更新文件化信息时，组织明确评审和批准人员和权限职责。对文件化信息的适宜性和充分性进行评审和批准。

对文件化信息的控制可从“文件”和“记录”两个对象分别做出规定。

对环境管理体系文件进行控制，对于确保满足下列要求具有重要作用：

（1）按相应的组织、部门、职能、活动或联系人来标识文件。

（2）必要时对文件（不包括记录）进行评审和修订，并在发布前由授权人员审批。

（3）对有效发挥体系功能起重要作用的运行场所都得到相应文件的现行版本。

（4）及时从所有发放和使用场所撤回过时的文件。在某些情况下，如出于法律和（或）保留知识的目的，这时的文件可以保留。

文件可以通过以下过程有效控制：

（1）规定适用的文件格式，其中包括统一的标题和编号方式、日期、修订版次和历史、有关权限等内容。

(2）指定具有足够技术能力和职权的人员评审和签署文件。

(3）保持一个有效的文件发放系统。

记录为环境管理体系的连续运行和结果提供证据。记录的主要特点是它的永久性，而且一般是不可修改的。组织应当确定有效管理其环境事务所需的记录。

环境记录可包括：

1）抱怨记录。

2）培训记录。

3）过程监测记录。

4）检查、维护和校准记录。

5）有关的供方与承包方记录。

6）偶发事件报告。

7）应急准备试验记录。

8）审核结果。

9）管理评审结果。

10）和外部进行信息交流的决定。

11）适用的环境法律法规要求记录。

12）重要环境因素记录。

13）环境会议记录。

14）环境绩效信息。

15）对法律法规符合性的记录。

16）和相关方的交流。

有效地控制这些记录对于成功地实施环境管理体系是必不可少的。环境记录控制的关键内容包括对记录的标识、收集、编目、归档、存放、维护、检索和留存。

十八、运行策划和控制

1. 标准原文

8 运行

8.1 运行策划和控制

组织应建立、实施、控制并保持满足环境管理体系要求以及实施6.1和6.2所识别的措施所需的过程，通过：

——建立过程的运行准则；

——按照运行准则实施过程控制。

注：控制可包括工程控制和程序。控制可按层级（例如：消除、替代、管理）实施，并可单独使用或结合使用。

组织应对计划内的变更进行控制，并对非预期变更的后果予以评审，必要时，应采取措施降低任何不利影响。

组织应确保对外包过程实施控制或施加影响，应在环境管理体系内规定对这些过程实施控制或施加影响的类型与程度。

从生命周期观点出发，组织应：

a）适当时，制定控制措施，确保在产品或服务的设计和开发过程中，落实其环境要求，此时应考虑生命周期的每一阶段；

b）适当时，确定产品和服务采购的环境要求；

c）与外部供方（包括合同方）沟通组织的相关环境要求；

d）考虑提供与其产品和服务的运输或交付、使用、寿命结束后处理和最终处置相关的潜在重大环境影响的信息的需求。

组织应保持必要程度的文件化信息，以确信过程已按策划得到实施。

2. 标准理解及使用指南

组织为满足环境管理体系要求和实施 6.1 和 6.2 所识别的措施，应建立、实施、控制和保持所需的过程，建立相应过程运行准则，并实施过程控制。运行控制的类型和程度应取决于运行的性质、重要环境因素、合规性义务和环境威胁所带来的风险和机遇。

组织采用运行控制，目的是：

（1）管理所确定的重要环境因素。

（2）确保履行合规义务、保护环境和持续改进的承诺的兑现。

（3）实现目标并确保与环境方针的一致性。

（4）避免环境风险或将环境风险减至最小。

确定运行控制需求时，组织应当考虑其全部运行，包括那些与管理职能有关的活动（如采购、销售、营销、研究和开发、设计和施工，日常动作如生产、维护、实验分析、产品储存等），以及外部过程（如产品和服务的交付）。

组织可采用多种形式的运行控制，如程序、作业指导书、物理控制、使用经培训的人员，或综合使用上述方式。具体控制方法的选择取决于多种因素，如运行人员的技能和经验、运行的复杂性和环境重要性。

建立运行控制的通用方法包括：

（1）选择一种控制方法。

（2）选择可接受的运行准则。

（3）需要时建立程序，规定如何对运行进行策划、实施和控制。

（4）需要时将程序以说明书、符号、表格、录像、照片等形式形成文件。

除了程序、作业指导书和其他控制机制外，运行控制还可以包括对测量和评价的规定，以及确定是否符合运行准则的规定。

运行控制一经建立，组织就应当对这些控制的持续应用及其有效性进行监控并在需要时策划和采取纠正措施。

组织应确保外包过程受控或施加影响。组织对外包过程或产品和服务的供应商的控制或影响的类型和程度应考虑其知识、能力和资源的因素，并在环境管理体系中予以明确。

针对不同的外包过程或提供产品和服务的供方，组织能实施控制或施加影响的能力有所不同，可能是有限的直接控制，也可能施加影响却没有效果。

组织在其生产运营过程中不可避免地会面临一些变更的情况。对于计划内的变更，如新产品的投产、增加生产设备等。组织在策划阶段就应对这些变更进行考虑并确定有关控制措施。对于一些非预期的变更，如原料供应品种的意外变更、生产计划的临时调度等，组织应及时对可能产生的影响进行事先的分析和评估，必要时采取措施防止或降低由于变更而产生的不利环境影响。

产品或服务的生命周期阶段包括了原材料采掘、提炼、设计、加工、制造、运输、销售、使用、回收、处置等，产品或服务在其生命周期的各阶段都会造成一定的环境影响。组织应基于生命周期的观点考虑运行控制，防止有关的环境影响被无意地转移到生命周期的其他阶段，并应考虑采取以下措施：

（1）在进行产品和服务的设计开发时，组织应根据产品和服务的特性、流程、工艺、包装等特点，考虑产品和服务在其生命周期各阶段的可能的环境影响，并策划采取适宜的应对措施。这样，组织可以避免或减少将不利的环境影响由产品或服务生命周期的一个阶段转移到另一个阶段。

（2）适当时，组织可针对其采购的产品或服务提出环境要求，如规定原材料中环境有害物质的含量限值、对供方生产过程的排放治理提出要求等。

（3）组织应将确定的有关环境要求与外部供方进行沟通，要求外部供方能够理解和支持组织的环境要求并能自觉遵守，从而为改善环境做出共同努力。

（4）组织应考虑交付的产品和服务在运输、交付、使用、寿命结束后处理和最终处置等可能带来的重大环境影响，组织应考虑采用适宜、有效的方式向相关方（如承运单位、消费者、处置者等）提供相关信息（如正确的使用或处置方法等），为他们提供必要的支持，以防止或减轻由于组织提供的产品或服务带来的负面环境影响，如向顾客提供产品的 MSDS、在说明书中包括正确处置废弃产品的指南等。

组织应保持必要和充分的文件化信息，以确保根据策划实施运行控制。

十九、应急准备和响应

1. 标准原文

8.2 应急准备和响应

组织应建立、实施并保持对 6.1.1 中识别的潜在紧急情况进行应急准备并做出响应所需的过程。

a）通过策划的措施做好响应紧急情况的准备，以预防或减轻它所带来的不利环境影响；

b）对实际发生的紧急情况做出响应；

c）根据紧急情况和潜在环境影响的程度，采取相应的措施以预防或减轻紧急情况带来的后果；

d）可行时，定期试验所策划的响应措施；

e）定期评审并修订过程和策划的响应措施，特别是发生紧急情况后或进行试验后；

f）适当时，向有关的相关方，包括在组织控制下工作的人员提供与应急准备和响应相关的信息和培训。

组织应保持必要程度的文件化信息，以确信过程能按策划得到实施。

2. 标准理解及使用指南

每个组织都有责任制定适合它自身情况的一个或多个应急准备和响应程序，预防或减少随之产生的有害环境影响，这一点已经成为各类组织广泛采用的模式。

组织在制定这类程序时应当考虑：

（1）现场危险品的类型，如存在易燃液体，储罐、压缩气体等，以及发生溅洒或意外泄漏时的应对措施。

（2）对紧急情况或事故类型和规模的预测。

（3）周边设施（如工厂、道路、铁路等）可能发生的紧急情况和事故。

（4）处理紧急情况或事故的最适当办法。

（5）将环境损害降到最低的措施。

（6）对实施应急响应人员的培训。

（7）应急组织及职责。

（8）疏散路线和集合地点。

（9）关键人员和救援机构（如消防、泄漏清理等部门）名单，包括详细联络信息。

（10）邻近单位相互支援的可能性。

（11）内、外部联络计划。

（12）针对不同类型的紧急情况或事故的减轻和响应措施。

（13）事故后评价制定和实施纠正措施和预防措施的需要。

（14）定期试验应急响应程序。

（15）危险材料说明，包括每种材料对环境的潜在影响，以及一旦发生泄漏事故时所应采取的措施。

（16）培训计划和有效性试验。

（17）事故发生后进行评价以确定纠正措施和预防措施。

二十、监视、测量、分析和评价

1. 标准原文

9　绩效评价

9.1　监视、测量、分析和评价

9.1.1　总则

组织应监视、测量、分析和评价其环境绩效。

组织应确定：

a）需要监视和测量的内容；

b）适用时的监视、测量、分析与评价的方法，以确保有效的结果；

c）组织评价其环境绩效所依据的准则和适当的参数；

d）何时应实施监视和测量；

e）何时应分析和评价监视和测量的结果。

适当时，组织应确保使用和维护经校准或验证的监视和测量设备。

组织应评价其环境绩效和环境管理体系的有效性。

组织应按其合规义务的要求及其建立的信息交流过程，就有关环境绩效的信息进行内部和外部信息交流。

组织应保留适当的文件化信息，作为监视、测量、分析和评价结果的证据。

2. 标准理解及使用指南

监视是通过实施密切的观察确定状态的过程，监视并不一定需要监视设备；测量是指使用仪器、设备确定数量或质量特性的过程。组织通过监视和测量可以获得环境管理体系运行的基础数据。

组织应对其环境管理体系运行实施的监视和测量进行策划，包括确定监视和测量的内容、方法、时机等。

组织应当具有一套例行的测量和监视其环境绩效的系统方法。监视包括收集信息，如不间断地测量或观测。测量可以是定量的或定性的。对环境管理体系进行监视和测量的目的可包括：

（1）对满足方针的承诺、实现目标和持续改进的进展进行跟踪。

（2）重要环境因素信息的确定。

（3）对排放进行监测以遵守适用的法律法规或其他要求。

（4）对水、能源或原材料消耗进行监测以实现目标。

（5）为支持组织的环境绩效提供数据。

（6）为评价组织的环境绩效提供数据。

（7）为评价环境管理体系的绩效提供数据。

为实现上述目的，组织应当确定测量对象、地点、时间和所采用的方法。为了保证把资源用于最重要的测量，组织应当确定过程和活动中那些可供测量并能提供最有用信息的关键特性。

不同组织的活动、产品和服务的类型不尽相同，环境管理体系监视和测量的特性和指标也不尽一致。通常需进行监视和测量的特性包括以下方面：

（1）废气排放。

(2) 废水排放。

(3) 噪声排放。

(4) 危险废物（具有腐蚀性、毒性、易燃性、反应性或感染性等危险特征）的分类、标志、贮存、运输和处置。

(5) 固体废物的分类、标志、贮存和处置。

(6) 危险化学品的生产、标志、贮存、运输、使用和处置。

(7) 节能降耗（如节约和合理利用资源和能源）。

(8) 含氟制冷系统的氟利昂散溢。

(9) 压缩气体泄漏。

(10) 环境目标和措施计划实施的结果。

组织应对监视和测量的结果进行分析，用来识别不符合、掌握合规义务履行情况、发现改进的机会。

组织应策划明确对获取的数据进行分析的方法(包括使用适宜的统计技术)和时机。

组织应对照其环境方针、环境目标以及其他的环境绩效准则，建立恰当的环境绩效评价参数，对环境绩效进行评价。

环境绩效评价参数包括环境状况参数、环境管理绩效参数和环境运行绩效参数。

组织应把绩效评价的结果在组织内、外进行沟通、交流和应用。

为保证监视和测量结果的有效性，组织应当按规定的时间间隔，或在使用前，对用于监视和测量环境特性的所有测量设备和仪器进行校准或验证。校准或验证依据应能溯源到国家标准或国际标准。如果无上述标准，应当保存校准依据的记录。

组织应保留监视、测量、分析、评价的文件化信息。文件化信息主要包括环境绩效参数、环境绩效评价参数、监测计划、监视测量的结果、数据分析的结果、绩效评价的结果、测量设备的校验记录等。

二十一、合规性评价

1. 标准原文

9.1.2 合规性评价

组织应建立、实施并保持评价其合规义务履行状况所需的过程。

组织应：

a) 确定实施合规性评价的频次；

b) 评价合规性，需要时采取措施；

c) 保持其合规状况的知识和对其合规状况的理解。

组织应保留文件化信息，作为合规性评价结果的证据。

2. 标准理解及使用指南

作为履行合规义务承诺的一部分，组织应当建立、实施并保持一个或多个过程，定期评价对适用的法律法规要求的符合。组织应当保留文件化信息。

合规性评价可针对多项或单项法律法规要求。评价合规性的方法很多，如通过下述过程：

（1）审核。

（2）文件和（或）记录评审。

（3）对设施的检查。

（4）面谈。

（5）对项目或工作的评审。

（6）常规抽样分析或试验结果，验证取样或试验。

（7）设施巡视和（或）直接观察。

组织应当根据其规模、类型和复杂程度，规定适当的合规性评价方法和评价频次。评价频次取决于一些因素如此以往的合规性情况，所涉及具体法律法规要求等。开展定期的独立评审是值得推荐的做法。

可将合规性评价方案纳入其他评价活动，如管理体系审核、健康和安全评价或检查、质量保证检查等。

类似的，组织应当定期评价对应遵守的其他要求的符合。组织可采用一个独立的过程进行这一评价。也可以将它和其他评价过程（如上述对法律法规的合规性评价、管理评审过程等）结合起来进行。

开展合规性评价的人员应具备相应的能力，如熟练掌握和理解适用的合规义务要求等。

当发现存在不能履行或可能不能履行合规义务的情况时，组织应及时采取措施，以实现改进。

二十二、内部审核

1. 标准原文

9.2 内部审核

9.2.1 总则

组织应按计划的时间间隔实施内部审核，以提供下列关于环境管理体系的信息：

a）是否符合：

1）组织自身环境管理体系的要求。

2）本标准的要求。

b）是否得到了有效的实施和保持。

9.2.2 内部审核方案

组织应建立、实施并保持一个或多个内部审核方案，包括实施审核的频次、方法、职责、策划要求和内部审核报告。

建立内部审核方案时，组织必须考虑相关过程的环境重要性、影响组织的变化以及以往审核的结果。

组织应：

a）规定每次审核的准则和范围；

b）选择审核员并实施审核，确保审核过程的客观性与公正性；

c）确保向相关管理者报告审核结果。

组织应保留文件化信息，作为审核方案实施和审核结果的证据。

2. 标准理解及使用指南

对环境管理体系的内部审核，可由组织内部人员或组织聘请的外部人员承担，无论哪种情况，从事审核的人员都应当具备必要的能力，并处在独立的地位，从而能够公正、客观地实施审核。对于小型组织，只要审核员与所审核的活动无责任关系，就可以认为审核员是独立的。

应当按照计划的时间间隔对组织的环境管理体系进行内部审核，以确定体系是否符合计划的安排，是否已予以适当的实施和保持，并为管理者提供信息。内部审核也可用于识别组织环境管理体系的改进机会。

组织应当建立审核方案，用于指导审核的策划和实施，并确定审核需要，以满足方案的目标。方案应当基于组织运行的性质，包括其环境因素和潜在环境影响，以往审核的结果，以及其他相关因素。

不是每一次内部审核都必须覆盖整个体系，只要审核方案能确保组织的所有部门、职能、体系要素和整个环境管理体系都能得到定期审核即可。

应当由客观、公正的审核员，必要时在由组织内部或外部选择的技术专家的帮助下，对审核进行策划和实施。这一集体的综合能力应当能满足特定审核的目标和范围，并提供可信的结果。

环境管理体系内部审核结果可以报告的形式提交，它能够用来纠正或预防所确定的不符合，实现内部审核方案的一个或多个目标，并为管理评审提供输入。

二十三、管理评审

1. 标准原文

9.3 管理评审

最高管理者应按计划的时间间隔对组织的环境管理体系进行评审，以确保其持续的适宜性、充分性和有效性。

管理评审应包括对下列事项的考虑：

a）以往管理评审所采取措施的状况。

b）以下方面的变化：

1）与环境管理体系相关的内、外部问题；

2）相关方的需求和期望，包括合规义务；

3）其重要环境因素；

4）风险和机遇。

c）环境目标的实现程度。

d）组织环境绩效方面的信息，包括以下方面的趋势：

1）不符合和纠正措施；

2）监视和测量的结果；

3）其合规义务的履行情况；

4）审核结果。

e）资源的充分性。

f）来自相关方的有关信息交流，包括抱怨。

g）持续改进的机会。

管理评审的输出应包括：

——对环境管理体系的持续适宜性、充分性和有效性的结论；

——与持续改进机会相关的决策；

——与环境管理体系变更的任何需求相关的决策，包括资源；

——如需要，环境目标未实现时采取的措施；

——如需要，改进环境管理体系与其他业务过程融合的机会；

——任何与组织战略方向相关的结论。

组织应保留文件化信息，作为管理评审结果的证据。

2. 标准理解及使用指南

组织的最高管理者应当按规定的时间间隔对环境管理体系进行评审，以评价体系的持续适宜性、充分性和有效性。评审应当覆盖环境管理体系范围内活动、产品和服务中的环境因素。

管理评审应当覆盖整个环境管理体系，但不必在一次评审中对环境管理体系的所有要素都进行评审，同时评审过程可以延续一段时间。

管理评审可包括：

（1）以往管理评审所采取措施的状况。

（2）以下方面的变化：

1）与环境管理体系相关的内、外部问题；

2）相关方的需求和期望，包括合规义务；

3）其重要环境因素；

4）风险和机遇。

（3）环境目标的实现程度。

（4）组织环境绩效方面的信息，包括以下方面的趋势：

1）不符合和纠正措施；

2）监视和测量的结果；

3）其合规义务的履行情况；

4）审核结果。

（5）资源的充分性。

（6）来自相关方的有关信息交流，包括抱怨。

（7）持续改进的机会。

（8）改进建议。

环境管理体系评审输出可包括以下决定：

（1）对环境管理体系的持续适宜性、充分性和有效性的结论。

（2）与持续改进机会相关的决策。

（3）任何与环境管理体系变更需求相关的决策，包括资源。

（4）环境目标未实现时需要采取的措施。

（5）如需要，改进环境管理体系与其他业务过程融合的机遇。

（6）任何与组织战略方向相关的结论。

管理评审相关的文件化信息可包括会议议程、参会人员名单、发言稿或会议资料的复印件，对管理者决定的归档材料、报告、纪要、跟踪制度等。

组织可自行决定参加管理评审的人员，通常可包括环境管理部门的人员（负责汇集和提供有关信息）、关键部门的领导（这些部门或是运行中涉及重要环境因素，或负责实施环境管理体系的一些关键要求，如培训、记录等），以及最高管理者（负责评价环境管理体系绩效、确定优先改进的领域、提供资源并确保后续工作的有效开展）。

二十四、改进

1. 标准原文

10　改进

10.1　总则

组织应确定改进的机会（见 9.1、9.2 和 9.3），并实施必要的措施，以实现其环境管理体系的预期结果。

2. 标准理解及使用指南

组织通过监视、测量和分析、合规性评价和内部审核，能了解环境管理体系运行的实际状况，发现改进的机会，通过改进措施的实施，有效提升组织的环境绩效。

改进包括纠正措施和持续改进，以及突破性变革和创新等。

二十五、不符合和纠正措施

1. 标准原文

10.2　不符合和纠正措施

发生不符合时，组织应：

a）对不符合做出响应，适用时：

1）采取措施控制并纠正不符合；

2）处理后果，包括减轻不利的环境影响。

b）通过以下活动评价消除不符合原因的措施需求，以防止不符合再次发生或在其他地方发生：

1）评审不符合；

2）确定不符合的原因；

3）确定是否存在或是否可能发生类似的不符合。

c）实施任何所需的措施。

d）评审所采取的任何纠正措施的有效性。

e）必要时，对环境管理体系进行变更。

纠正措施应与所发生的不符合造成影响（包括环境影响）的重要程度相适应。

组织应保留文件化信息作为下列事项的证据：

——不符合的性质和所采取的任何后续措施；

——任何纠正措施的结果。

2. 标准理解及使用指南

为了使环境管理持续有效，组织应当以系统的方法确定实际的不符合，采取纠正措施。不符合是指未满足要求。要求可能是从管理体系的角度，或从环境绩效的角度提出来的。当体系的一部分未按计划发挥功能，或未达到环境绩效要求时，即被视为不符合。

不符合的情况可包括：

（1）体系绩效。

1）未建立环境目标。

2）未规定环境管理体系所要求的职责，如实现目标的职责或应急准备与响应的职责等。

3）定期评价法律要求合规性失效。

（2）环境绩效。

1）未实现降低能耗的目标。

2）未按规定的日程表进行维护。

3）未能达到运行准则（如允许限值）。

标准 9.2 所描述的环境管理体系内部审核过程是定期识别不符合的一种方法。也可将识别不符合作为日常职责的一部分，由直接操作人员注意发现潜在或实际问题。

不符合一经确定，则应当通过进行调查确定其原因，以便在发生问题时采取针对性的纠正措施。制订处理不符合的计划时，组织应当考虑解决问题的办法、纠正当前状况（或恢复正常运行）所须做出的变更、需要如何防止问题再度发生（消除不符合的原因）等。所采取的措施及其时间安排应当适于不符合的性质、规模和环境影响。

管理者应当确保纠正措施得到实施，并采取系统的后续措施确保其有效性。

建立文件以处理实际的不符合，并采取纠正措施，有助于确保过程的一致性。这些文件应当规定策划和执行纠正措施的职责、权限和步骤。当所采取的措施导致环境管理体系的变化时，该过程应当确保所有相关的文件、培训和记录得到更新和批准，并使所有应当知道的人员知道这些变化。

组织在制订文件以执行本条的要求时，根据不符合的性质，有时可能只需制订少量的正式计划，即能达到目的，有时则有赖于更复杂、更长期的活动。文件的制订应当和这些措施的规模相适配。

二十六、持续改进

1. 标准原文

10.3 持续改进

组织应持续改进环境管理体系的适宜性、充分性与有效性，以提升环境绩效。

2. 标准理解及使用指南

持续改进是最高管理者在环境方针中的重要承诺，通过持续改进组织可以不断提升其环境绩效。

持续改进不必同时也不必连续不断发生在环境管理体系的所有方面，组织可以通过环境管理体系的总体提升或者局部改善实现持续改进。

组织对环境绩效持续改进的过程，一般可包括以下活动：

（1）分析和评价现状，识别改进领域和改进项目。

（2）设定改进目标。

（3）分析确定可能解决的办法。

（4）评价和选择解决的方案。

（5）实施解决办法。

（6）评价实施结果。

（7）验证改进结果的有效性。

第五节　与相关标准的关系与兼容

表 3-5 指出了 ISO 14001、ISO 9001 与 ISO 45001 之间的相互联系和广泛的技术对应关系。

表 3-5　ISO 14001、ISO 9001 与 ISO 45001 之间相应章节、条款间的对应关系

ISO 14001	ISO 9001	ISO45001
1　范围	1　范围	1　范围
2　规范性引用文件	2　规范性引用文件	2　规范性引用文件
3　术语和定义	3　术语和定义	3　术语和定义

续表

ISO 14001	ISO 9001	ISO45001
4　组织所处的环境	4　组织所处的环境	4　组织所处的环境
4.1　理解组织及其所处的环境	4.1　理解组织及其环境	4.1　理解组织及其所处的环境
4.2　理解相关方的需求和期望	4.2　理解相关方的需求和期望	4.2　理解工作人员和其他相关方的需求和期望
4.3　确定环境管理体系的范围	4.3　确定质量管理体系的范围	4.3　确定职业健康安全管理体系的范围
4.4　环境管理体系	4.4　质量管理体系及其过程	4.4　职业健康安全管理体系
5　领导作用	5　领导作用	5　领导作用和工作人员参与
5.1　领导作用与承诺	5.1　领导作用和承诺	5.1　领导作用和承诺
5.2　环境方针	5.2　方针	5.2　职业健康安全方针
5.3　组织的角色、职责和权限	5.3　组织的岗位、职责和权限	5.3　组织的岗位、职责和权限
6　策划	6　策划	6　策划
6.1　应对风险和机遇的措施	6.1　应对风险和机遇的措施	6.1　应对风险和机遇的措施
6.1.1　总则		6.1.1　总则
6.1.2　环境因素		6.1.2　危险源辨识和风险和机遇的评价
6.1.3　合规义务		6.1.3　法律法规和其他要求的确定
6.1.4　措施的策划		6.1.4　措施的策划
6.2　环境目标及其实现的策划	6.2　质量目标及其实现的策划 6.3　变更的策划	6.2　职业健康安全目标及其实现的策划
7　支持	7　支持	7　支持
7.1　资源	7.1　资源	7.1　资源
7.2　能力	7.2　能力	7.2　能力
7.3　意识	7.3　意识	7.3　意识
7.4　信息交流	7.4　沟通	7.4　沟通 5.4　工作人员的协商和参与
7.5　文件化信息	7.5　形成文件的信息	7.5　文件化信息
7.5.1　总则	7.5.1　总则	7.5.1　总则
7.5.2　创建和更新	7.5.2　创建和更新	7.5.2　创建和更新
7.5.3　文件化信息的控制	7.5.3　形成文件的信息的控制	7.5.3　文件化信息的控制
8　运行	8　运行	8　运行
8.1　运行策划和控制	8.1　运行策划和控制 8.2　产品和服务的要求 8.3　产品和服务的设计和开发 8.4　外部提供过程、产品和服务的控制 8.5　生产和服务提供 8.6　产品和服务的放行	8.1　运行策划和控制

续表

ISO 14001	ISO 9001	ISO45001
8.2　应急准备和响应	8.7　不合格输出的控制	8.2　应急准备和响应
9　绩效评价	9　绩效评价	9　绩效评价
9.1　监视、测量、分析和评价	9.1　监视、测量、分析和评价	9.1　监视、测量、分析和绩效评价
9.1.1　总则	9.1.1　总则	9.1.1　总则
9.1.2　合规性评价	9.1.2　顾客满意	9.1.2　合规性评价
9.2　内部审核	9.2　内部审核	9.2　内部审核
9.3　管理评审	9.3　管理评审	9.3　管理评审
10　改进	10　改进	10　改进
10.1　总则	10.1　总则	10.1　总则
10.2　不符合和纠正措施	10.2　不合格和纠正措施	10.2　事件、不符合和纠正措施
10.3　持续改进	10.3　持续改进	10.3　持续改进

进行这一对比的目的，是向已经采用了其中一个标准，可能还希望采用另一标准的组织展示它们的可结合性。

这里只列出了三个标准中在要求上大体相应的章节、条款间的直接联系，而对许多具体论述中的交叉联系无法一一列出。

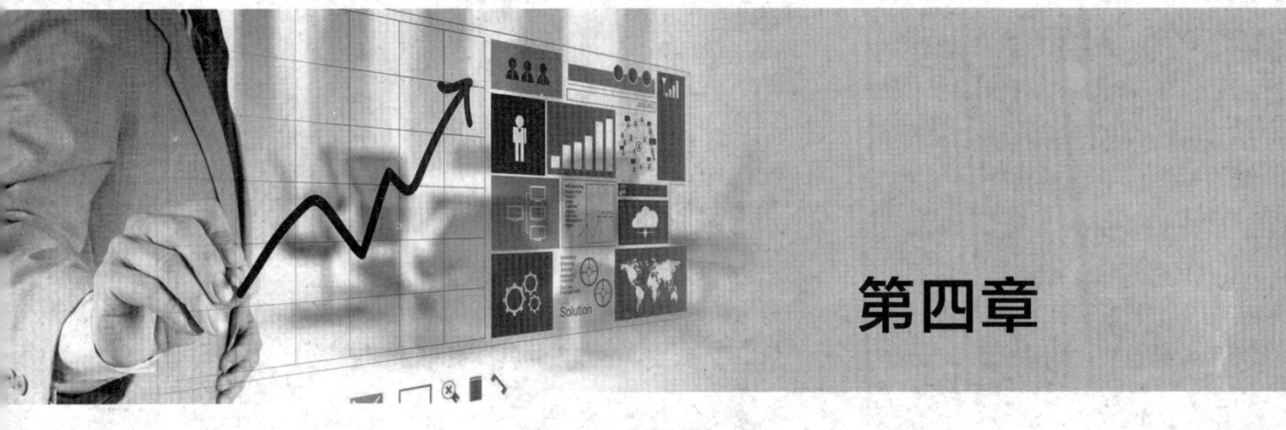

第四章

环境管理体系的建立和实施

第一节　概　　述

一、环境管理体系的目的和指导原则

随着可持续发展战略在全球的全面实施，环境保护的理论研究和社会实践都在向着环境预防的方向发展。这就要求组织把环境管理作为组织的一项管理职能，以主动的方式从管理职能上将环境保护贯穿、渗透到组织的各项基本活动中去，并体现出生命周期思想。实践表明，为了实现组织环境表现的持续改善，在组织内部需要建立一种系统、透明的管理机制。目前在全球广泛采用的通用型环境管理体系正是这样一种管理模式。

环境管理体系是一种通用型管理标准，适合于各种类型的组织，是组织实施环境管理的基础。为了维护和改善环境质量，组织应当系统建立、实施并持续改进其环境管理体系，以强化其自身的环境管理体系，实现组织环境管理绩效的持续改善，从而减少组织在生产和服务提供过程中伴随其活动、产品或服务所带来的各种有害的环境影响。

组织的管理活动是一个包括营销、质量、财务、职业健康安全和风险管理的综合型体系，环境管理体系是组织综合型管理体系的重要组成部分之一，它包括为制定、实施、评审和保持环境方针、目标和指标，所需要的组织结构、职责、惯例、程序、过程和必要的资源。

基于上述目的，遵循何种指导原则建立并实施环境管理体系，是一个组织建立和实施ISO 14000环境管理体系需要认真面对的问题。为此，ISO 14004《环境管理体系　原则、体系和支持技术通用指南》在全面、系统阐述一般环境管理体系的基本要求之前，提出了若干需要组织遵循的主要原则，以帮助组织树立明确的思想，并为组织建立和实施环境管理体系提供指导。管理者在建立、实施、保持或改进环境管理体系时，主要应当做到：

（1）承认环境管理是组织中最优先事项之一。

（2）建立并保持与内外相关方的信息交流和建设性关系。

（3）确定组织活动、产品和服务中的环境因素。

（4）明确规定职责，并确保管理者和所有为组织或代表组织工作的人员对环境保护做出承诺。

（5）鼓励贯穿产品或服务生命周期的环境规划。

（6）建立实现环境目标的过程。

（7）提供适当和充分的资源（包括培训），以持续满足适用的法律法规和其他要求，实现环境目标。

（8）对照组织的环境方针和目标评价环境绩效，并适时寻求改进。

（9）建立一个管理过程，以便审核和评审环境管理体系，识别改进体系并进而改进环境绩效的机会。

（10）鼓励合同方和供方建立环境管理体系。

组织可将 ISO 14000 标准或有关的规范性文件用于下列方面：

（1）为建立、实施、保持或改进其环境管理体系提供指导，而不拟用自我声明或其他符合性评价。

（2）为实施或改进其环境管理体系提供支持。

如何使用 ISO 14001 取决于以下因素：

（1）组织的目标。

（2）组织管理体系的成熟程度（如何组织是否存在一个能够将环境事务纳入其中的管理体系）。

（3）由组织当前的或期望地位、声誉、外部联系相关方观点等因素所决定的可能的优势与劣势。

（4）组织的规模。

二、组织受益

有效的环境管理体系能帮助组织避免、减少或控制其活动、产品和服务的有害环境影响，实现与适用法律法规和其他要求相符合，并可帮助持续改进环境绩效。

组织拥有环境管理体系可使相关方相信：

（1）管理者已对符合其方针和目标的规定做出承诺。

（2）组织将风险和机遇作为管理的重点。

（3）能提供具备合理的审慎和遵守法规的证据。

（4）体系设计体现持续改进的过程。

实施环境管理体系能为组织带来经济效益。将环境管理体系纳入其管理体系，可使组织具备协调与综合环境利益和经济利益的框架，还可以通过对这些效益进行识别，向相关方证明良好的环境管理给组织带来的价值。同时，这也使组织得以将环境目标与具体的经济效益联系起来，确保将资源投向最能取得对经济和环境效益的地方。实施环境管理体系的组织能获得显著的竞争优势。

除了能改进绩效外，有效的环境管理体系还能带来以下潜在利益：

（1）使顾客确信存在对可验证的环境管理的承诺。

（2）保持良好的公共或社区关系。

（3）满足投资者准则，拓展资金来源。

（4）降低保险成本。

（5）提高企业形象和市场份额。

（6）改进成本控制。

（7）减少责任事件的发生。

（8）节约输入的材料和能源。

（9）便于获得许可和授权并满足其要求。

（10）提高供方、合同方和所有为组织或代表组织工作的人员的环境意识。

（11）促进发展并共享解决环境问题的方法。

（12）改善行业与政府之间的关系。

三、组织建立体系的一般过程

建立环境管理体系是组织实施系统化环境管理的一项重要措施。建立和实施环境管理体系需经历的一般过程如图 4-1 所示。

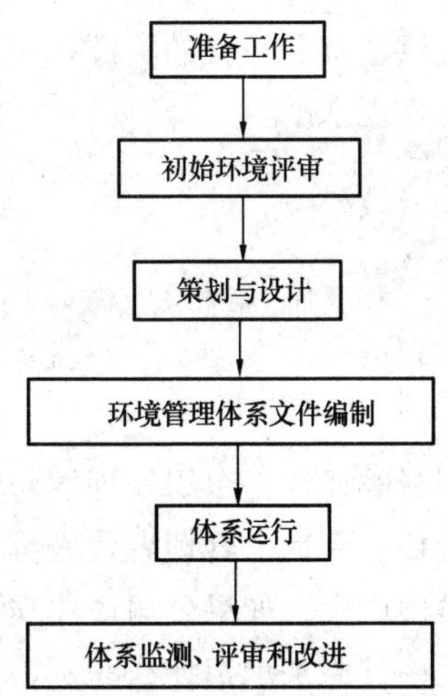

图 4-1　组织建立体系的一般过程

第二节　准　备　工　作

准备工作是指一个组织从考虑开始着手建立环境管理体系之前的一系列相关活动。环境管理体系的建立是组织的一项战略选择，一旦建立环境管理体系的思路和机会成熟，环境管理体系建立的准备工作随即可以启动。通常，建立环境管理体系的准备工作包括以下几个方面。

一、组织管理层的承诺和支持

组织环境管理体系的导入，是组织为了适应外部环境的变化，谋求长期的生存和发展，有效应用组织的内部资源，对组织全局性的方针、目标进行运筹谋划的结果，简而言之，是组织战略规划的结果，是组织的一项重要的战略抉择。因此组织高层将为环境管理体系的导入，向内外部相关方做出郑重承诺，表明组织建设环境管理体系的决心。从动机上来说，管理体系的导入无论是出于受益者的推动，还是组织的管理者推动，组织高层的承诺和支持都是组织环境管理体系启动的内部动力，也是组织环境管理体系能够得以建立、保持并持续改善的重要保证。

根据 ISO 14004 中阐述的组织管理者实施或加强一个环境管理体系的主要原则，公司管理层应做到以下几个主要方面：

（1）明确环境管理体系的建立、实施和保持是组织中长期的优先事宜之一，对环境保护的考虑应作为组织管理决策的重要输入之一。

（2）明确组织建立体系，并以体系为框架实现污染预防和持续改善环境表现的目的和意义，澄清认识，统一思想。

（3）规定组织结构，明确职责，使环境管理成为组织管理的职能之一，并使管理者和员工对环境保护做出承诺。

（4）为体系的建立和实施提供适宜和充分的资源，包括培训，以确保组织能够获得资源支持，不断实现预定的环境表现水准。

二、组织准备

为了推动环境管理体系的建立和实施，组织应做好环境管理体系的人事组织工作。这些工作通常可包括：

1. 管理者代表任命

环境管理者代表受最高管理者委托，是组织管理层对建立和实施环境管理体系的全权代表，是体系日常工作的直接负责人员。管理者代表可以是专职，也可以是兼职，但通常都应该从公司高层管理人员中产生。如果公司还建立了其他管理体系，也可考虑由其他体系的管理者代表兼任。无论其原来承担什么职责，为保证其能有效地开展体系工作，组织应授予其以下职责和权限：

（1）确保按照 ISO 14000 标准的规定，建立、实施与保持环境管理体系要求。

（2）向最高管理者汇报环境管理体系的运行情况以供评审，并为环境管理体系的改进提供依据。

2. 工作组成立

对于大型的组织，在体系建立之初还可成立由组织高层管理者负责的领导机构，负责环境管理体系建立过程中重大问题的决策和协调。但对于大多数中小型组织，领导机构可不单独设立，与工作小组的职能合二为一。

工作小组在体系建立过程中通常应承担以下职责：

（1）环境管理体系通盘策划。

（2）制定环境方针，确保目标和管理措施方案的制定。

（3）提供人力、物力、财力等资源的支持。

（4）组织人员培训，进行形式多样的宣传活动。

（5）组织初试评审，编制组织体系的设计和体系文件。

（6）体系实施过程中的工作指导和检查。

鉴于工作小组职能的多样性，工作小组应吸纳组织内各相关职能部门骨干人员参与，并明确规定工作组的职责分工，不仅要有高层管理人员，还要有主要职能部门人员和必要的操作层人员。为保证工作组人员工作成效，工作组成员应具有开展相关工作的知识、技能，必要时可以先期组织必要的培训，以便于开展工作。

3. 整体计划

环境管理体系的建立是一个涉及面广、内容繁杂和系统性强的工程，为了确保体系工作有序的开展，各项工作得到合理的安排，工作小组应做好整体的安排和计划。

（1）环境管理体系范围的确定。在体系建立之初，应明确规定体系的范围。在确定体系范围时，主要考虑纳入体系范围的组织范围、主要产品和活动的范围。这可由组织根据目前环境表现、环境管理现状、资源配置情况、相关方的要求等实际情况确定。但是不应该为了减少法律法规责任，避免实质性的管理活动的投入和资源配置的需要，而刻意将环境影响大的组织、产品或活动排除在外。

（2）制订整体工作计划，包括时间进度的安排。表 4-1 给出某组织环境管理体系建立的项目计划，该计划将整个体系建立的全过程分为准备工作、初始环境评审、体系策划、体系文件编制、体系运行、内审和管理评审、认证审核及注册发证 7 个阶段，并给出了每个阶段的主要工作内容。时间进度的安排该组织共安排了 7 个月，不同的组织可以根据自身环境表现的现状、管理水平的差异，以及组织整体工作安排的需要灵活掌握。但对于一个未曾将环境管理系统化的组织来说，为保证体系的适应性、充分性和有效性，体系建立到通过第三方认证审核的时间通常不应该少于 6 个月。

表 4-1　某组织的环境管理体系项目工作计划

工作阶段	工作内容	2016-03			2016-04			2016-05			2016-06			2016-07			2016-08			2016-09		
一、准备工作	1.1　组织准备	√																				
二、初始环境评审	2.1　进行基本情况调查和环境因素调查	√	√																			
三、体系策划	3.1　开展培训(1)			√																		
	3.2　环境方针制定			√																		
	3.3　环境因素识别			√	√																	
	3.4　重大环境因素、评价目标及管理措施方案制订				√																	
四、体系文件编制	4.1　文件编制前的组织准备				√																	
	4.2　文件编写培训（2）				√																	
	4.3　文件编写					√	√	√	√													
	4.4　文件审定							√	√													
五、体系运行	5.1　文件培训(3)									√												
	5.2　体系试运行和正式运行										√	√	√	√	√	√	√	√	√	√	√	√
	5.3　内审员送培												√									

续表

工作阶段	工作内容	2016-03			2016-04			2016-05			2016-06			2016-07			2016-08			2016-09		
六、内审和管理评审	6.1 内审（1）														√							
	6.2 提出认证申请																		√			
	6.3 内审（2）																	√				
	6.4 管理评审																		√			
	6.5 体系修改与完善																		√			
七、认证审核及注册发证	7.1 认证准备																			√		
	7.2 第一阶段审核																			√		
	7.3 正式审核（第二阶段）																					√
	7.4 体系持续改进																					√

三、外部咨询机构的选择

随着社会发展的进步以及社会分工的细化，作为重要的智力补充和决策参谋，外脑的借用对于很多组织而言是非常必要的。环境管理体系的建立是一项专业性很强、要求非常系统的工作，咨询机构人员通常经过系统的专业培训，拥有较为丰富的职业经历和案例经验。在咨询人员的指导下开展工作，往往能起到事半功倍的效果。当然咨询机构的选择应慎重，应该选择与重服务、专业实力强和拥有良好业绩的机构合作。

四、体系建立前的动员和宣贯

环境管理体系从建立、实施到逐步融入组织日常工作的过程，是组织全员从了解环境管理体系、接受环境管理体系到自觉执行管理体系要求的过程，也是组织全员转换观念、提升环境保护意识的过程。因此，为保证组织各部门的广大员工的响应、支持和积极参与体系的建设，全员的培训和多样化的宣传应贯穿体系建设的始终。

在体系建立之初，员工的意识惯性较大，需要加大培训和宣传力度，尤其是针对有关的背景知识、全球环境保护运动趋势、管理体系实施的必要性等。

第三节　初始环境评审

一、初始评审内容

未建立环境管理体系的组织应当通过评审的方法评估其现行环境状况。这一评审的目的是考虑组织活动、产品和服务中的环境因素、合规义务、风险和机遇，作为建立环境管理体系的基础。

已经建立环境管理体系的组织可以不进行这一评审，但是这样的评审可以帮助组织改进环境管理体系。

（1）初始环境评审应当包括以下 4 项主要内容：

1）识别环境因素，包括与正常运行状况、异常状况（包括启动与停机）、紧急状况和事故有关的环境因素。

2）识别适用的法律法规和其他要求，识别风险和机遇。

3）评审现行的环境管理实践和程序，包括与采购和合同活动相关的实践和程序。

4）对以往紧急情况和事故的评价。

（2）评审还可以包括更多的内容，例如：

1）对照适用的内部准则、外部标准、法规、行为规范和各种原则及指南所进行的环境绩效评价。

2）取得竞争优势的机会，包括降低成本的机会。

3）相关方的需求和期望。

4）组织内对环境绩效有正面或负面影响的其他体系。

评审结果可用来帮助组织确定其环境管理体系的范围，制定或改进环境方针，建立环境目标和指标，确定保持符合适用的法律法规和其他要求的方法的有效性。

二、评审清单

根据以上所述的初试评审内容，一个重要的开始步骤就是编制一份描述评审范围的清单，其中包括组织的历史、活动、特定的作业或特定的场所。

下面给出一份评审清单的案例，作为组织进行初试环境评审范围和内容的参考。具体操作过程中可结合组织所处行业和组织自身的环境行为的特点进行修订。

初始环境评审调查清单

1. 组织概况

包括组织的历史、何时建立等，组织所处的内外部环境，组织附近的环境状况，相关方的需求和期望。

2. 组织机构图

包括组织各层机构名称、设置、人员情况等。

3. 组织平面布置图、组织所在社区位置图

4. 地下污水管网图、排水口、排气口位置，污水最终去向

5. 污水处理设施、废气处理设施台账

包括处理方法、流程、效果、存在问题等。

6. 各排放口所排污水的主要污染物种类、浓度、日排污水量及监测记录

7. 各排放口所排废气的主要污染物种类、浓度、日排废气量及监测记录

8. 所有做过的环境影响评价及“三同时”验收名录

9. 适用的法律、法规及各排放标准（国家、行业、地方标准）

10. 产生的固体废弃物处理处置方法，特别是有毒、有害固废的处理、处置方法

11. 现有的环境管理制度台账

在允许的范围内，应尽可能地包括岗位操作指导书名录。

12. 现在的对职工的教育培训制度

13. 近五年来所发生过的重大环境事故

包括所造成的影响、采取的纠正及预防措施。

14. 组织现存的主要事故隐患

15. 各主要作业部门的作业流程，设备水平及维护状况，如完好率、泄漏率等

16. 各主要作业部门主要化工原料的台账

包括种类、特性、来源、用量（年）、主要用途、运输方法、库存保管方法等。

17. 原料及产品（或中间产品）中有特殊性质（如毒性）的物质台账

包括种类、状态、数量、主要处理方法或保管方法。

18. 组织的能源年使用情况

包括电、气、油、蒸汽等的使用量、季节变化及其他。

19. 节能降耗措施

过去曾经实行过的节能措施、节能效果及正在计划中的拟采用的节能降耗措施。

20. 近几年排污收费记录

21. 有无排污许可证

三、评审方法介绍

评审现行环境管理实践和程序的方法包括：

（1）与过去或现在为组织或代表组织工作的人员进行面谈，以确定组织过去和当前的活动、产品和服务范围。

（2）评价组织与内、外部相关方的信息交流（包括抱怨），与适用的法律法规或其他要求相关的事务，以及以往的与环境有关的事件和事故。

（3）收集与现行管理实践有关的信息，例如：

1）采购危险化学品的过程控制。

2）化学品的储存和处理（如二次污染，不相容化学品的保管和储存）。

3）对无组织排放的控制。

4）废弃物处置方法。

5）应急准备和响应设备。

6）资源利用（如下班后办公室照明的处置）。

7）建设过程中对植被和自然栖息地的保护。

8）过程中的临时性变化（如进行作物轮作时向水体排放的肥料的变化）。

9）环境培训方案。

10）运行控制程序的评审和批准。

11）监测记录是否完整，历史记录是否易于检索。

评审可根据组织的活动、产品和服务的性质，使用检查表、过程流程图、面谈、直接检验以及对过去和现在的测量结果、以往审核结果或其他评审等方法进行，评审结果应当形成文件以便用于界定范围、建立或改进组织的环境管理体系，包括其环境方针。

初次建立环境管理体系的组织应当从效益明显处入手。例如，把重点放在直接节约成本，或实现与重要环境因素相关的法律法规的符合性上。随着环境管理体系的逐步建立，可确立程序、方案和技术，以进一步改进环境绩效。随着环境管理体系的成熟，对环境的考虑便可纳入所有的经营决策。

四、评审方案及评审结果

根据组织的环境表现和管理现状，初试评审的方案可以分成不同的部分加以实施，内容和方式可以自行制定。下面给出某组织的环境因素识别和评价的方案案例，并给出了记录评审结果的表格格式，供读者参考。

环境因素识别与评价实施方案

1　目的

为使公司建立的整合型管理体系保持有效性和符合性，对公司生产或其他活动中存在的环境因素进行全面的识别和评价，达到对公司涉及的环境因素实现全面的管理和控制。

2　适用范围

适用于公司管理体系范围内的环境因素的识别与评价。

3　职责

3.1　体系管理部职责

3.1.1　对整个环境因素的识别与评价过程进行策划和管理。

3.1.2　对各部门的环境因素的识别与评价工作进行指导和监督。

3.1.3　对整个公司的环境因素的识别与评价工作进行总结。

3.2　各部门职责

负责本部门的环境因素的识别与评价工作。

4　工作程序

4.1　组织机构

4.1.1　环境因素的识别与评价领导小组

为对环境因素的识别与评价进行有效的组织和管理，成立环境因素的识别与评价领导小组，管理者代表为组长，小组成员由体系管理部会同其他相关部门的人员组成。部门环保技术监督网成员或安全员负责本部门的环境因素的识别与评价工作，并负责本部门“环境因素识别及评价结果一览表”（参见附录A）的填写工作。

4.1.2　环境因素识别与评价专业小组

按部门及专业等分类成立环境因素识别与评价专业小组。小组成员一般为2～7人，成员挑选时应尽量考虑熟悉本部门环保工作和设备管理的人员参加。

4.2 环境因素识别与评价的方法

4.2.1 环境因素识别与评价步骤

4.2.1.1 各部门根据本部门生产、经营和服务中的活动工艺过程或作业地点，识别出本部门存在的环境因素，并按多因素评分法进行初步评分，并记录在“环境因素识别及评价结果一览表”（参见附录A）上。

4.2.1.2 体系管理部负责对各部门的“环境因素识别及评价结果一览表”（参见附录A）进行汇总、整理和补充。

4.2.1.3 根据多因素评分法，由环境因素识别与评价专业小组进行打分，确定重要环境因素，并填写在“重要环境因素及其控制计划清单”（参见附录B）上。

4.2.1.4 由体系管理部会同相关部门，对重要环境因素制订控制计划，并填写在“重要环境因素及其控制计划清单”（参见附录B）上。

4.2.1.5 管理者代表对“重要环境因素及其控制计划清单”（参见附录B）进行确认批准。

4.2.2 工艺过程或作业地点的选取

根据本公司生产的特点，工艺过程或作业地点一般按部门或专业选择。

4.2.3 环境因素的识别

4.2.3.1 环境因素识别的方法：环保法规对照法、工艺流程分析、现场排查、水平对比、统计分析等方法相结合。

4.2.3.2 环境因素识别的内容：为全面识别出环境因素，避免遗漏，识别环境因素应考虑三种状态、三种时态和对环境造成影响的方面。

(1) 正常、异常和紧急三种状态：

1) 正常——正常生产或设备正常运转状态。

2) 异常——设备启、停或检修状态。

3) 紧急——发生火灾、爆炸、化学危险品泄漏、设备故障超标排放等事故状态。

(2) 过去、现在和将来三种时态：

1) 过去——过去曾发生过，其遗留的环境影响仍然存在。

2) 现在——现在存在，其对环境具有影响。

3) 将来——将来可能会发生，并对环境造成影响。

(3) 对环境造成影响的方面：包括大气、水体、土地、噪声、废物、辐射污染、热污染、原材料、能源消耗、自然资源及其他环境问题与社区问题等方面。

4.2.4 环境因素的评价方法

4.2.4.1 环境因素评价方法采用多因素评分法，并从对污染物及噪声的评价和能源、资源的评价两方面分别考虑。

(1) 对污染物及噪声的评价需考虑 a、b、c、d、e 评价因子（分别见表1～表5）。

表 1　评价因子 a

环境影响的规模和范围		$a=1\sim5$
Ⅰ	全球性严重破坏	5
Ⅱ	国家范围的破坏	4
Ⅲ	超出社区性破坏	3
Ⅳ	周围社区性破坏	2
Ⅴ	场界内破坏	1

表 2　评价因子 b

环境影响的严重程度		$b=1\sim5$
Ⅰ	严　重	5
Ⅱ	一　般	3
Ⅲ	轻　微	1

表 3　评价因子 c

发　生　频　率		$c=1\sim5$
Ⅰ	每日一次～持续时间	5
Ⅱ	每周一次～每日一次	4
Ⅲ	每月一次～每周一次	3
Ⅳ	每年一次～每月一次	2
Ⅴ	一年以上一次	1

表 4　评价因子 d

法律法规符合情况		$d=1\sim5$
Ⅰ	超　标	5
Ⅱ	接近超标	3
Ⅲ	达　标	1

表 5　评价因子 e

公众和媒介的关注程度		$e=1\sim5$	公众和媒介的关注程度		$e=1\sim5$
Ⅰ	社区极度关注	5	Ⅳ	地区性一般关注	2
Ⅱ	地区性极度关注	4	Ⅴ	不为关注	1
Ⅲ	地区性关注	3			

注：当 a 或 b 或 $d=5$ 时，或 $a+b+c+d+e\geqslant15$ 时，一般定为重要环境因素；

其中，a 或 b 或 $d=5$ 或 $\begin{cases} a+b+c+d+e\geqslant20 \text{ 时为紧急优先项；} \\ a+b+c+d+e\geqslant15 \text{ 时为高度优先项；} \\ a+b+c+d+e\geqslant10 \text{ 时为中度优先项；} \\ a+b+c+d+e<10 \text{ 时为一般项。} \end{cases}$

（2）能源、资源的评价需考虑以下 a、b 两评价因子（分别见表 6、表 7）。

表 6　评　价　因　子　a

单位产值年消耗量		$a=1\sim5$
Ⅰ	大	5
Ⅱ	中	3
Ⅲ	小	1

表 7　评　价　因　子　b

可节约程度		$b=1\sim5$
Ⅰ	加强管理可明显见效	5
Ⅱ	改造工艺可明显见效	3
Ⅲ	较为节约	1

注　$a=5$ 或 $b=5$ 或 $a+b>7$ 为重要环境因素。

4.2.5　环境因素的控制计划

环境因素的控制计划包括 a、b、c、d、e、f 这几种形式：

a 为制定目标及管理措施方案。

b 为制定管理程序。

c 为培训与教育。

d 为应急预案与响应。

e 为加强现场监测检查。

f 为保持现有措施。

5 环境因素的更新

(1) 每年管理评审后，体系管理部根据评审的结果做出是否需要对环境因素重新识别和评价的判断。

(2) 因以下情况引起环境因素变化时，必须及时追加识别评价，识别评价步骤按 4.2.1 进行：

1) 活动、产品、服务的变化。

2) 新、改、扩建和新材料、新工艺、新设备的引入。

3) 适用的法律、法规及其他要求发生变化时。

4) 相关方提出的合理要求和抱怨时。

5) 发现有重要环境因素遗漏时。

6) 发生重大环境事故时。

附录 A 环境因素识别及评价结果一览表

部门：____识别：____评价：____复核：____ KD ××.×××.×××−××××

序号	工艺过程或作业地点	环境因素	环境影响	污染物及噪声的分值					能资源分值		和值	重要环境因素判定	现有控制措施	备注
				a	*b*	*c*	*d*	*e*	*a*	*b*				

注 对污染物及噪声项目的 *a*、*b*、*c*、*d*、*e* 及能源、资源的 *a*、*b* 大小的确定见评分基准；某项环境因素如果属于污染物及噪声项目的，就不需要填写能源、资源项目的 *a*、*b* 值，反之亦然。如果是重要环境因素就在对应的空格内填“√”。

附录B　重要环境因素及其控制计划清单

编制：______审核：______批准：______　　KD××.×××.×××−××××

序号	重要环境因素	环境影响	工艺或活动	相关部门	评价分值	控制措施（a～f）	备注

注　控制措施中，a为制订目标及管理措施方案；b为制订管理程序；c为培训与教育；d为应急预案与响应；e为加强现场监测检查；f为保持现有措施。

第四节　环境管理体系规划

在初试环境评审的基础上，特别是在环境因素、重要环境因素以及有关法律、法规已经得以确定之后，体系工作组人员应适时进入环境管理体系的策划阶段。

体系的整体策划是组织环境管理体系建立的一个核心过程，良好的策划将为体系的建立打下坚实的基础。体系的策划通常包含以下几方面的内容：

（1）环境方针的制定。

（2）环境目标制定。

（3）环境管理措施方案制定。

下面对体系策划的各个方面的内容分别进行描述。

一、环境方针的制定

方针是由组织的最高管理者正式发布的该组织总的宗旨和方向，是组织为了适应外部环境的变化，谋求长期的生存与发展，有效地运用组织的内部资源，对组织全局性进行的运筹谋划。有效的环境管理活动来自明确的指导方针。按照环境管理体系要求，建立环境方针是体系建设过程中的首要问题。

组织环境方针的制定是标准规定的最高管理者的职责之一，只有通过最高管理者的工作，环境方针才能充分体现组织对环境管理的承诺，才能使其与组织行动的总方针相结合。但是，方针并不仅仅是组织中少数领导者思想的汇集，不是因为这些思想由少数关键人物说出，就称之为方针。相反，战略思想应尽可能汇集公司中层以上，甚至是更下层人员的思想，这样才可能得出反映组织上下集体智慧的精华，并使方针更自觉地成为组织各级人员共同遵守的行动准则。

环境方针的制定应在体系建立过程的早期开始着手进行，尽早形成文件，从而为下一步环境目标的建立提供指导。

环境方针制定必需要输入信息，应收集以下内容作为制定组织环境方针的基础资料：

（1）组织的经营宗旨和经营理念。

（2）组织的发展战略和中长期规划。

（3）组织管理水平和可用资源等条件。

（4）组织初始环境评审结果，包括重大环境因素和组织环境管理的优先顺序。

（5）顾客、社区等相关方的要求。

（6）相关法律法规的要求。

（7）行业环境保护状况和竞争形势。

（8）可行技术方案的选择等。

在环境方针的制定过程中，应注意考虑以下问题：

（1）方针应综合到组织的整体战略中，并与其他领域的方针相互协调。

（2）环境方针应语言简洁、明了，容易理解，并具有一定的鼓动性和宣传性。

（3）方针的内容应能够体现组织承诺内容的程度以及投入的程度。

（4）环境方针应获得管理层的支持，并被组织全体员工所认可和接受。

（5）为保证方针的逐步实现，组织高层应确保能有适当的投入作为保障和支持。

方针一经制定之后，公司通过组织的各种沟通渠道，如通过手册、公司内部刊物、网络、宣传栏或会议等方式公开方针，并组织对公司各级人员进行方针的宣传、贯彻，以确保对方针的充分理解，必要时由相关职能部门传达到各相关方，如原材料供应方、工程外包方及其他承包方。

在适宜的时机，最高管理者应通过管理评审或其他方式，组织对方针予以重新评审，以确保方针与公司的长远利益是适宜和充分的。必要时，可以组织对方针进行更改，形成文件后重新发布。

二、目标制定

环境目标是组织依据其环境方针规定自己所要实现的可测量的总体环境目的。为了实现环境方针，组织应将方针转化为具体的可实现的、可测量的目标。

由于组织自身条件状况的多样性和复杂性，对环境管理中存在的问题和薄弱环节，有些可能急需处理解决，有些则可以随着环境管理要求、管理水平和可用资源的逐步配置到位而逐步处理解决，这也是管理实践中讲究的轻重缓急之分。因而，组织在制定目标之前，应对组织内外部的具体条件和需要，对处理解决这些薄弱环节问题的环境管理事物进行分类和排序，以优化组织资源的流向以及组织环境管理的应对措施。

对于识别的环境管理事项，通常可先考虑环境管理优先事项的分析评价的准则，这一般应重点考虑以下几个方面：

（1）组织制定的环境方针。方针体现了组织的价值观，是组织的战略方向，判断是否为优先事项的首要依据是该事项应该与环境方针的要求相一致。

（2）重要环境因素。经过组织根据一定的模式确定的环境因素中的重大项目应成为组织环境管理的优先事项之一。

（3）有关合规义务的要求。标准中除了要求在方针中对遵循有关法律、法规和进行持续改进做出承诺外，未提出对环境表现（行为）的绝对要求，因此遵守相关的法律法规是衡量组织环境表现的最基本要求。环境管理体系建立的目的之一是减少组织经营过程中的环境风险从而实现永续经营。因此，识别的管理事项中与法律法规相违背的应考虑为组织管理的优先项。

（4）相关方的要求。随着可持续发展思想影响的逐步坚强，以及各国各界环境保护意识的提升，各级政府、主管部门、社会团体、消费者、社区居民和其他社会公众均开始注重组织在创造财富、为社会提供产品和服务的同时，是否会约束组织与环境影响有关的活动，尽可能去减少环境影响。这已经逐步成为社会评价组织的一项重要指标。一旦这种关注变为行政压力、公众压力、舆论压力，最终变为用户作为选择判定标准的市场压力时，这些压力将极大地影响组织选择环境管理优先顺序的决定。

（5）组织战略发展的需求。在市场竞争中，组织的活动，以及所提供的产品或服务可减少环境影响，即具备良好的环保概念，在新形势下往往可以给组织带来良好的发展机遇，因此，管理事项的优先项应服从组织战略发展，包括市场营销战略的需要。

（6）可选技术方案、运行管理的难易程度、投入的效益和财务资源等各类资源条件。以上所述主要考虑的是组织和相关方的主观意识，但是很多情况下，组织是否会选择将某环境事项列为重要事项往往还会受各种客观条件的限制。随着客观条件的变化，组织将更多的环境事项列入环境管理优先事项成为可能。

确定环境管理事项是组织建立环境目标的重要依据，它为组织环境目标的制定奠定了基础。

根据标准要求，组织应在方针提供的框架内，在组织内部每一有关职能和层次上，建立并保持环境目标。

根据目标管理理论的原理，管理方针、目标和保证目标与实现的措施之间的相互关系如图 4-2 所示。

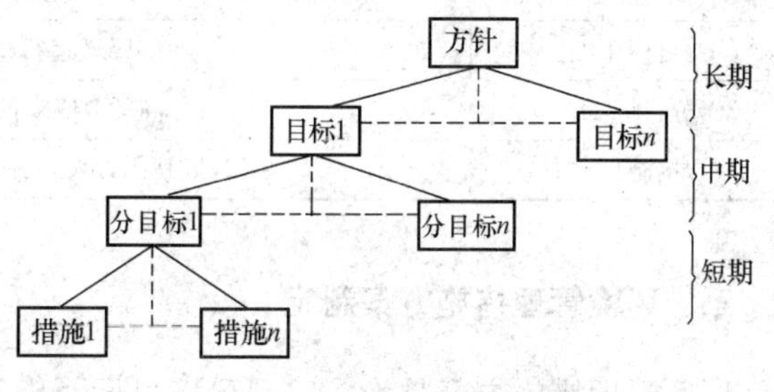

图 4-2　方针与目标的层次关系

环境目标的建立，既可以适用于整个组织，也可以适用于组织内的某个部门或活动。因此，环境目标可以在组织的不同的职能和层次上建立。目标的层次关系如图 4-3 所示，每一个目标都应重复这一过程。

环境目标建立时，应考虑以下几方面的要求：

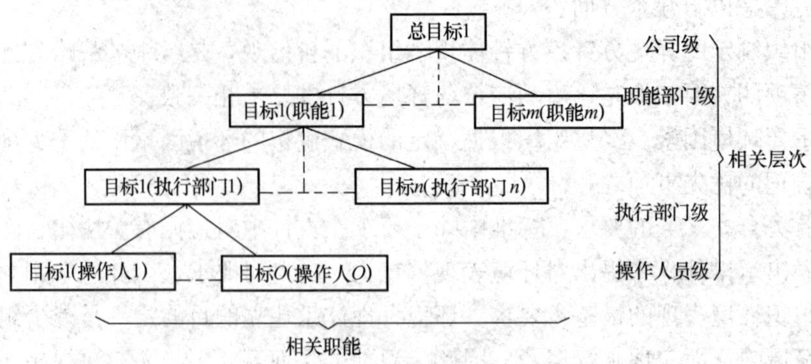

图 4-3 目标分解的层次关系

(1) 环境目标应重点考虑组织环境管理事项中的优先项，体现与该组织活动、产品或服务相关的重大环境影响。

(2) 环境目标的数值应该是切合实际的、通过努力能够做到的，脱离现实组织根本无法实现的不应列入目标。

(3) 环境目标应尽可能予以量化，或可以验证的定性描述，便于测量和考核。

(4) 环境目标应具有时段性，为目标的实现给出了时间限制，便于验证和考核。

(5) 如果同时建立多个目标，应同样考虑其优先顺序。

(6) 环境目标应具有一定的挑战性，结合组织目前的环境表现，应确定略高的目标值，以持续提升组织的环境表现。

环境目标建立的案例见表 4-2。

表 4-2　环境目标建立案例

环境方针	提供环保型产品
环境管理优先事项 1	噪声值比同行业先进水平高出 20dB
目标 1	降低运行噪声，减少产品噪声污染
分目标 1	将噪声值降低 15dB，接近行业先进水平
措施 1	开展技术攻关，改良产品传动系统，减少摩擦系数

三、环境管理措施方案制定

环境管理措施方案是为了实现环境目标而确定的具体的措施。措施可以是一个，也可以是多个。

(1) 措施的内容通常应包括：

1) 规定组织的每一有关职能和层次实现环境目标的职责。

2) 实现目标的方法。

3) 实现目标的时间表。

4) 必要的资源需求。

(2) 环境管理措施方案的制定应考虑以下几方面的要求：

1）管理措施方案是组织对环境因素实施管理的主线，是描述如何利用环境管理体系过程和资源的计划，应贯穿组织的相关活动、产品和服务的有关过程。

2）管理措施方案应考虑经过筛选的可行的技术方案。

3）管理措施方案的制定应是一个集思广益、优胜劣汰的过程，应经过充分的比较和论证。

4）管理措施方案应具有很强的可操作性，主要描述的内容应是针对执行层和操作层，提供非常具体可行的行动方案。

5）管理措施方案可以调用环境管理体系的现有支持性过程。

6）应针对环境管理措施方案的内容明确方案执行、监督、验证和考核的要求。

表 4-3 给出某组织的一个环境管理措施方案的案例，供读者参考。

表 4-3　　环境目标管理措施方案登记表

编制部门：车间　编制人：××　日期：××××－××－××　　编号：

<table>
<tr><td>目标名称</td><td colspan="3">粉尘浓度合格率达 98%，减少粉尘对人的危害，不发生新的尘肺病</td></tr>
<tr><td>目标现状</td><td colspan="3">目前粉尘浓度合格率很低，粉尘对工作人员危害较大，去年新增尘肺病人 2 例</td></tr>
<tr><td colspan="4">管理措施方案内容</td></tr>
<tr><td colspan="2">措施内容（包括方法、资源需求和时间表）</td><td>责任部门</td><td>责任人</td></tr>
<tr><td colspan="2">1. 及时发放和更换防尘的防护用具</td><td>行政科</td><td></td></tr>
<tr><td colspan="2">2. ××××年××月××日前锅炉本体各增加一套真空吸尘装置</td><td>设备科</td><td></td></tr>
<tr><td colspan="2">3. 每周定期监测粉尘浓度，发现不符合及时整改</td><td>运行科</td><td></td></tr>
<tr><td colspan="2">4. 定期对接尘人员安排体检</td><td>行政科</td><td></td></tr>
<tr><td colspan="2"></td><td></td><td></td></tr>
<tr><td colspan="2"></td><td></td><td></td></tr>
<tr><td colspan="2"></td><td></td><td></td></tr>
<tr><td>审核意见</td><td colspan="3">（主管副总）签名：　　日期：</td></tr>
<tr><td>批准意见</td><td colspan="3">（总经理）签名：　　日期：</td></tr>
<tr><td>检查结果及处理意见</td><td colspan="3">（检查内容包括方案执行状况、目标实现趋势等；处理意见包括方案修订、目标调整等）
（体系科）签名：　　日期：</td></tr>
</table>

第五节　环境管理体系实施

环境管理体系的实施过程，就是组织通过设置合理的组织结构、划分部门和人员的职责权限、合理地配置组织的资源，同时基于对过程、程序的完善、评价和改进来系统管理环境事务，最终实现既定的环境目标，逐步改善组织环境表现的过程。

一、组织结构完善与职责划分

管理体系提出的要求涉及方方面面，实施的要点之一是职责分清，各尽其职。一个组织的组织结构和职责划分是综合考虑组织各项管理工作的需要而确定的，由于组织环境管理体系的建立，在现有组织结构的基础上，应对其整体结构做适当的调整，组织的职能，包括部门和人员也将按照环境管理体系的模式增加部分职能，并将该部分职能合理地分配到各有关部门和人员。

对于管理职责的确定，组织应做好以下几方面的工作。

1. 环境管理者代表的任命

管理者代表受最高管理者任命，是其在组织内负责环境管理体系的全权代表。通常管理者代表的选择可考虑以下几方面的因素：

（1）必须在上层管理人员中选派。

（2）要熟悉本单位工作，且有一定的管理经验。

（3）具有组织和协调各部门人员的能力。

（4）在组织内具有较高的威信。

（5）具有良好的文字和书面表达能力。

在人员选定之后，组织应按照组织的人员任命程序尽快正式予以公布，并授予其必要的职责权限，以便其尽早开始主持工作。

管理者代表可以兼任，也可以专职担任，对于原来已经建立体系的组织可以由原来的管理者代表担任，也可以另选其他合适人员担任。不管其原来处于何种职位，担任何种工作，组织通常应授予其以下几方面的职责和权限：

（1）确保按照 ISO 14001 的规定建立、实施与保持环境管理体系要求。

（2）向最高管理者汇报环境管理体系的运行情况以供评审，并为环境管理体系的改进提供依据。

（3）负责就管理体系工作与外部相关方的沟通。

2. 组织结构的调整

对于已经建立其他管理体系的组织，且已经按照管理体系的模式建立了适宜的组织结构，则可在原有机构上适当增加环境管理的职能，如果是大型组织，原有管理职能设置较全，也可以在组织现有环境管理网络上重新架构。

对于刚开始体系建设工作的组织，由于体系工作有其特有的部分职能，如整体策划、内部审核、体系绩效监测等，应按照体系的要求为组织赋予新的职能。如设立环境管理委员会、体系管理部、环境管理专职、环境管理网络及网络人员等。

3. 环境管理职责的分配

组织结构确定之后，组织应将环境管理体系的管理工作合理分配到组织的各级部门、人员。在实际操作过程中，通常以“环境管理职能分配表”的形式对管理职责进行分配。不过这种规定方式只是在管理体系标准框架基础上的大致划分，详细的规定还应形成具体的文件规定。

4. 环境管理职责具体规定

在体系文件编制前，按照“环境管理职责分配表”架设的框架，组织应编制各部门、人员环境管理职责大纲。该大纲既可以作为组织文件编制人员起草文件时关于责权划分的参考，也是组织体系文件编制完成之后，正式形成各部门、人员环境管理职责详细规定的草案。

环境职责示例说明见表 4-4。

表 4-4　　环境职责示例

环境责任实例	典型责任人员
确定总体方向	总裁、首席执行官、董事会
制定环境方针	总裁、首席执行官、其他适当人员
制定环境目标和方案	有关管理者
监督总体环境管理体系绩效	环境主管人员
确保对适用的法律要求和组织应遵守的其他要求的符合	所有管理者
促进持续改进	所有管理者
确定顾客期望	营销人员
确定供方需求和期望	采购人员
建立和保持结算程序	财会主管人员
符合环境管理体系要求	所有为组织或代表组织工作的人员
环境管理体系运行的评审	最高管理者

二、必要的资源配置

对于体系的建设和有效的运作，资源的提供都是最基本的保障。按照环境管理体系标准的要求，管理者应为环境管理体系的实施与控制提供必要的资源，其中所谓的资源应包括以下几个方面：

（1）人力资源。

（2）专项技能、技术。

（3）财力资源。

对于以上所述人力资源部分内容将在本节后述部分予以描述，对于其他两个方面，应注意以下几个问题。

1. 专项技能、技术

组织在建立和实施环境管理体系的过程中，应切实了解目前组织的环境保护设施、工艺技术的现状，以及根据法律法规、组织环境方针、目标和指标的要求提出的对现状的改善要求。当现有设施装备不能满足要求时，应考虑按照管理事项的优先顺序来更新和补充必要的设施装备，引入新的专项技能、技术，以改善目前的资源状况。

对于技能、技术上的限制，尤其对于中小型组织，资源基础和组织结构可能较为弱势。为了克服这些局限性，ISO 14004 中提出，对中小型组织在可行时应考虑以下合作战略：

（1）与较大的客户组织共享技术和经验。

（2）与在同一供应链内或本地的其他中小型组织确定并解决共同存在的问题，共享经验，进行技术开发，联合使用设施，建立研究环境管理体系的方法，共同聘请顾问。

（3）参加标准化组织、中小型企业协会、商会举办的培训项目。

（4）与大学和其他研究机构合作，支持生产和革新。

2. 财力资源

所谓“巧妇难为无米之炊”，对于任何组织的日常经营管理，资金的限制是组织经常需要面对的问题。组织体系的正常运行，包括设备设施的更新改造和维护、人员配置和培训等，均需要组织资金的投入，尤其是现有环境状况较差、需要资源投入较多的组织，资金更是组织需要主要解决的问题之一。

在财力资源的问题上，组织应根据各自的资金实力和使用状况，用辩证的观点来看待这个问题。组织应在现有财力资源允许的条件下，充分结合法律法规要求和组织的发展战略要求，找到组织管理成本与效益之间的平衡点。

三、员工环境意识和技能水平提升

质量管理体系中提到的八项管理原则之三是“全员积极参与”，对于环境管理体系的运行，该原则同样适用。越来越多的组织认识到，组织的管理不仅仅是管理者的事情，各级人员同样是一个组织的基础，人员的充分参与可以使他们的能力得以发挥，使组织最大获益。体系的建立和运行是否有效，与员工的充分参与是密切相关的，越来越多的组织开始认识到人力是组织可资开发的一种资源，甚至是一种投入产出效益非常可观的一种资源。

为实现环境方针、目标和指标，应在组织内部为全体员工提供适当的培训，员工应具有适当的知识基础，包括高效率完成各项任务所需要的方法和技能的培训，并意识到因为工作不当对环境造成的影响。

为确保员工对法律法规要求、内部标准和组织方针、目标的最新适用知识，需对他们进行教育和培训，培训水平和内容可以因任务而异。

培训方案应当体现环境管理体系所规定的职责，考虑接受培训的人员对培训内容的现有知识和理解。有关环境管理体系的培训方案可包括：

（1）确定员工的培训需求。

（2）就所确定的培训需求设计和制订培训计划。

（3）验证是否符合环境管理体系培训要求。

（4）针对专题工作组织的培训。

（5）将所提供的培训形成文件，并对培训进行监控。

（6）依据所确定的培训需求和要求对培训效果进行评价。

组织必须根据不同的管理层次，对组织培训内容应有所侧重，按照 ISO 14004 指南的意见，组织可提供的培训类型见表 4-5。

表 4-5 环境培训的类型

培训类型	培训对象	目　　的
提高对环境管理重要性的认识	高级管理者	确保对组织环境方针的承诺并使之具有协调性
提高总体环境意识	全体员工	确保对组织的环境方针、目标和指标的承诺，并向员工灌输个人责任感
有关环境管理体系要求的培训	承担环境管理体系职责的人员	就如何满足要求、执行程序等事项进行指导
提高技能	承担环境职责的员工	在组织的领域（如运行、研究与开发、工程）内改进环境绩效
合规性培训	其活动可能影响合规性的员工	实现对法规培训要求的遵循，提高对适用的法律法规和其他要求的符合

四、运行控制及应急准备与响应

组织在建立或修改其运行控制和程序时，应考虑具有重大环境影响的不同运行和活动，这些运行和活动可包括：

（1）研究与开发的设计和施工。

（2）采购。

（3）签订合同。

（4）原材料储运。

（5）生产和维护过程。

（6）实验室。

（7）产品储存。

（8）运输。

（9）营销，广告。

（10）用户服务。

（11）资产和设施的获取、建造或修改。

以上活动又可根据活动的性质分为下列三种类型：

（1）新的投资项目、过程更改和资源管理、所有权（获取、丧失和资产管理）、新产品及包装等过程中的污染预防和资源保护活动。

（2）日常的管理活动，用来保证满足内、外部组织的需要，以及这些活动的效率和有效性。

（3）战略性管理活动，用来预测并适应不断变化的环境要求。

上述活动或过程中的一项或几项一旦确认为对环境具有重大影响，就应对如何控制这些运行和活动进行策划，确保它们在规定的要求下运行。根据管理体系标准的规定，程序的建立应满足以下要求：

（1）对于缺乏程序指导可能导致偏离环境方针和目标与指标的运行，应建立并保持一套以文件支持的程序。

（2）在程序中对运行标准予以规定。

（3）对于组织所使用的产品和服务中可标识的重要环境因素，应建立并保持一套管理程序，并将有关的程序与要求通报供方和承包方。

从另一个角度来看，管理体系运行的过程实际又是组织通过生产实践，对前期的各项策划和准备工作进行验证的过程。通常体系的运转过程中可验证以下几方面的问题：

（1）初试评审过程中是否全面、准确地识别组织生产经营活动过程中存在的环境因素。

（2）环境因素的评价是否真正反映了组织环境管理事项的优先顺序。

（3）环境目标和管理措施方案是否切实可行，执行效果是否切实有效。

（4）文件要求是否充分和适宜，文件的执行是否能切实改善组织的环境表现。

管理体系建立的一个主要目的之一，是树立预防为主的思想，通过体系的建立形成预防的机制。在体系运行过程中，对于已经确定的潜在的事故或紧急情况，应建立相应的应急准备和响应程序，这可视为运行过程中的特殊情况。

当潜在的事故或紧急情况发生时，及时做出响应，并预防或减少可能伴随的环境影响。必要时，运行程序和控制应考虑：

（1）向空气中的事故性排放。

（2）向水体和土壤中的事故性排放。

（3）泄漏事故对环境和生态系统特定影响。

程序中应充分考虑由于异常运行条件及事故或潜在的紧急情况造成或可能造成的事故。

五、测量和评价

测量、监视和评价是环境管理体系的关键活动，它确保组织根据规定的环境管理方案开展工作。

1. 测量和监视

组织应在有管理体系和运行过程的领域，根据组织的环境目标建立对实际环境表现行为进行测量和监视的系统。其中包括对遵循环境法律和法规的情况进行评价。组织应对结果做出分析，以确定成功的领域，以及需要采取纠正措施和予以改进的活动。

实施测量和监视的内容通常包括技术指标性内容和管理性内容。

技术指标性内容可示例如下：

（1）生活污水、化学废水等工业污水排放、冲灰渣水排放。

（2）烟气排放、粉尘排放。

（3）噪声。

（4）灰渣排放。

（5）有毒气体排放。

（6）水、电、煤、油、汽等主要能（资）源的消耗。

管理性内容可示例如下：

（1）环境目标和管理措施方案实施情况。

（2）环境法律、法规及其他要求的符合性。

（3）环境管理体系运行控制实施的有效性。

（4）事故、事件和其他不良绩效的历史记录，包括本公司和其他组织的失败案例。

为了更全面地对公司环境活动的绩效进行监测，可采用主动性监测和被动性监测两种监测方法结合起来。

主动性监测方法是指检查公司环境和职业健康安全的符合性。下列内容可采用主动性监测方法进行监测：

（1）环境与职业健康安全管理目标和管理方案的符合性。

（2）环境与职业健康安全运行准则的符合性。

（3）法律法规和其他要求的合规性评价。

被动性监测方法是指调查、分析和记录环境和职业健康安全管理体系的失败案例。下列内容可采用被动性监测方法进行监测：

（1）事故、事件案例。

（2）其他不良绩效。

组织应规定确保数据可靠性的适宜过程，如仪器和实验设备校准、软件和硬件的抽样检查等过程。

确定对组织适当的环境表现参数应是一个连续进行的过程。这些参数应具有客观性、可验证性和再现性。它们还应具有能反映组织的活动及其环境方针及可操作性强、成本低、效益高、技术上可行等特点。

围绕测量和监测应考虑的一些问题如下：

（1）对环境表现行为的常规性监测。

（2）反映组织目标的特定环境表现行为参数的设置，需设置哪些参数。

（3）对测量和监测设备及其系统进行常规性校准和抽样检查的控制过程。

（4）对相关法律法规和其他要求的遵循情况进行定期评价的过程。

2. 纠正措施

应将环境管理体系进行测量、监测、审核和其他评审获得的发现、结论和建议形成文件，并确定必要的纠正措施。管理者应确保这些纠正措施的贯彻，并采取系统的后续措施来确保它们的有效性。

组织应制定纠正措施的程序，程序文件内容包括：

（1）测量、监视、审核和评审结论或发现的收集和传递。

（2）针对结论或发现确定产生问题的原因。

（3）针对原因所拟采取的措施。

（4）措施的责任部门和人员。

（5）措施有效性的评价。

（6）措施有效性的记录。

3. 环境管理体系的记录和信息管理

记录是环境管理体系连续、有效运行的证据，通常可包括：

（1）抱怨记录。

（2）培训记录。

（3）过程监测记录。

（4）检查、维护和校准记录。

（5）有关的供方与承包方记录。

（6）偶发事件报告。

（7）应急准备试验记录。

（8）审核结果。

（9）管理评审结果。

（10）和外部进行信息交流的决定。

（11）适用的环境法律法规要求记录。

（12）重要环境因素记录。

（13）环境会议记录。

（14）环境绩效信息。

（15）对法律法规符合性的记录。

（16）和相关方的交流。

有效地管理这些记录对于成功地实施环境管理体系是必不可少的。良好的环境信息的关键内容包括对必要的环境管理体系文件和记录的标识、收集、编目、归档、储存、维护、查阅、留存和处理等。

4. 环境管理体系审核

为了判定环境管理体系是否符合对环境管理工作的预定安排和本标准的要求，是否得到了正确的实施和保持，并定期向管理者报送审核结果，组织应组织人员对环境管理体系进行定期审核。这是管理体系自我诊断、自我改善的一项重要机制。

环境管理体系的审核是一项专业性和系统性很强的活动。具体内容请读者参见本丛书的《管理体系内部审核员培训教程》。

六、评审和改进

组织的管理者应按照适当的时间间隔对环境管理体系进行评审，以确保对环境表现行为的全面改进。

组织的管理者的评审范围应足够广泛，能覆盖组织的全部活动、产品和服务的各个环境方面，包括它们对财政效果和可能的竞争地位的影响。

环境管理体系评审包括：

（1）以往管理评审所采取措施的状况。

（2）以下方面的变化：

1）与环境管理体系相关的内、外部问题；

2）相关方的需求和期望，包括合规义务；

3）其重要环境因素；

4）风险和机遇。

（3）环境目标的实现程度。

（4）组织环境绩效方面的信息，包括以下方面的趋势：

1）不符合和纠正措施；

2）监视和测量的结果；

3）其合规义务的履行情况；

4）审核结果。

（5）资源的充分性。

（6）来自相关方的有关信息交流，包括抱怨。

（7）持续改进的机会。

环境管理体系体现了持续改进的思想。持续改进的实现，有赖于根据环境方针、目标，持续地对环境管理表现进行评价，来确定改进的机会。

持续改进的过程应能够：

（1）确定有可能通过改进环境管理体系从而导致环境表现改进的领域。

（2）确定造成不符合或问题的根本原因。

（3）针对上述原因，制定并实施有关纠正和预防措施的计划。

（4）验证纠正和预防措施的有效性。

（5）将过程改进导致的对程序的任何变化形成文件。

（6）对照目标进行比较。

第六节　环境管理体系文件

管理体系倡导的是管理的系统化和透明化，其中所谓的透明化的主要特征是管理体系的文件化，体系建立的标志也是管理体系的文件化。具体而言，所谓文件化就是在环境管理的各个方面，包括环境方针制定、策划活动、实施和运行、测量和评价、评审和改进等方面，组织应做出相应规定并将这些规定文件化。文件既可以采用书面文本方式，也可以采用电子文档形式。

一个组织建立环境管理体系的过程主要表现为环境管理体系文件的编制、实施、评审和修订的过程。因此，作为体系执行依据的体系文件的编制是体系建立的一个至关重要的环节。如果一个组织的环境管理体系文件不充分、不适宜、不完整、不系统，将会影响一个组织环境管理体系文件的效率和效果。一个优秀的管理体系文件，是组织环境管理体系不断完善和环境管理绩效持续改进的基础和前提。因此，组织在编制体系文件时，首先应对体系文件的编制给予充分的重视，并树立正确的文件编制指导思想，同时掌握有关的编制的技巧和方法。

一、体系文件化的价值

管理体系要求的文件化可以使意图得以沟通，行动能够一致，因此管理体系文件的要求是各种类型的管理体系中一个共有的、必需的要素，文件的使用有利于：

（1）向组织的内外部提出组织明确的环境方针、目标和管理要求。

（2）实现环境表现的改进。

（3）作为资料和素材，为员工提供适当的培训。

（4）确保环境管理过程的重复性和可追溯性。

（5）为环境管理体系的运行符合要求提供客观证据。

（6）评价体系的有效性。

当然，环境管理体系文件的制作本身并非目的，而是一种方法和手段，最终目的是为了体现体系文件化的以上各项作用。体系的运作要追求的除了有效性，还应该考虑体系运作的效率，任何仅仅是增加一个无谓的过程，增加一堆无谓的纸张的文件化工作都将受到质疑，这与管理体系的初衷是背道而驰的。因此，文件化工作归根结底应是一项增值的活动。

二、环境管理体系文件结构

环境管理体系文件结构是一个组织管理系统化的外在表现，一个合理、有效的环境管理体系也必将表现为一个健全的、恰如其分的管理体系文件结构。管理体系结构的设计应该是一个艺术性很强的量体裁衣的过程。

ISO 从未对文件的结构和形式有任何固定的要求，ISO 14000 系列标准中也未规定环境管理体系文件的框架。体系文件的使用者是组织自身，是为组织的员工而编写，因此组织管理体系文件应切实结合组织的环境现状、管理水平和资源保证能力等实际情况合理设置，同样，审核员也必须从组织的角度来评审文件体系是否健全、有效。

因此，在体系文件结构设计时，应结合原有的管理体系文件，对体系文件进行简化和整合。对体系文件的简化和整合具有以下优点：

（1）减轻使用者的负担，员工易于接受。

（2）减短流程周期，提高工作绩效。

（3）节省编写及维持的资源。

（4）使用方便，便于培训、参阅和沟通使用。

（5）避免重复及矛盾的情况。

（6）便于修改、评审。

为实现管理体系文件的简化和整合，应考虑以下几个方面：

（1）避免多层次的结构，可在一份文件中说明的流程，就不再编写二级文件，以简化文件编码系统。

（2）各部门相同性质的作业使用统一的程序、统一的表单，以减少流程及表单的份数。

（3）去掉只产生记录而对运作没有实际或潜在效益的程序。

（4）多用流程图及表单，少用文字叙述。

（5）考虑将指令、说明及记录合一。

（6）依据员工素质、平常效果、员工的流动性、使用文件的人数等因素确定文件的详略程度。

（7）由同一职位执行不同性质的工作，可将其职责、要求整合在一起。

综合以上考虑，吸收 ISO 9000 质量管理体系文件结构的成功经验，将环境管理体系文件划分为四个层次是合理和适当的，即：

（1）一级文件——环境管理手册。

（2）二级文件——程序文件。

（3）三级文件——管理标准、操作规程、作业指导书等。

（4）四级文件——记录。

其中，环境管理手册主要是对组织的环境方针、目标、方案、环境因素、组织机构、职责等 17 个要素的描述，除此之外，还应给出相关二级文件和三级文件的查询途径。一级文件反映最高层次领导对环境管理体系全面性、全方位的决策意见和方向性规划。环境管理体系标准中并未规定必须编制环境管理手册，但按照组织的习惯和使用方便，编制一本环境管理手册以全面描述体系方向和全貌是必要的。

（1）程序文件规定部门在环境管理体系运行中实施一项活动或过程的规定途径，包括工作流程、职责权限划分和管理要求。除此之外还应给出相关三级文件的查询途径，二级文件是承上启下的体系核心部分，也是体系能否真正运行在文件上的反映。

（2）管理标准、操作规程、作业指导书等三级文件是针对易造成环境影响或潜在造成环境影响的岗位操作和工作要求做出明确的规定。三级文件是目标、指标分解到位的一种标志，也是为全体员工参与环境管理，为实现环境目标做出贡献提供适宜的组织环境的一种外在表现。

（3）记录是环境管理体系运行留下的工作资料，是一个组织向相关方提供组织体系一直有效运行，以获取相关方信任的证据。

显然，环境管理手册是组织环境管理体系的总体框架，程序文件是管理手册在环境管理运行过程中按照过程方式进行的进一步细化，管理标准、操作规程、作业指导书等三级文件是程序文件在组织职务上对环境管理体系运行中的细化，而记录是体系运行的轨迹。从体系的角度而言，它们在体系中的重要递减，但是文件的数量递增，构成一个类似图4-4的金字塔形。

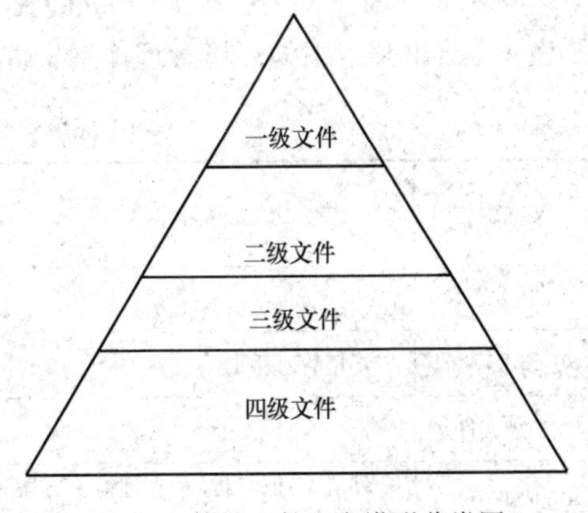

图 4-4　体系文件金字塔形分类图

三、体系文件编制

为确保体系文件的编制质量，在体系文件编制之前，基于对组织进行全面的初试评审的基础上，编制人应明确了解有关体系的基础资料。因此，应将包括体系策划结果在内的基础资料作为文件编制过程的输入，这些基础资料通常包括：

（1）环境方针。

（2）环境目标。

（3）初试评审报告。

（4）环境因素识别的结果，包括环境因素、重要环境因素。

（5）有关的法律法规要求。

（6）风险和机遇清单。

（7）相关方期望和需求清单。

（8）组织机构图及职务设置。

（9）环境管理职能分配表及各部门主要环境职责。

（10）现行有关的工作表单。

（11）环境管理体系文件编制计划。

（12）环境管理体系文件编号系统。

（13）体系文件编制格式。

（14）文件的编制范围及主要内容。

为确保编制人员掌握以上基础资料，在文件编制过程中充分识别文件编制的有关要求，组织应组织文件编制人员进行必要的文件编制培训工作。

组织在环境管理体系文件结构的框架上制订的体系文件编制计划，应规定以下内容：

（1）环境管理体系文件各类文件名称。

（2）环境管理体系文件编制部门和编制人。

（3）环境管理体系文件编制进度要求。

（4）环境管理体系文件审核和批准人。

表 4-6 给出某组织的环境管理体系文件编制计划的一个案例，供读者参考。

表 4-6　ISO 14001 环境管理体系文件编制计划

序号	文件编号	文件名称	对应标准要素	编制部门	编制	审核	批准	完成时间
一	一级文件							
	Q/EMS 0001	环境管理手册	全部要素	体系部				
二	二级文件							
1	Q/EMS 0002	环境方针、目标和管理措施方案管理程序	5.2，6.2	体系部				

续表

序号	文件编号	文件名称	对应标准要素	编制部门	编制	审核	批准	完成时间
2	Q/EMS 0003	环境因素的识别与评价程序	6.1.2	体系部				
3	Q/EMS 0004	对相关方环境施加影响管理程序	4.2，8.1	体系部				
4	Q/EMS 0005	风险和机遇管理程序	6.1	体系部				
5	Q/EMS 0005	新项目环境影响管理程序	6.1.2	体系部				
6	Q/EMS 0006	合规义务控制程序	6.1.3	体系部				
7	Q/EMS 0007	管理职责控制程序	5.3	行政部				
8	Q/EMS 0008	培训控制程序	7.2	行政部				
9	Q/EMS 0009	信息交流控制程序	7.4	体系部				
10	Q/EMS 0010	文件和资料控制程序	7.5	体系部				
11	Q/EMS 0011	运行控制程序	8.1	总务部				
12	Q/EMS 0012	废水管理控制程序	8.1	总务部				
13	Q/EMS 0013	化学物品管理控制程序	8.1	装配部				
14	Q/EMS 0014	固体废弃物处置管理控制程序	8.1	总务部				
15	Q/EMS 0015	大气污染物防治管理控制程序	8.1	总务部				
16	Q/EMS 0016	噪声污染防治管理控制程序	8.1	加工部				
17	Q/EMS 0017	能（资）源使用管理控制程序	8.1	总务部				
18	Q/EMS 0018	设备控制程序	8.1	技术部				
19	Q/EMS 0019	应急准备和响应控制程序	8.2	总务部				
20	Q/EMS 0020	火灾防范控制程序	8.2	总务部				
21	Q/EMS 0021	台风应急准备与响应控制程序	8.2	总务部				
22	Q/EMS 0022	剧毒品、易爆品、危险品应急控制程序	8.2	总务部				
23	Q/EMS 0023	环境监视与测量控制程序	9.1.1	总务部				
24	Q/EMS 0024	检验、测量和试验设备控制程序	9.1.1	体系部				
25	Q/EMS 0024	合规性评价控制程序	9.1.2	体系部				
26	Q/EMS 0025	不符合控制程序	10.2	体系部				
27	Q/EMS 0026	纠正措施控制程序	10.2	体系部				
28	Q/EMS 0027	记录控制程序	7.5	体系部				
29	Q/EMS 0028	内部审核控制程序	9.2	行政部				
30	Q/EMS 0029	管理评审控制程序	9.3	行政部				

同时，文件编制人员在动手系统地编制体系文件之前，还应做好以下准备工作：

（1）详细了解和分析以上所述基础资料。

（2）确定相关的工作流程、职权分配、各部门和过程接口关系。

（3）收集、分析相关文件和工作表单。

（4）理解 ISO 14001 标准对应条款的要求。

（5）确定各流程管理要求，并拟定文件内容大纲。

在充分做好以上准备工作之后，可以开始编制体系文件。在体系文件编制过程中，文件编制人员还应定期或不定期地组织碰头会，以协调文件编制过程中出现的问题和矛盾，确保体系文件编制顺利进行。

体系文件的编制是环境管理体系建立过程的一个至关重要的环节。管理体系一个普遍的特点是通常只描述某领域管理的整体思路和基本要求，虽然这些思路和要求通常结合了某领域最新和最权威的管理理论和实践的精华，但最终的应用，即具体的方法的选择及如何将体系与组织的实际情况密切结合，是每一个导入管理体系的组织都应该认真考虑的问题，对这个问题考虑的结果直接涉及一个组织管理体系运作的成败。任何管理体系标准的本身，都只是来自管理实践的理论结晶，只有结合组织实际，将理论还原为有血有肉的生产实践活动，这样的管理体系才是可操作的、有实际指导意义的。

四、体系文件范例

附录十四给出环境管理手册的案例，附录十五给出运行控制程序的案例，供读者参考。

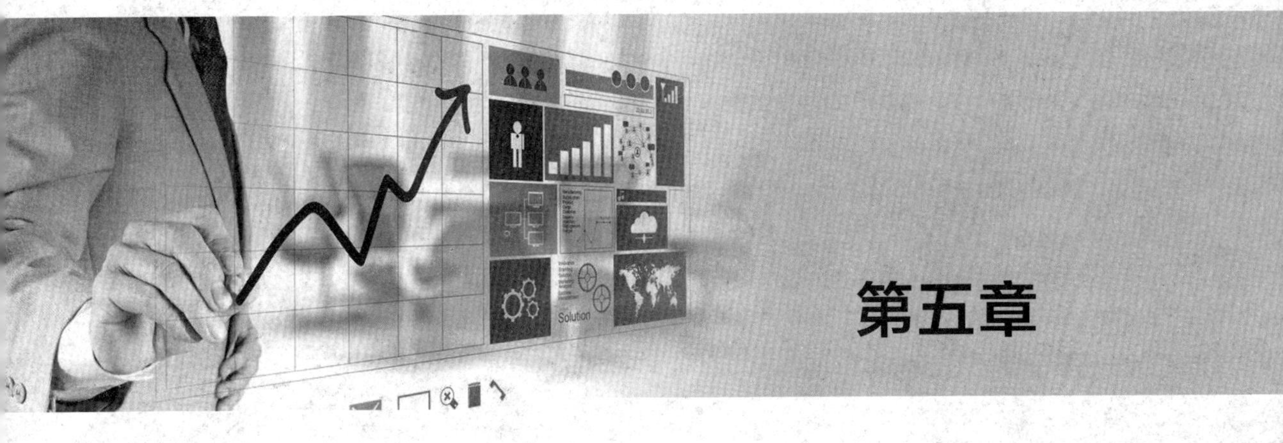

第五章

环境保护法律法规及其他要求

第一节 概 述

一、ISO 14001 标准中有关法律法规的要求

ISO 14001 标准的 22 个条款中有多个直接涉及法律法规与其他要求，如：

5.2 环境方针要求组织的方针中包括履行其合规义务的承诺。

6.1 要求组织应：确定并获取与其环境因素有关的合规义务；确定如何将这些合规义务应用于组织：在建立、实施、保持和持续改进其环境管理体系时必须考虑这些合规义务。

6.2 要求组织应针对其相关职能和层次建立环境目标，此时须考虑组织的重要环境因素及相关的合规义务。

9.1.2 合规性评价要求组织应建立、实施和保持评价合规义务履行情况所需的过程。

虽然其他条款未直接涉及法律法规及其他要求，但标准的所有条款的要求是相互联系、共同发挥作用，使组织的环境方针得以实现。

为此，围绕法律法规和其他要求，组织应考虑下述一些问题：

(1) 组织如何获取并确定相关的法律和其他要求。

(2) 组织如何保持对法律和其他要求的跟踪。

(3) 组织如何跟踪法律和其他要求的变化。

(4) 组织如何使员工了解法律和其他要求中的有关信息。

(5) 组织如何将法律法规的要求转化为组织的环境管理体系要求。

(6) 组织如何评价对法律法规的遵循情况。

环境管理体系与质量管理体系不同，环境管理体系针对众多相关方和社会对环境保护不断发展的需要，这种需要不是通过一种简单的合同、投诉形式向组织传达的，而是以政府法规要求、人们的环境要求与意愿等形式表达出来。因此，作为社会环境要求的法律法规，在环境管理体系中具有特殊的地位。

由于法律法规和其他要求的概念贯穿在整个环境管理体系中，使国家和地方环境保护要求与企业的管理紧密地联系在一起，因此，了解与企业环境行为有关的法律法规和其他要求是实施环境管理体系应掌握的必要知识。

本章的主要内容是从总体上介绍我国的环境法律体系和环境管理制度，使相关人员对我国环境法律和其他要求有一个总的概念，为正确全面识别、确定法律以及建立识别渠道打下基础。

二、环境法律关系

环境法律关系按构成要素可分为主体、内容和客体三大类。

主体是指环境权利的享有者和环境义务的承担者，或者参加环境法律关系享受环境

权利承担环境义务的人，包括生态环境保护主体（管理主体、开发主体）和污染防治法主体（管理主体、污染防治主体）。

环境法律关系的内容是指环境法律有关系当事人的权利义务的总和，包括环境管理主体的权利和义务与受控主体的权利和义务。

客体是主体参加法律关系的动机和目的，包括环境资源和环境管理行为两方面。在我国，按照“人”的性质不同，可以将实施环境保护法的人分成以下几类：国家立法机关、国家司法机关、国家检察机关、国家行政机关、企事业单位、社会团体和公民个人，这些具体的人在环境法律关系处于不同的角色，对应着不同的环境权利和义务，担负着实施环境保护法的责任。

三、我国的环境诉讼

当产生污染事故或污染破坏，即违反环境法时，人们需要用法律的手段来维护自身利益，这就涉及环境诉讼的问题。违反环境法要承担处理行政责任或民事责任，严重的要承担刑事责任。我国的环境诉讼活动的主要法律依据有：①宪法中有关环境保护的规定；②环境法及有关环境法规定；③其他有关部门法的规定（行政法、刑法、行政诉讼法、民事诉讼法、刑事诉讼法等）；④其他特别法令。我国的环境诉讼分为环境行政诉讼、环境民事诉讼和环境刑事诉讼。这三种类型的诉讼因原告、被告和针对的内容不一样，而各具特点。

环境行政诉讼的主要特征：①被告是国家环境行政管理机关，如各级环保局、依法行使环境监督权的各级人民政府等；②原告是环境行政管理的相对人，即法律、法规规定必须接受环境管理的单位和个人；③环境行政诉讼是针对环境管理机关及其工作人员的具体行为提起的诉讼。

环境民事诉讼的主要特征：①诉讼的时效为 3 年，比《民法通则》规定的民事诉讼时效 2 年要长 1 年；②扩大起诉权并允许“机关诉讼”；③实行举证责任倒置，即由被告负主要的举证责任，如果不能证明自己与污染事故无责任关系，就要承担责任；④采用“因果关系推定”；⑤采用“无过错责任制”。环境民事诉讼的这些特征与环境污染事故的特点（环境污染事故的主要特点：事故的潜伏期长、往往由多种污染源导致、受害人举证困难、排污单位无犯罪故意等）相适应。

环境刑事诉讼的主要特征：①审理的对象是危害环境、构成犯罪的刑事犯罪案件；②被告是公民和法人；③主要由国家检察机关以国家名义提起公诉；④目的是为保护环境和公众健康。环境刑事诉讼除具有以上特征外，法人环境犯罪的主体还具有双重性（法人或法人代表或直接责任人）的特点，法人环境犯罪实际上是一个犯罪，两个犯罪主体，两个刑罚主体，对应的刑罚手段采用“两罚制”原则，即对自然人主体，适用于对一般自然人犯罪相同的刑罚方法；对法人，目前我国主要是用罚金处罚。

第二节　我国的环境法律体系

环境保护法律体系是指由一国开发、利用、保护、改善环境的全部法律规范按照其内在联系而分类组合在一起的统一整体。它是国家整个法律体系的重要组成部分，其自身又有一套比较完整的体系。完整的环境保护法体系是由不同级别、层次、内容、功能并相互联系与配合的环境法律、法规组成的整体。

按我国现行立法体制的法律、法规的效力等级看，我国环境法体系主要由如下几个层次构成。

一、《中华人民共和国宪法》

《中华人民共和国宪法》（以下简称《宪法》）中关于环境与资源保护的规定是环境法的基础，是各种环境法律、法规和规章的立法依据。

《宪法》对环境与资源保护做了一系列的规定。

宪法第 26 条规定："国家保护和改善生活环境和生态环境，防治污染和其他公害"。这一规定是国家对环境保护的总政策，说明了环境保护是国家的一项基本职责。

第 9 条第 1 款规定：矿藏、水源、森林、山岭、草原、荒地、滩涂等自然资源都属于国家所有，即全民所有；由法律规定属于集体所有的森林和山岭、草原、荒地、滩涂除外。

第 10 条第 1 款、第 2 款规定：城市的土地属于国家所有，农村和城市郊区的土地除由法律规定属于国家所有外，属于集体所有。这些规定，把自然资源和某些重要的环境要素宣布为国家所有。国家所有的公共财产是神圣不可侵犯的。这就从所有权方面为自然环境和资源的保护提供了保证。

第 9 条第 2 款规定：国家保护自然资源的合理利用，保护珍贵的动物和植物，禁止任何组织或者个人用任何手段侵占或者破坏自然资源。

第 10 条第 5 款规定：一切使用土地的组织和个人必须合理利用土地。这些规定强调了对自然资源的严格保护和合理利用，以防止因自然资源的不合理开发导致环境破坏。

另外《宪法》第 22 条第 2 款对名胜古迹，珍贵文物和其他重要历史文化遗产的保护也做了规定。

在《宪法》中，把环境保护作为一项国家职责和基本国策予以确认，对环境保护的指导原则和主要任务做出规定，为国家和社会的环境活动奠定了基础，具有最高的法律效力和立法依据。《宪法》的上述各项规定，为我国的环境保护活动和环境立法提供了指导原则和立法依据。

二、我国加入的国际环境保护条约

我国政府为保护全球环境而签订的国际公约、条约是环境法体系的重要组成部分，是我国承担全球环境保护义务的承诺。《中华人民共和国环境保护法》第46条规定：中华人民共和国缔结或者参加的与环境保护有关的国际条约，同中华人民共和国的法律有不同规定的，适用国际条约的规定，但中华人民共和国声明保留的条款除外。这就是说，我国加入的国际公约和签订的国际条约，较我国的国内环境法有优先的权力。

近年来，我国在坚持“共同但有差别的责任”的原则下，参加了几乎所有全球环境问题谈判和重要活动。到目前为止，我国已经缔结或者签署的多边国际环境保护条约达50多项；双边和区域性环境合作也取得了重要进展。

在我国已经缔结或者签署的多边和双边公约和条约中，最多的是关于海洋环境保护方面的公约与议定书。如1969年《国际油污损害民事责任公约》及其1976年议定书，《防止因倾弃废物及其他物质而引起海洋污染的公约》（修正本），1969年《国际干预公海油污事故公约》及其1973议定书，《关于1973年国际防止船舶污染公约的1978年议定书》。另外，我国已于1982年签署了《联合国海洋法公约》，并于1996年5月15日正式批准该公约。

在保护动植物方面，我国已加入了《国际捕鲸公约》《东南亚及太平洋区植物保护协定》《国际热带木材协定》《关于特别是水禽生境的国际重要湿地公约》及其1982年的修正案（1992年7月对我国生效）以及《濒危野生动植物种国际贸易公约》和《生物多样性公约》（1993年12月公约对我国生效）等。

温室效应和臭氧层破坏已成为当今世界瞩目的重大环境问题。我国一贯重视保护臭氧层和防止温室效应的问题，并已于1989年加入《保护臭氧层维也纳公约》，1990年加入《关于消耗臭氧层物质的蒙特利尔议定书》经修正的议定书，1992年参加起草并签署了《联合国气候变化框架公约》。

危险废物越境转移及其处置问题是当前国际社会普遍关心的又一重大环境问题。1989年116个国家和地区代表在瑞士通过了国际社会第一个旨在以对环境无害方式处理废物的国际公约《控制危险废物越境转移及其处置的巴塞尔公约》，以及防止危险和有毒化学品非法转移造成人员伤亡或环境污染的《国际贸易中某些危险化学品和农药的事先知情同意程序公约》（简称《鹿特丹事先知情同意公约》或《PIC公约》）和减少或消除持久性有机污染物（POPs）对环境和人类影响的《关于持久形有机污染物的斯德哥尔摩公约》（简称《斯德哥尔摩公约》）。

我国参加的国际环境保护公约和条约还有《保护世界文化和自然遗产公约》（1986年3月12日对我国生效）、《南极条约》（1983年6月8日对我国生效）、《关于环境保护的南极条约议定书》（中国1991年10月4日签署）、《及早通报核事故公约》（1988年12月29日对我国生效）、《核事故或辐射紧急援助公约》（1987年10月14日对我国生效）、《核安全公约》（1996年7月9日对我国生效）、《核材料实物保护公约》（1989年1月2日对我国生效）、《关于在国际贸易中对某些危险化学品和农药采用事先知情同意程序的鹿特丹公约》（简称PIC公约，中国1998年9月签署）、《化学制品在工作中的使用安全》（1992年8月批准加入）、《联合国荒漠化公约》（1996年12月批准加入）等。

三、环境与资源保护法律

环境与资源保护法律是指由全国人民代表大会及其常务委员会制定的有关合理开发、利用、保护、改善环境和资源方面的法律。

（一）环境保护的法律

1.《中华人民共和国环境保护法》

1989年12月颁布的《中华人民共和国环境保护法》（简称《环境保护法》），是我国的环境保护基本法。该法是1979年颁布的《中华人民共和国环境保护法（试行）》经修订后重新颁布的。除《宪法》之外，《环境保护法》在环境法体系中，占有核心的重要地位。它是一部综合性的实体法，即对环境保护方面的重大问题加以全面综合调整的立法，对环境保护的目的、范围、方针政策、基本原则、重要措施、管理制度、组织机构、法律责任等做出了原则规定。作为一部综合性的基本法，它对环境保护的以下重要问题做了全面规定：

（1）规定了环境法的任务是为了保护和改善生活环境与生态环境，防治污染和其他公害，保障人体健康，促进社会主义现代化建设的发展。

（2）环境保护的对象是那些直接或间接地影响人类生存和发展的环境要素的总体，包括大气、水、海洋、土地、矿藏、森林、草原、野生动物、自然遗迹、人文遗迹、自然保护区、风景名胜区、城市和乡村等 。这样的列举规定把生活环境和生态环境全部纳入了保护范围，从而确定了环境保护的完整对象。

（3）规定了我国的环境保护应采用的基本原则和制度，如：协调发展原则；以防为主，防治结合，综合治理原则；污染者负担原则，以及环境影响评价制度、“三同时”制度、排污收费制度等。

（4）规定了保护自然环境的基本要求和开发利用环境资源者的法律义务，如：加强对农业环境的保护，防止土壤污染、沙化和水土流失；风景名胜区、自然保护区内不得建设污染型工业企业，已经建成的要限期治理；对特殊保护区，要采取有效保护措施，严禁破坏等。

（5）规定了防治环境污染的基本要求和相应的义务，如：产生污染和公害的单位，建立环境保护目标责任制；禁止引进不符合环境保护要求的技术和设备；不得将产生严重污染的生产设备转移给没有防治能力的单位使用；对严重污染企业限期治理；对有毒化学品实行严格登记和管理；发生事故或突发性事件要采取处理措施，并报告环境部门；县级以上环保部门在环境受到严重污染和威胁居民生命、财产安全时，必须立即报告当地人民政府，以便采取有效措施等。

（6）规定了中央和地方环境管理机构对环境监督管理的权限和任务，如：审批环评报告；进行“三同时”验收；要求一切排污单位执行排污申报登记；发放排污许可证；征收排污费；进行现场执法检查；对辖区环境保护工作实施统一监督管理，对污染事故（严重）向政府报告，本着公开、公正原则按法定程序对违法行为进行行政处罚；接待处理信访等。

(7) 规定了一切单位和个人都有保护环境的义务，对污染和破坏环境的单位和个人，有监督和控告的权利。

(8) 规定了违反环境法的法律责任，即行政责任、民事责任和刑事责任。

该法于 2014 年 4 月 24 日第十二届全国人民代表大会常务委员会第八次会议修订，自 2015 年 1 月 1 日起施行。

2.《中华人民共和国大气污染防治法》

《中华人民共和国大气污染防治法》（简称《大气污染防治法》）于 1987 年 9 月 5 日第六届全国人民代表大会常务委员会第二十二次会议通过，同日颁布，并于 1988 年 6 月 1 日起实施。为了适应我国市场经济体制发展的要求，20 世纪 90 年代我国对《大气污染防治法》进行了修改，并于 1995 年 8 月 29 日由全国人民代表大会常务委员会通过并开始实施。法律条文从原 6 章 41 条增加至 6 章 50 条，共新增 9 条 1 款，同时修改了第三章的章名。为实现大气污染的源头控制，推动大气污染与防治相结合的防治战略，该法增加了对企业施行清洁生产工艺、国家对落后工艺和设备实行淘汰制度和燃煤污染大气的控制对策和措施的规定，如关于酸雨控制区和二氧化硫污染控制区以及在两控制区内进行特殊控制、推行无铅汽油等。通过这些修改的内容，推动了大气污染防治工作，并取得明显成效。

进入新世纪以后，随着经济发展、城市化进程的加快，对环境保护工作提出了更高的要求。为使《大气污染防治法》适应新形势下环境保护工作的需要，2000 年 4 月 29 日第九届全国人大常委会第十五次会议通过了新的《大气污染防治法》，并于 2000 年 9 月 1 日正式实施。新的《大气污染防治法》共 7 章 66 条，修改内容主要涉及 9 个方面：

(1) 实施总量控制。对尚未达到规定的大气环境质量标准的区域和国务院批准划定的两控区，可以对大气污染物的排放实施总量控制。

(2) 规定了大气排污许可证制度。

(3) 规定了排污收费，超标排污违法。

(4) 规定了对火电厂 SO_2 排放实施浓度和总量控制。

(5) 增加防治机动车船排气污染一章的规定。

(6) 增加关于禁止露天焚烧秸秆、落叶等产生烟尘污染物质的规定。

(7) 增加关于加强建筑施工管理，提高人均占有绿地面积，防治城市扬尘污染的规定。

(8) 增加关于对破坏臭氧层物质的控制规定。

(9) 强化和完善了法律责任。

该法由中华人民共和国第十二届全国人民代表大会常务委员会第十六次会议于 2015 年 8 月 29 日修订通过，自 2016 年 1 月 1 日起施行。

3.《中华人民共和国水污染防治法》

《中华人民共和国水污染防治法》（简称《水污染防治法》）于 1984 年 5 月 11 日第六届全国人民代表大会常务委员会第五次会议通过，同日公布，自 1984 年 11 月 1 日起实施。这是我国立法机关较早正式颁布的环境法律，对以后的环境立法有着重要影响。

该法对水污染防治法的目的、适用范围、基本原则、监督管理体制、管理制度和措施、防治地表水污染、防治地下水污染和法律责任作了比较全面的规定。1996 年 5 月 15 日第八届全国人民代表大会常务委员会第十九次会议通过了《关于修改〈中华人民共和国水污染防治法〉的决定》，对 1984 年 5 月 11 日颁布的《水污染防治法》进行了重大修改，比原法增加了 15 个完整的条目，并对原法中 8 个条目做了修改，主要内容是：

（1）加强对水污染防治的管理力度，包括：按流域、区域进行统一规划；加强对生活饮用水源保护；要求城市污水集中处理，有偿服务。

（2）规定总量控制制度和核定制度。规定省级以上人民政府对实现水污染达标排放仍不能达到国家规定的水环境质量标准的水体，可以实施重点污染物排放的总量控制制度，并对有排污量削减任务的企业，实施该重点污染物排放量的核定制度，具体办法由国务院规定。

（3）个体户排污管理，规定对个体工商户向水体排放污染物，污染严重的，由省、自治区、直辖市人民代表大会常务委员会参照规定的原则，制定管理办法。

（4）对渔业事故，规定由渔业主管部门处理。

根据 1996 年修订的《水污染防治法》，对 1989 年发布实施的《水污染防治法实施细则》进行了修订，并于 2000 年 3 月发布实施。

该法由中华人民共和国第十届全国人民代表大会常务委员会第三十二次会议于 2008 年 2 月 28 日修订通过，自 2008 年 6 月 1 日起施行。

4.《中华人民共和国海洋环境保护法》

《中华人民共和国海洋保护环境法》（简称《海洋环境保护法》）于 1982 年 8 月 23 日第五届全国人民代表大会常务委员会第二十四次会议通过，同日公布，自 1983 年 3 月 1 日起实施。这部法律主要针对防止海洋污染和生态破坏而制定，从海洋生态保护到陆源污染物、海岸工程、海洋工程、倾倒废弃物、船舶的有关作业活动等几个方面对防治海洋的污染损害做出规定，适用于中国内海、领海，以及属于中国管辖的一切海域。在中国管辖海域以外排放有害物质、倾倒废弃物，造成中国管辖海域污染损害的，也适用该法。这部法律于 1999 年 12 月 25 日由第九届全国人民代表大会常务委员会第十三次会议修订，同日公布，自 2000 年 4 月 1 日起实施。该法由原来 8 章 48 条，增加至 10 章 98 条，增加 2 章 50 条。强调了污染防治与生态保护并重，因此增加一章，专门论述生态保护问题。另外，在其他法律中已规定的法律制度，如总量控制、许可证制度、限期淘汰、排污收费等，在本法中都做了明确规定，强化了法律责任。

该法于 2013 年 12 月 28 日第十二届全国人民代表大会常务委员会第六次会议《关于修改〈中华人民共和国海洋环境保护法〉等七部法律的决定》修正。后又根据 2016 年 11 月 7 日主席令第 56 号《全国人大常委会关于修改〈中华人民共和国海洋环境保护法〉的决定》修改。

为推动近岸海域环境保护工作，1999 年 12 月 25 日，第九届全国人民代表大会常务委员会第十三次会议通过《海事诉讼特别程序法》，国家环保总局也于 1999 年 12 月 10 日颁布并实施了《近岸海域环境功能区管理办法》。

5.《中华人民共和国固体废物污染环境防治法》

《中华人民共和国固体废物污染环境防治法》（简称《固体废物污染环境防治法》）于1995年10月30日第八届全国人民代表大会常务委员会第十六次会议通过，1996年4月1日起施行。该法主要适用于固态、半固态、液态以及放置在容器中气态废弃物的污染防治，主要内容包括固体废物污染环境防治的监督管理，固体废物污染防治的一般规定，工业固体废物、城市生活垃圾污染环境的防治，以及危险废物污染环境的特别规定。如：制定危险废物名录，规定统一的危险废物鉴别标准、鉴别方法和识别标志，规定行政代处置、许可证管理，对固体废物境内转移、过境转移也分别做了规定。

该法于2004年12月29日经中华人民共和国第十届全国人民代表大会常务委员会第十三次会议通过修订决议，并于2005年4月1日实施。修订后的《固体废物污染环境防治法》共6章91条，明确了“产品的制造者、进口者、销售者、使用者对其产生的固体废物承担污染防治责任”。针对当前存在的危险废物处置设施不足、长期储存不处置、应急措施力度不够等问题，增加了有关危险废物处置设施的规划建设、储存时间的限制、应急手段、维护资金等具体条款，还将危险废物的利用也纳入了经营许可的管理范围。针对环境污染损害赔偿案件中最常见的受污染者没有能力起诉以及举证困难等问题，增加了举证责任倒置、诉讼代理、诉讼费减免等规定。

该法根据2013年6月29日第十二届全国人民代表大会常务委员会第三次会议《关于修改〈中华人民共和国文物保护法〉等十二部法律的决定》进行第一次修正。该法根据2015年4月24日第十二届全国人民代表大会常务委员会第十四次会议《关于修改〈中华人民共和国港口法〉等七部法律的决定》进行第二次修正。该法根据2016年11月7日主席令第57号《全国人大常委会关于修改〈中华人民共和国对外贸易法〉等十二部法律的决定》进行修改。

6.《中华人民共和国环境噪声的污染防治法》

《中华人民共和国环境噪声污染防治法》（以下简称《环境噪声污染防治法》）于1996年10月29日第八届全国人民代表大会常务委员会第二十二次会议通过，1997年3月1日施行。该法共8章64条，所涉及环境噪声污染仅指超标排放环境噪声，并干扰他人正常生活、工作和学习的现象，不适用于因从事本职生产、经营工作受到噪声危害的防治。其主要内容包括：环境噪声污染防治的监督管理，工业噪声污染防治（对设备、产品噪声控制），建筑施工、交通运输噪声污染防治，社会生活噪声（饮食服务，娱乐场所）污染防治。

7.《中华人民共和国清洁生产促进法》

《中华人民共和国清洁生产促进法》由中华人民共和国第九届全国人民代表大会常务委员会第二十八次会议于2002年6月29日通过，自2003年1月1日起施行。该法共6章42条，主要内容包括清洁生产促进工作的管理体制、推行清洁生产的法律措施和清洁生产的实施措施及法律责任。

该标准于2012年2月29日第十一届全国人民代表大会常务委员会第二十五次会议通过《全国人民代表大会常务委员会关于修改〈中华人民共和国清洁生产促进法〉

的决定》进行修改，并于2012年7月1日起施行。

8.《中华人民共和国环境影响评价法》

《中华人民共和国环境影响评价法》于2002年10月28日第九届全国人民代表大会第三十次会议通过，2003年9月1日实施。该法共5章38条，其主要内容包括规划的环境影响评价和建设项目的环境影响评价。

该标准根据2016年7月2日第十二届全国人民代表大会常务委员会第二十一次会议通过的《全国人民代表大会常务委员会关于修改〈中华人民共和国节约能源法〉等六部法律的决定》进行修改。

9.《中华人民共和国放射性污染防治法》

《中华人民共和国放射性污染防治法》于2003年6月28日在第十届全国人民代表大会第三次会议通过，2003年10月1日实施。该法共8章63条，主要内容包括核设施的放射性污染防治、核技术利用的放射性污染防治、铀（钍）矿和伴生放射性矿开发利用的放射性污染防治和放射性废物管理。

（二）自然资源保护的法律

自然资源保护法，也称自然资源法，是对人类赖以生存的自然环境和自然资源的保护，目的是为了保护自然环境使自然资源免受破坏，以保护人类的生态维持系统，保护物种的多样性，保护生物资源的永续利用。

近几年我国加大对自然资源的保护力度，提出了污染防治与生态保护并重的要求，对重要的环境要素和资源保护已建立了基本完备的法律。下面目前已颁布实施的资源保护法作一一简介。

1.《中华人民共和国水法》

《中华人民共和国水法》（简称《水法》）于1988年1月21日第六届全国人民代表大会常务委员会第二十四次会议通过并颁布，自1988年7月1日起施行，共7章53条。2002年8月29日第九届全国人民代表大会常务委员会第十八次会议修订并通过，增加了1章29条，共8章82条，2002年10月1日施行。该法的目的是合理开发、利用、节约和保护水资源，防治水害，实现水资源的可持续利用，适应国民经济和社会发展的需要。该法所称水资源包括地表水和地下水。法律中规定水资源属于国家所有。开发、利用、节约、保护水资源和防治水害，应当全面规划、统筹兼顾、标本兼治、综合利用、讲求效益，发挥水资源的多种功能，协调好生活、生产经营和生态环境用水；国家对水资源依法实行取水许可证和有偿使用制度，厉行节约用水，发展节水型工业、农业和服务业，建立节水型社会；国家保护水资源，采取有效措施、保护自然植被、种树种草、涵养水源、防治水土流失、改善生态环境；国家对水资源实行流域管理与行政区域管理相结合的管理体制。

该法根据2009年8月27日第十一届全国人民代表大会常务委员会第十次会议通过的《全国人民代表大会常务委员会关于修改部分法律的决定》修改。该法根据2016年7月2日第十二届全国人民代表大会常务委员会第二十一次会议通过的《全国人民代表大会常务委员会关于修改〈中华人民共和国节约能源法〉等六部法律的决定》

修改。

2.《中华人民共和国水土保持法》

《中华人民共和国水土保持法》（简称《水土保持法》）于1991年6月29日颁布施行。该法共6章42条，其目的是预防和治理水土流失，保护和合理利用水土资源，减轻水、旱、风沙灾害，改善生态环境。该法主要规定了预防水土流失、水土流失动态的监督预报以及相应法律责任等内容。

该法于2010年12月25日由中华人民共和国第十一届全国人民代表大会常务委员会第十八次会议修订通过，并于2011年3月1日起施行。

3.《中华人民共和国渔业法》

《中华人民共和国渔业法》（简称《渔业法》）于1986年1月20日第六届全国人民代表大会常务委员会通过，同年7月1日起施行，共6章35条。该法于2000年10月31日第九届全国人民代表大会常务委员会第十八次会议修正，2004年8月28日该法在中华人民共和国第十届全国人民代表大会常务委员会第十一次会议再次修正，并于当日正式实施。新修订的渔业法共6章50条，适用于在中华人民共和国的内水、滩涂、领海以及中华人民共和国管辖的一切其他海域，从事养殖和捕捞水生动物、水生植物等渔业生产活动。它对渔业资源的增殖和保护、渔业水域的生态环境的保护和改善、水污染防治、珍贵水生动物保护等做了规定。

该法根据2009年8月27日第十一届全国人民代表大会常务委员会第十次会议《关于修改部分法律的决定》修正。该法根据2013年12月28日第十二届全国人民代表大会常务委员会第六次会议《关于修改〈中华人民共和国海洋环境保护法〉等七部法律的决定》修正。

4.《中华人民共和国土地管理法》

《中华人民共和国土地管理法》（简称《土地管理法》）于1986年6月25日第六届全国人民代表大会常务委员会第十六次会议通过，并于1987年1月1日起施行，共7章57条。该法于1998年8月17日修正，1999年1月1日实施。该法于2004年8月28日经第十届全国人民代表大会常务委员会第十一次会议再次修订后公布实施。修订后的土地管理法共8章86条。该法规定：实行土地的社会主义公有制即全民所有制和劳动群众集体所有制；任何单位和个人不得侵占、买卖或者以其他形式非法转让土地；土地使用权可以依法转让；国家为了公共利益的需要，可以依法对土地实行征收或者征用并给予补偿。十分珍惜、合理利用土地和切实保护耕地是我国的基本国策。各级人民政府应当采取措施，全面规划，严格管理，保护、开发土地资源，制止非法占用土地的行为。

该法根据2011年1月8日公布的《国务院关于废止和修改部分行政法规的决定》修正。该法根据2014年7月29日中华人民共和国国务院令第653号公布并施行的《国务院关于修改部分行政法规的决定》修正。

5.《中华人民共和国矿产资源法》

《中华人民共和国矿产资源法》（简称《矿产资源法》）于1986年3月19日第六届

全国人民代表大会常务委员会第十五次会议通过，1986 年 10 月 1 日起施行，共 7 章 50 条。该法于 1996 年 8 月 29 日经第八届全国人民代表大会常务委员会第二十一次会议修正，修正后增加了 3 条，共 7 章 53 条。该法规定：矿产资源属国家所有；国家对矿产资源勘察实行统一的登记制度；对矿产资源的开发实行审批发证制度；国营矿山企业是开采矿山资源的主体；国家允许乡镇集体企业和个体开采国家指定范围内的矿产资源，但必须申请办理采矿许可证；未取得许可证擅自采矿、擅自开采国家保护的特定矿种、超越范围采矿等分别追究行政责任或刑事责任。开采矿产资源必须依法申请取得采矿权，并按规定缴纳资源税和资源补偿费。开采矿产资源必须遵守有关环境保护的法律规定，防止环境污染。开采矿产资源，应当节约用电。耕地、草原、林地因采矿受到破坏的，矿山企业应当因地制宜地采取复垦利用、植树种草或其他利用。给他人造成损失的，应负责赔偿和补救措施。

该法根据 2009 年 8 月 27 日中华人民共和国主席令第 18 号《全国人民代表大会常务委员会关于修改部分法律的决定》修正，并于自公布之日起施行。

6.《中华人民共和国煤炭法》

《中华人民共和国煤炭法》（简称《煤炭法》）于 1996 年 8 月 29 日颁布，自 1996 年 12 月 1 日起施行，共 8 章 81 条。制定该法的目的在于合理开发利用和保护煤炭资源，规范煤炭生产经营活动，促进和保障煤炭行业的发展和煤炭资源的保护等。该法规定开发利用煤炭资源应当遵守有关环境法律法规，防治污染和其他公害，保护生态环境。

该法根据 2009 年 8 月 27 日第十一届全国人民代表大会常务委员会第十次会议通过，2009 年 8 月 27 日中华人民共和国主席令第 18 号公布，并于 2009 年 8 月 27 日起实施的《全国人民代表大会常务委员会关于废止部分法律的决定》进行第一次修正。该法根据 2011 年 4 月 22 日第十一届全国人民代表大会常务委员会第二十次会议通过，2011 年 4 月 22 日中华人民共和国主席令第 45 号公布，自 2011 年 7 月 1 日起施行的《全国人民代表大会常务委员会关于修改〈中华人民共和国煤炭法〉的决定》第二次修正。该法根据 2013 年 6 月 29 日第十二届全国人民代表大会常务委员会第 3 次会议通过，2013 年 6 月 29 日中华人民共和国主席令第 5 号公布，自公布之日起施行的《全国人民代表大会常务委员会关于修改〈中华人民共和国文物保护法〉等十二部法律的决定》第三次修正。该法根据 2016 年 11 月 7 日中华人民共和国主席令第 57 号《全国人民代表大会常务委员会关于修改〈中华人民共和国对外贸易法〉等十二部法律的决定》第四次修正）。

7.《中华人民共和国森林法》

《中华人民共和国森林法》（简称《森林法》）于 1984 年 9 月 20 日第六届全国人民代表大会常务委员会通过，1985 年 1 月 1 日起施行，共 7 章 42 条。该法于 1998 年修改，修改后增加 7 条，共 7 章 49 条。该法规定森林资源属于国家所有，由法律规定的属于集体所有的除外，任何单位和个人不得侵犯。中国的林业建设以营林为基础，普遍护林，严格控制林木消耗，建立林木采伐许可证制度。

《中华人民共和国森林法实施条例》于2000年1月29日中华人民共和国国务院令第278号发布，后又根据2016年2月6日发布的国务院令第666号《国务院关于修改部分行政法规的决定》进行修正。

8.《中华人民共和国草原法》

《中华人民共和国草原法》（简称《草原法》）于1985年6月18日第六届全国人民代表大会常务委员会通过，同年10月1日起施行。之后于2002年12月28日第九届全国人民代表大会常务委员会第三十一次会议修订，2003年3月1日正式实施。修订后的草原法共9章75条。该法适用于在中华人民共和国领域内从事草原规划、保护、建设、利用和管理活动。该法规定草原属于国家所有即全民所有，由法律规定属于集体所有的除外。禁止开垦草原、破坏草原植被、在草原上使用剧毒、高残留以及可能导致二次中毒的农药和车辆离开道路在草原上行驶等破坏草原的活动。该法还要求各级人民政府应当建立草原防火责任制，做好草原火灾的预防和扑救工作等。

该法根据2013年6月29日第十二届全国人民代表大会常务委员会第三次会议通过《关于修改〈中华人民共和国文物保护法〉等十二部法律的决定》进行修正，自公布之日起施行。

主要修改内容有：

（1）将第五十五条修改为：“除抢险救灾和牧民搬迁的机动车辆外，禁止机动车辆离开道路在草原上行驶，破坏草原植被；因从事地质勘探、科学考察等活动确需离开道路在草原上行驶的，应当事先向所在地县级人民政府草原行政主管部门报告行驶区域和行驶路线，并按照报告的行驶区域和行驶路线在草原上行驶。”

（2）将第七十条修改为：“非抢险救灾和牧民搬迁的机动车辆离开道路在草原上行驶，或者从事地质勘探、科学考察等活动，未事先向所在地县级人民政府草原行政主管部门报告或者未按照报告的行驶区域和行驶路线在草原上行驶，破坏草原植被的，由县级人民政府草原行政主管部门责令停止违法行为，限期恢复植被，可以并处草原被破坏前三年平均产值三倍以上九倍以下的罚款；给草原所有者或者使用者造成损失的，依法承担赔偿责任。”

9.《中华人民共和国野生动物保护法》

《中华人民共和国野生动物保护法》（简称《野生动物保护法》）于1988年11月8日颁布，自1989年3月1日起施行，共5章42条。该法于2004年8月28日修正，并于当日实施。该法的目的在于保护、拯救珍贵、濒危野生动物，保护、发展和合理利用野生动物资源，维持生态平衡。该法主要规定了野生动物保护、管理以及违反该法应当承担的法律责任等内容。

该法根据2009年8月27日《全国人民代表大会常务委员会关于修改部分法律的决定》第2次修正。该法于2016年7月2日第十二届全国人民代表大会常务委员会第二十一次会议修订。并于2017年1月1日实施。

10.《中华人民共和国节约能源法》

《中华人民共和国节约能源》（简称《节约能源法》）于1997年11月1日第八届全

国人民代表大会常务委员会第二十八次会议通过，1998 年 1 月 1 日实施。该法对节能管理、合理使用能源、节能技术进步等做了规定。

该法于 2007 年 10 月 28 日第十届全国人民代表大会常务委员会第三十次会议修订。并于 2008 年 4 月 1 日实施。该法根据 2016 年 7 月 2 日第十二届全国人民代表大会常务委员会第二十一次会议通过的《全国人民代表大会常务委员会关于修改〈中华人民共和国节约能源法〉等六部法律的决定》修改。

（三）防灾减灾法律

1.《中华人民共和国防沙治沙法》

《中华人民共和国防沙治沙法》（简称《防沙法》）于 2001 年 8 月 31 日第九届全国人民代表大会常务委员会第二十三次会议通过，2002 年 1 月 1 日实施。制定该法的目的是为预防土地沙化，治理沙化土地，维护生态安全，促进经济和社会的可持续发展。适用于在中华人民共和国境内，从事土地沙化的预防、沙化土地的治理和开发利用活动。该法规定了防沙治沙的统一规划，因地制宜，分步实施，坚持区域防治与重点防治相结合、预防为主，防治结合，综合治理等原则。

2.《中华人民共和国防震减灾法》

《中华人民共和国防震减灾法》（简称《防震减灾法》）于第八届全国人民代表大会常务委员会第二十九次会议于 1997 年 12 月 29 日通过并公布，自 1998 年 3 月 1 日起施行。该法的目的是为了防御与减轻地震灾害，保护人民生命和财产安全，保障社会主义建设顺利进行，适用于在中华人民共和国境内从事地震监测预报、地震灾害预防、地震应急、震后救灾与重建等（以下简称防震减灾）活动。在这部法律中规定了防震减灾工作，实行预防为主、防御与救助相结合的方针。防震减灾工作，应当纳入国民经济和社会发展计划。对地震监测预报、地震灾害预防、地震应急和震后救灾与重建等内容也做出了规定。

该法于 2008 年 12 月 27 日由中华人民共和国第十一届全国人民代表大会常务委员会第六次会议修订通过，并于 2009 年 5 月 1 日起实施。

3.《中华人民共和国防洪法》

《中华人民共和国防洪法》（简称《防洪法》）于 1997 年 8 月 29 日第八届全国人民代表大会常务委员会第二十七次会议通过，1998 年 1 月 1 日起施行。该法的目的是为了防治洪水，防御、减轻洪涝灾害，维护人民的生命和财产安全，保障社会主义现代化建设顺利进行。该法规定了防洪工作实行全面规划、统筹兼顾、预防为主、综合治理、局部利益服从全局利益的原则，防洪工作按照流域或者区域实行统一规划、分级实施和流域管理与行政区域管理相结合的制度。在这部法律中规定了防洪规划、治理与防护、防洪区和防洪工程设施的管理、防汛抗洪、保障措施等内容做出了规定。

该法根据 2009 年 8 月 27 日第十一届全国人民代表大会常务委员会第十次会议《关于修改部分法律的决定》进行第一次修正。该法根据 2015 年 4 月 24 日第十二届全国人民代表大会常务委员会第十四次会议《关于修改〈中华人民共和国港口法〉等七部法律的决定》进行第二次修正。该法根据 2016 年 7 月 2 日第十二届全国人民代表大会常务委员会第二十一次会议通过的《全国人民代表大会常务委员会关于修改〈中华人民共和国节约能源法〉等六部法律的决定》进行第三次修正。

四、其他部门法中关于环境保护的法律规范

《中华人民共和国民法总则》第九条（节约资源、保护生态环境原则）中规定，民事主体从事民事活动，应当有利于节约资源、保护生态环境。

《刑法》第6章第6节专门设立“破坏环境资源保护罪”，对各种污染环境和破坏自然资源的犯罪，规定了相应的刑事责任。

《全民所有制工业企业法》《农业法》《交通运输法》《基本建设法》中也有一些相关的规定，如《全民所有制工业企业法》第41条规定，企业必须贯彻安全生产制度，改善劳动条件，做好劳动保护和环境保护工作，做到安全生产、文明生产。

五、环境与资源保护行政法规

环境与资源保护行政法规是指国务院制定的有关合理开发、利用和保护、改善环境和资源方面的行政法规，如《水污染防治法实施细则》《排污费征收使用管理条例》《淮河流域水污染防治暂行条例》《中华人民共和国海洋石油勘探开发环境保护管理条例》《中华人民共和国防止船舶污染海域管理条例》《中华人民共和国海洋倾废管理条例》《防止拆船污染环境管理条例》《中华人民共和国防止陆源污染物污染损害海洋环境管理条例》《中华人民共和国防止海岸工程建设项目污染损害海洋环境管理条例》《危险化学品安全管理条例》《监控化学品安全管理条例》《医疗废物管理条例》《危险废物经营许可证管理办法》《农药管理条例》《农业转基因生物安全管理条例》《水产资源繁殖保护条例》《退耕还林条例》《报废汽车回收管理办法》《国务院关于落实科学发展观加强环境保护的决定》等行政法规和法规性文件。

另外，在《治安管理处罚条例》《对外合作开采石油资源条例》《中外合资经营企业法实施条例》《技术引进和设备进口工作暂行条例》等其他部门法规中也有一些相关的规定。

六、环境与资源保护的部门规章和标准

（一）环境与资源保护的部门规章

环境与资源保护行政规章，是指国务院所属各部委和其他依法有行政规章制定权的国家行政部门制定的有关合理开发、利用、保护改善环境和资源方面的行政规章。与国务院制定的行政法规相比，国务院所属各部门制定的部门规章数量更大、技术性更强，是实施环境与资源保护法律法规的具体规范。与法律法规相比，部门规章具有更强的可操作性。

原国家环保总局（现环境保护部）发布了《建设项目环境影响评价行为准则与廉政规定》（总局令第30号，2005）、《国家环境保护总局建设项目环境影响评价文件审批程序规定》（总局令第29号，2005）、《污染源自动监控管理办法》（总局令第28号，

2005)、《环境保护法规制定程序办法》(总局令第 25 号，2005)、《地方环境质量标准和污染物排放标准备案管理办法》(总局令第 9 号，2010)、《环境保护行政许可听证暂行办法》(总局令第 22 号，2004)、《医疗废物管理行政处罚办法》(总局令第 21 号，2010)、《专项规划环境影响报告书审查办法》(总局令第 18 号，2003)、《新化学物质环境管理办法》(总局令第 7 号，2010)、《环境影响评价审查专家库管理办法》(总局令第 16 号，2003)、《建设项目环境影响评价文件分级审批规定》(总局令第 5 号，2009)、《建设项目环境保护分类管理名录》(总局令第 33 号，2015)、《建设项目竣工环境保护验收管理办法》(总局令第 16 号，2010) 等一批重要环境保护部门规章和规范性文件，并与有关部门联合发布了清洁生产审核办法、电子信息产品污染控制管理办法等规章。

(二) 环境标准

环境标准是国家为了保护人体健康，促进生态良性循环，实现社会经济发展目标，根据国家的环境政策和法规，在综合考虑本国自然环境特征、社会经济条件和科学技术水平的基础上规定环境中污染物的允许含量和污染源排放污染物的数量、浓度、时间和速率以及其有关技术规范。国家和地方制定的环境标准作为各项环境管理以及环境执法的重要技术依据，在我国环境保护工作中发挥着重要的基础性作用。

环境标准是环境法律体系中的重要组成部分，是环境执法和管理的技术依据。环境标准既是进行环境保护工作的技术规则，又是进行环境监督、环境监测、实施环境管理的重要依据，没有环境标准，环境执法就成为抽象的东西。环境标准在环境保护中的主要作用如下：

(1) 环境标准是执行环境保护法规的基本手段。在《环境保护法》《大气污染防治法》《环境噪声污染防治法》等法律中都规定了实施环境标准的条款，环境标准使环境监督管理具体化并使其具有可操作性。

(2) 环境标准是强化环境管理的技术基础。我国的各项环境管理制度措施都是以环境标准为基础建立并实施的，另外，污染事故和环境纠纷中，为污染者的排污行为规定了一个合法与否的尺度。

(3) 环境标准是环境规划的定量化依据。环境规划和计划要以环境标准为基础，制定的环境综合整治目标和污染防治措施要求又必定体现着环境标准。

(4) 环境目标是推动科技进步的动力。应用环境标准可以推广先进技术、淘汰落后的技术，促进环保技术的发展，另外方法标准和样品标准也促进了环境保护仪器设备以及采样、分析、测试、统计计算等技术方法的发展。

七、环境与资源保护的地方法规和地方政府规章

地方环境与资源保护法规，是指由省、自治区、直辖市和其他依法有地方法规制定权的地方人民代表大会及其常委会制定的有关合理开发 、利用、保护、改善环境和资源方面的地方法规。

地方政府制定的环境与资源保护规章，是指由省、自治区、直辖市人民政府和其

他依法享有地方政府规章制定权的地方人民政府制定的有关合理开发、利用、保护、改善环境和资源方面的地方政府规章。

地方环境立法不仅数量多，而且质量不断提高。在立法质量方面，各地更加突出地方特色，更加注重针对性和可操作性。

地方环境立法不仅补充了国家环境立法的不足，适应地方环保工作的实际需要，而且还有力地支持了国家的有关环境立法工作，同时为其他地方的环境立法提供了有益借鉴。

上述各层次的法律效力级别如下：《宪法》是我国环境法体系的基础，具有最高的效力，其他层次都不得同宪法相抵触；环境法律具有仅次于宪法的效力，除宪法以外的其他层次不得与其抵触；环境行政法规必须根据宪法和法律制定；地方环境法规不得同宪法、法律和行政法规相抵触；环境行政规章必须根据法律和行政法规制定；地方环境政府规章根据法律、行政法规、地方法规制定。

第三节　我国的环境标准体系

一、我国环境标准体系概述

环境标准是环境保护法规体系的重要组成部分，是环境保护的重要规范之一。环境标准是随着环境问题的产生而出现，随着科技进步和环境科学的发展而发展的。环境标准为社会生产力的发展创造了良好条件，又受到社会生产力发展水平的制约。

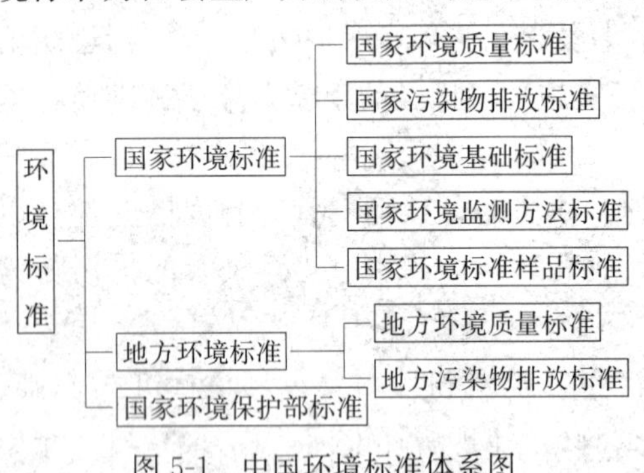

图 5-1　中国环境标准体系图

环境标准体系就是根据环境标准的特点和要求，按它们的性质功能、内在联系进行分级、分类，构成一个有机联系的整体。体系内的各种标准互相联系、相互依存、互相补充，具有良好的配套性和协调性。环境标准体系也不是一成不变的，它与一定时期的技术经济水平以及环境污染与破坏的状况相适应。因此它随着技术经济的发展，环保要求的提高而不断变化。自 1973 年来，我国系统地组织制定了一系列环境标准，随着环境执法和管理工作的深入发展，环境标准日趋完善，构成了具有中国特色的环境标准体系，如图 5-1 所示。

我国根据环境标准的适用范围，环境标准分为国家环境标准、地方环境标准和国家环境保护部标准。《环境保护法》第 9 条的规定“省、自治区、直辖市人民政府对国家环境质量标准中没有规定的项目，可以制定地方环境质量标准”，第 10 条规定“省、自治区、直辖市人民政府对国家污染物排放标准中没做规定的项目可以制定地方污染物排放标准，对国家污染物排放标准已做规定的项目，可以制定严于国家污染物排放标准的地方污染物排放标准"，两种标准并存的情况下，执行地方标准。

根据环境标准的内容和作用，分为环境质量标准、污染物排放标准、方法标准、样品标准和基础标准。环境质量标准，是对一定区域环境中的各种污染物质或因素所做的限制性规定，是国家环境保护追求的目标，也是制定污染物排放标准进行监督管理，审查环境影响报告的重要依据之一；污染物排放标准，是为实现环境质量标准目标，结合技术经济条件和环境特点，对排入环境的污染物或有害因子所做的控制规定，即排放的极限值，它是实现环境质量标准的重要保证，是控制污染源的重要手段，它包括浓度标准和总量标准两类，也分为综合性排放标准和行业性排放标准两类；环境保护基础标准，是对环保工作具有重要指导意义的符号、指南、导则等所做的规定，是制定其他环境标准的基础；环境监测方法标准，又称方法标准，是指对环保领域内以采样、分析、测定、试验、统计等方法为对象所制定的统一技术规定；样品标准是对环保标准样品必须达到的要求所做的统一技术规定。

根据环境标准的性质，可分为强制性环境标准和推荐性环境标准。

环境标准由各级环境保护行政主管部门和有关的资源保护行政主管部门负责监督实施。

二、国家环境标准

国家环境标准由国务院环境保护行政主管部门制定。国家环境保护部设有标准司，负责环境标准的制定、解释、监督和管理。国家环境标准包括国家环境质量标准、国家污染物排放标准（或控制标准）、国家环境监测方法标准、国家环境标准样品标准和国家环境基础标准。

1. 国家环境质量标准

环境质量标准是指为了保障人群健康和社会物质财富，维护生态平衡，并考虑技术、经济条件对环境中有害物质和因素所做的限制性规定。根据我国《环境保护法》的规定，国务院环境保护行政主管部门制定国家环境质量标准，并在全国范围内或特定区域内适用。国家环境质量标准是一定时期内衡量环境优劣程度的标准，从某种意义上讲是环境质量的目标标准。

环境质量标准按环境要素可分为水质量标准、大气质量标准、土壤质量标准、生物质量标准以及噪声、辐射、振动、放射性物质等的质量标准。环境质量标准是依据环境质量基准来制定的。环境基准是指在一定环境中，污染物对人体或生物没有任何不良反应的最大剂量（无作用剂量），或对人体和生物产生不良影响的最小剂量（阈剂量）。环境基准是纯科学数据，它反映的是环境与污染物剂量之间的效应关系。环境标准中最低类别大多与这些基准值有关。将各种基准值综合以后，还需结合国内环境质量现状，污染物质负荷情况，社会的经济和技术力量对环境的改善能力，区域功能类别等制定，体现了一定的环境政策和人的意志。

2. 国家污染物排放标准（或控制标准）

污染物排放标准是根据环境质量标准，以及适用的污染治理技术，并考虑经济承受能力，对排入环境中的有害物质和因素所做的限制性规定，是对污染源控制的标准。《环境保护法》第10条规定："国务院环境保护行政主管部门根据国家环境质量标准和国家经济技术条件，制定国家污染物排放标准。"国家污染物排放标准在全国范围内实施。

污染物排放标准按环境要素可分为：大气污染物排放标准，水污染物排放标准，固体废弃物、噪声等污染控制标准。从适用对象上，国家污染物排放标准又可分为一般综合性的污染物排放标准和行业性的污染物排放标准。综合性排放标准适用于全国所有的企业、行业的污染源。行业性的排放标准是对一些特殊行业和个别重点污染行业、结合生产工艺和污染防治技术的特点，对排入环境的污染物和有害因素所做的限制性规定，以便行使重点监督管理。综合性的和行业性的排放标准都是国家排放标准，它们按不交叉执行的原则实施，即当有行业性标准要求时，适用行业性标准；当无行业性标准时，适用综合性标准。

污染物排放标准的制定是以技术经济可行性为依据的，制定时一般采用最佳技术方法，充分估计技术经济上的可能性，区分不同情况，分时限规定标准的近期值和远期值。近期值，即现有企业必须达到的指标，以国内实用技术（国内能普及的工艺和技术）为基础，通过加强管理和必要的技术改造即能达到。远期值以国内最佳可行性技术（国内已证明在技术上、经济上可行，代表工艺改革、污染防治技术方向，但尚未普及的工艺和技术）为基础，指标较严格，控制新污染源的排放，并可作为新厂设计的指标。

排放标准与质量标准有着密切的联系。通常认为，一个地区的所有污染源严格执行排放标准，该地区环境质量就可以达到要求。但事实上由于各地区污染源的数量、种类不同，污染物降解程度及环境的自净能力不同，即使污染源满足了排放标准，该地区的环境质量也不一定达到要求。为了解决这一问题，国家除制定污染物排放标准外，还同时规定了污染源排放污染物的总量指标。对污染源排放的污染物实施总量控制。污染物排放总量控制是一种更严格的排污控制。通常情况下，实行总量控制才能达到环境质量标准的要求。

3. 国家环境基础标准

环境基础标准是对环境标准中具有指导意义的有关词汇、术语、图示、原则、导则、量纲单位所做的统一技术规定。

目前我国的环境基础标准主要包括：管理标准（技术规范与导则等），如城市区域环境噪声适用区域划分原则、制定地方水污染物排放标准的技术原则和方法等；环保名词术语，如HJ 492—2009《空气质量词汇》、HG 596.1—2010《水质词汇　第一部分》和HG 596.2—2016《水质词汇　第二部分》等；环保图形符号，如GB 15562.1—1995《环保图形标志、排放口（源）》、GB 15562.2—1995《环保图形标志　固体废物储存（处置）场》；环保信息分类和编码标准，如GB 9133—1995《放射性废物的分类》、GB/T 16705—1996《环境污染类别代码》等。

4. 国家环境监测方法标准

环境监测方法标准，又称方法标准，是指对环保领域内以采样、分析、测定、试验、统计等方法为对象所制定的统一技术规定。

方法标准与环境质量标准和污染物排放标准紧密联系，每一种污染物的测定均需有配套的方法标准，而且必须全国统一，才能得出正确的标准数值，否则就不可能在同一水平上对环境质量作出评价，对污染物排放作出判断。被环境质量标准和污染物排放标准等强制性标准引用的方法标准具有强制性。

5. 国家环境标准样品标准

环境标准样品标准简称样品标准，是指在环保工作中，用来标定仪器、验证测定方法、进行量值传递或质量控制的标准材料或物质称为标准样品。样品标准是对环保标准样品必须达到的要求所作的统一技术规定，如 GB 9804—1996《烟度卡标准》等。

标准样品可以用来评价分析方法，也可以评价分析仪器，鉴定其灵敏度和应用范围，还可以用来评价分析者的技术水平，使操作技术规范化。在环境监测站的分析质量控制中，标准样品是分析质量考核中评价实验室各方面水平、进行技术仲裁的依据。

三、地方环境标准

地方环境标准包括地方地方环境质量标准和地方污染物排放标准（或控制标准）。

（一）地方环境质量标准

省、自治区、直辖市人民政府可以对国家环境质量标准中未做规定的项目制定地方环境质量标准，并报国务院环境保护行政主管部门备案。地方环境质量标准在本辖区适用。

（二）地方污染物排放标准（或控制标准）

省、自治区、直辖市人民政府可以对国家污染物排放标准中未做规定的项目，制定地方污染物排放标准；也可以对国家污染物排放标准中已做规定的项目，制定严于国家污染物排放标准的地方污染物排放标准。地方污染物排放标准须报国务院环境保护行政主管部门备案，但是省、自治区、直辖市人民政府制定机动车、船大气污染物排放标准严于国家排放标准的须报国务院批准。

凡是向已有地方污染物排放标准的区域排放污染物的，应当执行地方污染物排放标准。

对于地方环境质量标准和污染物排放标准中规定的项目，如果没有相应的方法标准，可由省、自治区、直辖市人民政府环境保护行政主管部门组织制定地方统一分析方法，与地方环境质量标准或地方污染物排放标准配套执行。相应的国家方法标准发布后，地方统一分析方法停止执行。

四、国家环境保护部标准

国家环境保护部标准（又称环境保护行业标准）是根据有关法律的规定，国务院环境保护行政主管部门对没有国家环境标准而又需要在全国环境保护范围内统一环保技术要求而制定的，是对环保工作范围内所涉及的部分活动以及设备、仪器等所做的统一技术规定。

原国家环境保护总局从1993年开始制定环保行业标准，以使环境管理工作进一步规范化、标准化。国家环境保护部标准主要包括环境管理工作中执行环境保护法律法规和管理制度的技术规定、规范；环境污染治理设施、工程设施的技术性规定；环保监测仪器、设备的质量管理以及环境信息分类与编码等，如环境影响评价技术导则、环境保护档案管理规范等。

国家环境保护部标准在全国范围内实施。一旦相应的国家环境标准发布实施后，国家环保总局标准自行废止。

第四节　我国的环境管理制度

我国的环境管理在不断丰富和完善，自1979年第一次发布环境影响评价制度、“三同时”制度和征收排污费制度以来，经过几十年的发展和经验积累，形成了一套有中国特色的环境管理制度体系。目前我国的环境管理制度主要由环境影响评价制度、“三同时”制度、排污收费制度、排污申报登记与排污许可证制度、限期治理制度、环境保护目标责任制、城市环境综合整治定量考核制度、污染集中控制制度、现场检查制度、污染事故报告与处理制度等构成。

一、环境影响评价制度、“三同时”制度和征收排污费制度

环境影响评价制度、“三同时”制度和征收排污费制度产生于我国环境保护工作的开创时期，于1979年9月13日第五届全国人民代表大会常务委员会原则通过的《环境保护法》中确立。1989年12月26日第七届全国人民代表大会常务委员会第十一次会议通过的《环境保护法》中再次确认和做出了新的规定（第13条、第26条、第28条）。上述三项制度在我国的推行体现了预防为主的方针，基本保证了新建项目的合理选地、布局；对建设项目提出防治污染要求；通过纳入基本建设程序，实现了经济与环境保护协调发展；强化了对建设项目环境管理；促进了我国环境科学、监测、技术的发展；提高了排污者的环境意识，促进企业加强环境管理；开辟了一条可靠的污染治理资金渠道。

环境影响评价制度是指对可能影响环境的重大工程建设、开发活动和各种规划，预先进行调查、预测和评价，提出环境影响及防治方案的报告，经主管当局批准才能进行建设的制度。根据建设项目对环境影响程度，要求对项目编制环境影响报告书、环境影响报告表或环境影响登记表。建设项目对环境可能造成重大影响的应当编制环境影响报告书；建设项目对环境可能造成轻度影响的应当编制环境影响报告表；建设项目对环境影响很小的应当填写环境影响登记表。环境影响评价制度是贯彻预防为主的原则，防止新污染，保护生态环境的一项重要的法律制度。

“三同时”制度是指建设项目中的环境保护设施必须与主体工程同时设计、同时施工、同时投产使用的制度。这项制度是我国独创的一项环境法律制度，是实现预防为主原则的重要体现。

征收排污费制度是指国家环境管理机关依照法律规定和标准，对一切向环境排放污染物的单位和个体生产经营者，征收一定费用的一整套管理措施，目的是为了促进排污者加强环境管理，并为保护环境和补偿污染损害筹集资金。该制度明确规定收取的费用用于排污单位污染源治理、环境污染的综合性治理措施或补助环境保护主管部门购置监测仪器，但不得用于环境保护主管部门自身行政经费以及盖办公楼及宿舍等非业务性开支。我国从 1982 年开始全面推行排污收费制度到现在，全国各地普遍开展了征收排污费工作。我国征收排污的项目有污水、废气、固体废弃物、噪声、放射性废物等。

二、排污申报登记、排污许可证和限期治理制度

排污申报登记制度是指凡是向环境排放污染物的单位，必须按规定程序向环境保护行政主管部门申报登记所拥有的排污设施、污染物处理设施及正常作业情况下排污的种类、数量和浓度，并接受监督管理的一系列法律规范构成的规则系统。《环境保护法》第 27 条规定："排放污染物的企事业单位，必须依照国务院环境保护行政主管部门的规定申报登记。"排污单位拒报或谎报排污申报登记事项的，可由环境保护主管理部门处以一定金额的罚款。

排污申报登记是实行排污许可证制度的基础。排污许可证制度是指以改善环境质量为目标，以污染总量控制为基础，对不超出排污总量控制指标和限制条件的排污单位颁发"排放许可证"，规定许可排放污染物的种类、数量、浓度、方式等的管理制度。对超出排污总量控制指标的排污单位颁发"临时排放许可证"，并限期削减排放量。根据污染危害的程度确定污染物的排放总量，利于环境质量的改善，推动企业加强环境管理和采取有效的控制污染的技术措施。我国目前推行的是水污染物排放许可证制度。限期治理制度是指对已存在的危害环境、群众反映强烈的污染源，采取由法定机关做出决定，限定治理时间、治理内容及治理效果，令其在一定期限内治理并达到规定要求的一套措施的强制性行政措施。我国《环境保护法》第 29 条对此项制度给予了确认。目前，我国的限期治理已从重点污染源扩大到区域性综合项目和行业项目。

三、环境保护目标责任制

环境保护目标责任制是为了解决环境保护的总动力问题，责任问题，定量、科学管理问题，宏观指导与微观落实相结合的问题。我国现行的《环境保护法》第 3 章对各级人民政府的职责做了明确规定。环境保护目标责任制度是一种具体落实地方各级人民政府和有污染的单位对环境质量负责的行政管理尺度。这项制度使环境保护的主要责任者和责任范围得到明确，并运用目标化、定量化、制度化的管理方法，把环境保护的责任落实到了各级领导的工作，推动了环境保护工作的全面深入发展。

四、城市环境综合整治定量考核制度

城市环境综合定量考核，是我国在总结近年来开展城市环境综合整治实践经验的基础上形成的一项重要制度。它是通过对城市实行综合治理取得的成效与环境质量，制定

量化指标并进行考核，从而对城市政府在推行城市环境综合整治中的活动予以管理和调整的一项环境监督管理制度。它通过签订责任书的形式，具体落实地方各级人民政府和有污染的单位对环境质量负责的行政管理制度。这一制度明确了一个区域、一个部门及至一个单位环境保护的主要责任者和责任范围，理顺了各级政府和各个部门在环境保护方面的关系，从而使改善环境质量的任务能够得到层层落实。这是我国环境环保体制的一项重大改革。

从 1973 年算起，我国城市环境保护工作经历了工业污染点源治理、区域性污染综合防治和城市环境综合整治三个发展阶段，目前的城市环境综合整治阶段大体上是从 1984 年开始的。城市环境综合整治需在市政府的统一领导下，以环境保护的理论为指导，以城市给定功能和整体最佳效益为前提，理顺经济建设、城市建设和环境建设相互之间的关系，运用行政的、法律的、经济的、教育的多种手段来塑造城市环境。1988 年国务院环境保护委员会发布了《关于城市环境综合整治定量考核的决定》，要求对城市大气、水、噪声、固体废物、绿化共 5 个方面 20 项指标进行定量考核评比，并把考核结果列为考核市长政绩的重要内容。这一制度联结了其他 7 项制度，它只有在目标责任制的前提下及其他制度的综合配套下才能很好地实施。

五、污染集中控制制度

该制度是从我国环境管理实践中总结出来的，它是在一个特定的范围内，为保护环境所建立的集中治理设施和采用的管理措施，是强化环境管理的一种重要手段。污染集中控制以改善区域环境质量为目的，依据污染防治规划，按照污染物的性质、种类和所处的地理位置，以集中治理为主，用最小的代价取得最佳效果。该制度在实行过程中需要注意：①实行污染集中控制制度，以规划为先导；②集中控制城市污染，要划分不同的功能区域，突出重点，分别整治；③须由地方政府牵头，政府领导人挂帅，协调各部门，分工负责；④污染集中控制必须与分散治理相结合。分散治理不能有效地控制环境污染，投入也远比集中方式大得多，因此改善污染控制方式是重要的一项改善环境质量的措施。当然，污染治理方式不可偏废，应该是两者适当的结合。

六、现场检查制度

我国的《环境保护法》第 14 条规定：“县级以上人民政府环境保护行政主管部门或者其他依照法律规定形式环境监督管理权的部门，有权管辖范围内的排污单位进行现场检查。被检查的单位应当如实反映情况，提供必要的资料。检察机关应当为被检查的单位保守技术秘密。”

七、污染事故报告与处理制度

污染事故报告处理制度是指因发生事故或者其他突发性事件，以及在环境受到或可能受到严重污染、威胁居民生命财产安全的紧急情况时，依照有关规定进行通报和报告有关情况并及时遵守法定的权利和义务。

附录一　环境管理体系—通用实施指南

引　　言

为了既满足当代人的需求，又不损害后代人满足其需求的能力，必须实现环境、社会和经济三者之间的平衡。通过平衡这“三大支柱”（环境、社会、和经济）的可持续性，以实现可持续发展目标。

任何组织，无论是公有还是私有的，大型或小型，在发达的或新型经济体中的，都会对环境都会产生影响，反过来也会受到环境的影响。人们越来越多地认识到人类发展和健康取决于我们保护和节约自然资源的情况，这些是人类活动和生产直接依赖的对象。实现良好的环境绩效要求组织承诺使用并持续改进环境管理体系的系统方法。

社会期望正在驱动对改善支撑人类发展所需资源的管理的需求，并期望所有组织采用更加有效、透明和负责的手段来满足这一需求。因气候变化、能源过度消耗、生态系统退化，以及生物多样性减少等给环境造成的压力不断增大。

本标准旨在为各组织提供通用的框架指南，为了建立、实施、保持和持续改进体系以支持更好的环境管理。环境管理框架应当致力于组织的长期成功和可持续发展的整体目标。健全的、可信的和可靠的环境管理体系框架如图 1 所示。

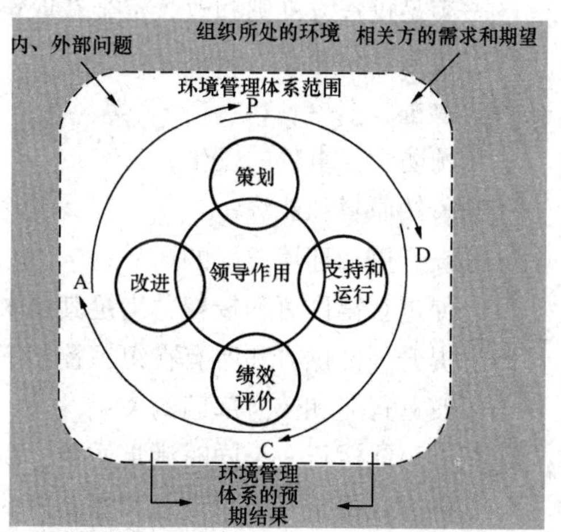

图 1　PDCA 与本标准框架之间的关系

包括：

——理解组织运行所处的环境；

——确定和理解相关方的有关的需求和期望，因其与组织的环境管理体系相关；

——建立并实施环境方针和环境目标；

——最高管理者在改进环境绩效方面发挥领导作用；

——识别可导致重大环境影响的组织的活动、产品和服务中的环境因素；

——识别环境状况，包括影响组织的事件；

——考虑与下列问题相关的组织需应对的风险和机遇：

——环境因素；

——合规义务；

——其他问题（见 4.1）和要求（见 4.2）；

——增强组织和环境的相互作用意识；

——适当时，建立运行控制，以管理组织的重要环境因素、合规义务，以及需要应对的风险和机遇；

——评价环境绩效，并在必要时采取措施以改进环境绩效。

采用系统方法实施环境管理的结果，可为最高管理者提供定量和定性的数据，使其能够做出合理的业务决策，以保持长期成功，并为促进可持续发展创建可选方案。环境管理体系的成功实施取决于最高管理者领导下的组织各层次和职能的承诺。机遇包括：

——保护环境，包括预防或减少不利环境影响；

——控制或影响产品和服务的设计、制造、交付、使用和处置的方式；

——运用生命周期观点，防止环境影响被无意地转移到生命周期的其他阶段；

——实施环境友好的、且可巩固组织市场地位的可选方案，以获得财务和运营收益；

——与有关的相关方沟通环境信息。

除了提升的环境绩效，与有效的环境管理体系相关的潜在收益包括：

——通过可证实的环境管理使顾客确信组织的承诺；

——保持良好的公共关系和社区关系；

——满足投资方准则和改善资金获取渠道；

——提升形象和市场份额；

——改进成本控制；

——预防责任事件的发生；

——节约原料和能源；

——设计更加环境友好的产品；

——促进获得许可和授权并满足其要求；

——提升外部供方和所有在组织控制下工作的人员的环境意识；

——改善行业和政府部门的关系。

组织有可能运行一个同时满足质量、职业健康安全和环境管理体系要求的整合管理体系。这种方式提供了减少重复和提高效率的机会。

本标准提供的示例和方法是出于说明的目的，它们并不意味着唯一的可能性，也不一定适用于所有组织。在设计和实施，或改进某一环境管理体系时，组织应当选择适合其自身情况的方法。下文中“实用指导”的目的是提供补充信息，以支持本标准中的指南。

1 范围

本标准为组织建立、实施、保持和改进一个健全的、可信的、可靠的环境管理体系提供了指南。本标准可供寻求以系统的方法管理其环境责任的组织使用，从而为“环境支柱”的可持续性做出贡献。

本标准可帮助组织实现其环境管理体系的预期结果，这些结果将为环境、组织自身和相关方带来价值。与组织的环境方针保持一致的环境管理体系预期结果包括：

——提升环境绩效；

——履行合规义务；

——实现环境目标。

本标准中的指南可以帮助组织提升其环境绩效，并将环境管理系统的要素融入其核心业务过程中。

注：虽然环境管理体系无意管理职业健康安全问题，但是当组织寻求实施整合的环境和职业健康安全管理体系时可包括这些问题。

本标准适用于任何规模、类型和性质的组织，并适用于组织基于生命周期观点所确定的其能够控制或能够施加影响的活动、产品和服务中的环境因素。

本标准能够全部或部分地用于系统地改进环境管理。它的作用是提供概念和要求的附加说明。

尽管本标准中的指南与标准 ISO 14001 环境管理体系模式一致，但它无意对 ISO 14001 的要求做出解释。

2 规范性引用文件

无规范性引用文件。

3 术语和定义

下列术语和定义适用于本文件。

3.1

与组织和领导作用有关的术语

3.1.1

管理体系 management system

组织（3.1.4）用于建立方针、目标（3.2.5）以及实现这些目标的过程（3.3.5）的相互关联或相互作用的一组要素。

注 1：一个管理体系可关注一个或多个领域（例如：质量、环境、职业健康和安全、能源、财务管理）。

注 2：体系要素包括组织的结构、角色和职责、策划和运行、绩效评价和改进。

注 3：管理体系的范围可能包括整个组织、其特定的职能、其特定的部门、或跨组织的一个或多个职能。

3.1.2

环境管理体系 environmental management system

管理体系（3.1.1）的一部分，用于管理环境因素（3.2.2）、履行合规义务（3.2.9），并应对风险和机遇（3.2.11）。

3.1.3

环境方针 environmental policy

由最高管理者（3.1.5）就环境绩效（3.4.11）正式表述的组织（3.1.4）的意图和方向。

3.1.4

组织 organization

为实现目标（3.2.5），由职责、权限和相互关系构成自身职能的一个人或一组人。

注1：组织包括但不限于个体经营者、公司、集团公司、商行、企事业单位、政府机构、合股经营的公司、公益机构、社团、或上述单位中的一部分或结合体，无论其是否具有法人资格、公营或私营。

3.1.5

最高管理者 top management

在最高层指挥并控制组织（3.1.4）的一个人或一组人。

注1：最高管理者有权在组织内部授权并提供资源。

注2：若管理体系（3.1.1）的范围仅覆盖组织的一部分，则最高管理者是指那些指挥并控制组织该部分的人员。

3.1.6

相关方 interested party

能够影响决策或活动、受决策或活动影响，或感觉自身受到决策或活动影响的个人或组织（3.1.4）。

示例：相关方可包括客户、社区、供方、监管部门、非政府组织、投资方和员工。

注1："感觉自身受到影响"意指已使组织知晓这种感觉。

3.2

与策划有关的术语

3.2.1

环境 environment

组织（3.1.4）运行活动的外部存在，包括空气、水、土地、自然资源、植物、动物、人，以及它们之间的相互关系。

注1：外部存在可能从组织内延伸到当地、区域和全球系统。

注2：外部存在可用生物多样性、生态系统、气候或其他特征来描述。

3.2.2

环境因素 environmental aspect

一个组织（3.1.4）的活动、产品和服务中与环境或能与环境（3.2.1）发生相互作用的要素。

注1：一项环境因素可能产生一种或多种环境影响（3.2.4）。重要环境因素是指具有或能够产生一种或多种重大环境影响的环境因素。

注2：重要环境因素是由组织运用一个或多个准则确定的。

3.2.3

环境状况 environmental condition

在某个特定时间点确定的环境（3.2.1）的状态或特征。

3.2.4

环境影响　environmental impact

全部或部分地由组织（3.1.4）的环境因素（3.2.2）给环境（3.2.1）造成的不利或有益的变化。

3.2.5

目标　objective

要实现的结果。

注1：目标可能是战略性的、战术性的或运行层面的。

注2：目标可能涉及不同的领域（例如：财务、健康与安全以及环境的目标），并能够应用于不同层面［例如：战略性的、组织层面的、项目、产品、服务和过程（3.3.5）］。

注3：目标可能以其他方式表达［例如：预期结果、目的、运行准则、环境目标（3.2.6）］，或使用其他意思相近的词语（例如：指标等）表达。

3.2.6

环境目标　environmental objective

组织（3.1.4）依据其环境方针（3.1.3）建立的目标（3.2.5）。

3.2.7

污染预防　prevention of pollution

为了降低有害的环境影响（3.2.4）而采用（或综合采用）过程（3.3.5）、惯例、技术、材料、产品、服务或能源以避免、减少或控制任何类型的污染物或废物的产生、排放或废弃。

注：污染预防可包括源消减或消除，过程、产品或服务的更改，资源的有效利用，材料或能源替代，再利用、回收、再循环、再生或处理。

3.2.8

要求　requirement

明示的、通常隐含的或必须满足的需求或期望。

注1：“通常隐含的”是指对组织（3.1.4）和相关方（3.1.6）而言是惯例或一般做法，所考虑的需求或期望是不言而喻的。

注2：规定要求指明示的要求，例如：文件化信息（3.3.2）中规定的要求。

注3：法律法规要求以外的要求一经组织决定遵守即成为了义务。

3.2.9

合规义务　compliance obligations（首选术语）

法律法规和其他要求 legal requirements and other requirements（许用术语）

组织（3.1.4）必须遵守的法律法规要求（3.2.8），以及组织必须遵守或选择遵守的其他要求。

注1：合规义务是与环境管理体系（3.1.2）相关的。

注2：合规义务可能来自于强制性要求，例如：适用的法律和法规，或来自于自愿性承诺，例如：组织的和行业的标准、合同规定、操作规程、与社团或非政府组织间的协议。

3.2.10

风险　risk

不确定性的影响。

注 1： 影响指对预期的偏离——正面的或负面的。

注 2： 不确定性是一种状态，是指对某一事件、其后果或其发生的可能性缺乏（包括部分缺乏）信息、理解或知识。

3.2.11

风险和机遇　risks and opportunities

潜在的不利影响（威胁）和潜在的有益影响（机会）。

3.3

与支持和运行有关的术语

3.3.1

能力　competence

运用知识和技能实现预期结果的本领。

3.3.2

文件化信息　documented information

组织（3.1.4）需要控制并保持的信息，以及承载信息的载体。

注 1： 文件化信息可能以任何形式和承载载体存在，并可能来自任何来源。

注 2： 文件化信息可能涉及：

——环境管理体系（3.1.2），包括相关过程（3.3.5）；

——为组织运行而创建的信息（可能被称为文件）；

——实现结果的证据（可能被称为记录）。

3.3.3

生命周期　life cycle

产品（或服务）系统中前后衔接的一系列阶段，从自然界或从自然资源中获取原材料，直至最终处置。

注 1： 生命周期阶段包括原材料获取、设计、生产、运输和（或）交付、使用、寿命结束后处理和最终处置。

3.3.4

外包　outsource

安排外部组织（3.1.4）承担组织的部分职能或过程（3.3.5）。

注 1： 虽然外包的职能或过程是在组织的管理体系（3.1.1）覆盖范围内，但是外部组织是处在覆盖范围之外。

3.3.5

过程　process

将输入转化为输出的一系列相互关联或相互作用的活动。

注 1： 过程可形成也可不形成文件。

3.4

与绩效评价和改进有关的术语

3.4.1

审核　audit

获取审核证据并予以客观评价，以判定审核准则满足程度的系统的、独立的、形成文件的过程（3.3.5）。

注1：内部审核由组织（3.1.4）自行实施执行或由外部其他方代表其实施。

注2：审核可以是结合审核（结合两个或多个领域）。

注3：审核应当由与被审核活动无责任关系、无偏见和无利益冲突的人员进行，以证实其独立性。

注4："审核证据"包括与审核准则相关且可验证的记录、事实陈述或其他信息；而"审核准则"则是指与审核证据进行比较时作为参照的一组方针、程序或要求（3.2.8）。

3.4.2

符合　conformity

满足要求（3.2.8）。

3.4.3

不符合　nonconformity

未满足要求（3.2.8）。

注1：不符合与本标准要求及组织（3.1.4）自身规定的附加的环境管理体系（3.1.2）要求有关。

3.4.4

纠正措施　corrective action

为消除不符合（3.4.3）的原因并预防再次发生所采取的措施。

注1：一项不符合可能由不止一个原因导致。

3.4.5

持续改进　continual improvement

不断提升绩效（3.4.10）的活动。

注1：提升绩效（3.4.10）是指运用环境管理体系（3.1.2），提升符合组织（3.1.4）的环境方针（3.1.3）的环境绩效（3.4.11）。

注2：该活动不必同时发生于所有领域，也并非不能间断。

3.4.6

有效性　effectiveness

实现策划的活动和取得策划的结果的程度。

3.4.7

参数　indicator

对运行、管理或状况的条件或状态的可度量的表述。

[来源：ISO 14031：2013，3.15]

3.4.8

监视　monitoring

确定体系、过程（3.3.5）或活动的状态。

注：为了确定状态，可能需要实施检查、监视或认真地观察。

3.4.9

测量 measurement

确定数值的过程（3.3.5）。

3.4.10

绩效 performance

可度量的结果。

注1：绩效可能与定量或定性的发现有关。

注2：绩效可能与活动、过程（3.3.5）、产品（包括服务）、体系或组织（3.1.4）的管理有关。

3.4.11

环境绩效 environmental performance

与环境因素（3.2.2）的管理有关的绩效（3.4.10）。

注：对于一个环境管理体系（3.1.2），可依据组织（3.1.4）的环境方针（3.1.3）、环境目标（3.2.6）或其他4准则，运用参数（3.4.7）来测量结果。

4 组织所处的环境

4.1 理解组织及其所处的环境

为建立、实施、保持和持续改进环境管理体系，组织应当确定其运行所处的环境。组织所处的环境应当包括与其宗旨相关并影响其实现环境管理体系预期结果能力的外部和内部问题。组织的宗旨体现在其愿景和使命之中。

术语“预期结果”指组织通过实施其环境管理体系想要实现的结果。预期结果包括提升环境绩效、履行合规义务和实现环境目标。这是最低限度的核心结果。但是组织可针对其环境管理体系设定诸如超越环境管理体系要求的附加的预期结果。例如组织可通过采用社会和环境原则而受益，以支持更广泛的可持续发展计划。

理解组织所处的环境很重要，因为组织运营并不是孤立的，而是被外部和内部问题影响，例如资源的可获得性和其员工的参与等。组织所处的环境可包括组织的复杂性、结构、活动和整个组织职能单元的地理位置以及地区的水平。

组织所处的环境包括它运营所处的自然环境。自然环境可产生影响组织活动、产品和服务的状况和事件。状况可以是当前的或者随时间变化的，而事件可引起突然的变化，这可以解释为极端情况。为这种状况和事件做准备并管理其后果能支持业务连续性。

这些问题是组织的重要议题，也是需要探讨和讨论的难题，或是对组织实现其设定的环境管理体系预期结果的能力造成影响的变化着的情况。

要理解哪些问题是重要的，组织可以考虑以下方面：

——关键驱动因素和趋势，例如与环境状况或相关方关注有关的；

——能给环境或组织带来难题的；

——能产生有益效果的问题，包括能改进环境绩效的创新；

——能提供竞争优势，包括降低成本，为客户增值，或改善组织的声誉和形象。

实施或改进环境管理体系或将环境管理体系整合到其现有业务过程时，组织应当评审其所处的环境，以获取能够影响环境管理体系的相关问题的知识。评审将得益于采用生命周期观点和跨职能部门的参与，包括采购、财务、人力资源、工程、设计、销售和市场营销。评审可以包括下述关键方面：

a）对相关的外部和内部问题，包括与组织的活动、产品和服务相关的环境状况和事件的识别；

b）对这些问题如何影响组织的宗旨，以及实现其环境管理体系预期结果能力的考虑；

c）对在策划中如何处理 a）和 b）的理解（见 6.1.1）；

d）对环境绩效改进机会的识别（见 10.3）。

生命周期观点需要考虑组织在产品和服务生命周期各阶段所具有的控制和影响。这种方法使组织能够识别在哪些领域能够将其对环境的影响最小化，同时为组织增值。

实用指导 1～3 提供了确定外部问题、环境状况（包括事件）和内部问题需要考虑内容的示例。

实用指导 1——外部问题

考虑的内容可包括：

——政治：当地政治制度的类型，例如民主、专制，业务发展中政治的干预程度，以及政治家有效行使权力的意愿；

——经济：公共资源的可获得性，例如燃料、气体和水、基础设施和交通，包括房屋、道路、铁路、海洋和机场；

——金融：公认的金融体系，及金融资源的可获得性和获取渠道；

——竞争：必要时，可考虑为保持竞争地位，具有相似宗旨和理念（例如可持续发展、生态设计和生态标志）其他的当地组织；

——供应链管理：供方的可用性、产能和能力，技术水平和顾客要求；

——社会：民族价值观、性别问题、贿赂和腐败、劳动力的可获得性，可用的教育和医疗设施，劳动力受教育程度和犯罪活动情况。

——文化：当地殡葬习俗或宗教场所，文物建筑/资产，可获得的特定资源（例如中草药/药用植物）、手工艺材料，文化仪式所用的食物、宗教制度和审美价值观；

——市场和公共需求：产品和服务当前和未来的市场趋势，包括有效使用能源和资源的产品和服务；

——技术方面：组织有关的技术实用性和可获得性；

——法律：组织运营所处的法律架构；

注：法律架构包括法律、法规和其他形式的法律要求。

——自然：当前和未来的气候和其他条件，物理条件、生物多样性、稀有和濒危物种、生态系统、资源的可用性（包括数量、质量和获取渠道），可再生和不可再生能源，以及特定环境领域/行业概况。

可以帮助组织获得外部问题知识的信息可来自：

——顾客、供方和合作方；

——商业委员会；

——行业组织；

——商会；

——政府机构；

——国际机构；

——咨询机构；

——学术研究；

——本地新闻媒体；

——当地社区团体。

实用指导2——环境状况，包括环境事件

能够影响组织的活动、产品和服务的环境状况可包括，例如能够影响组织种植特定种类农作物的气候温度变化。

环境事件的示例，例如极端气候导致的洪涝灾害，会影响组织的活动（例如危险物质存储），以防止污染。

考虑下述信息来源有助于组织识别其环境状况，包括事件：

a）气象、地质、水文、生态信息；

b）与组织地理位置相关的历史灾害信息；

c）之前的审核、评估或评审报告，例如初始环境评审或生命周期评估（可以获取时）；

d）环境监视数据；

e）环境许可证或执照申请；

f）紧急情况和突发事件及其环境影响的报告。

实用指导3——内部问题

考虑的内容可考虑：

——组织治理和结构：国家和契约治理框架（包括注册和报告）；结构类型（包括分层式，矩阵式，扁平式，基于项目式）；合资和合同服务；以及与母公司关系、角色、职责和权限；

——法规符合性：现状和趋势；

——方针、目标和战略：宗旨、愿景、业务、其他目标和战略，以及实现这些所需的资源；

——产能和能力：组织的产能、能力和在资源和能力方面的知识（例如，资金、时间、人力、语言、过程、系统和技术，及其保持）；

——信息系统：信息流和决策过程（正式的和非正式的）以及完成这些需要的时间；

——与内部相关方的关系、相关方的观点和价值观；

——管理体系和标准：组织现有管理体系的优势和劣势，以及组织所采用的指南和模型，例如会计和财务，质量、健康和安全；

——组织的类型和文化：家族企业、国营或私营公司、管理和领导风格、开放或封闭的文化，以及决策过程；

——合同：形式、内容和合同关系的程度。

可用来检查相关内部因素的方法包括收集上文所述当前管理体系的相关信息，包括采访前人，或当前在组织控制下工作的人员，并评审内部和外部信息交流。

组织为理解其所处的环境而遵循的过程，应当能够为组织提供知识，以用于指导组织策划、实施和运行其环境管理体系。该过程的实施应当采用实用的方式，这种方式应当能为组织增值，并对最重要问题得出整体的、概念性的理解。将该过程及其结果形成文件并根据需要定期更新是有益的。

此结果可以帮助组织：

——设定环境管理体系范围；

——确定需要应对的风险和机遇；

——制定或完善环境方针；

—— 建立环境目标；

——确定履行合规义务所用方法的有效性。

4.2 理解相关方的需求和期望

4.2.1 总则

相关方也是组织运行所处环境的一部分，在组织评审其所处的环境时应当予以考虑。确定相关方并与其建立联系以开展信息交流，从而能促进互相理解、信任和尊重。这种联系不必是正式的。

组织应当确定与环境管理体系有关的相关方，以及这些相关方的需求和期望。组织可以从识别相关方的有关需求和期望的过程中受益，目的是在这些需求和期望中确定必须遵守的以及可以选择遵守的（即其合规义务）。所使用的方法和资源可能因实际情况而不同，例如：组织的性质和规模、财务能力、需要应对的风险和机遇、以及组织环境管理的经验等。

本标准希望组织对那些已确定为与其有关的内、外部相关方所表达的需求和期望有一个总体的（即高层次的非细节性的）的理解，以便在确定其合规义务时能够考虑所获取的知识。

4.2.2 确定相关方

相关方可以是组织内部或外部的。组织应当确定那些与其环境管理体系有关的相关方。相关方可能会随时间变化，并且取决于组织运行所处的领域或行业，或地理位置。

作为组织所处环境一部分的内部或外部问题的变化，可导致相关方的变化。

4.2.3 确定相关方的有关需求和期望

组织应当确定相关方的有关需求和期望，将其作为环境管理体系策划的输入。在实用指导 4 中给出了相关方及其需求和期望的示例。重要的是，不仅要识别那些强制的和明示的需求和期望，还应当识别那些隐含的（即通常期望的）。已经识别出的在所处的环境中有作用的相关方，可能具有一些与组织的环境管理体系不相关的需求，因此不是他们的所有需求都必须予以考虑。

实用指导 4——相关方及其需求和期望示例

实用指导 4——相关方及其需求和期望示例

关系类别	相关方示例	需求和期望示例
责任	投资方	期望组织对能够影响投资的风险和机遇进行管理
影响	非政府组织（NGOs）	需要组织的合作以实现 NGO 的环境目标
邻近	邻居、社区	期望组织有社会可接受的绩效、诚实和诚信
依存	员工	期望在安全和健康的环境下工作
代表	行业组织	需要组织就环境问题进行合作
权力	监管或法定机构	期望组织证明符合法律法规

4.2.4 确定合规义务

组织应当确定相关方的哪些需求和期望是必须遵守的，其余的需求和期望中哪些是要选择遵守的，这些将成为其合规义务。广泛的知识有助于对其合规义务的理解，详见 6.1.3。

确定需求和期望的方法不是唯一的。组织应当采用适合其范围、性质和规模的方法，并且该方法在详略程度、复杂程度、时间、成本和可靠数据的可获得性等方面是适宜的。

组织可通过其他过程或出于其他目的确定有关相关方的需求和期望。

在监管理机构规定了要求的情况下，组织应当获取各领域适用的法律法规知识，例如空气质量标准、排放限值、废物处理法规、设备运行的许可要求等。

在自愿承诺方面，组织应当获取有关需求和期望的广泛知识，例如顾客要求、自律守则，以及与社区或公共机构之间的协议等。这些知识能够使组织理解自愿承诺对实现其环境管理体系预期结果的意义。

4.2.5 相关方的需求和期望的用途和应用

4.2.1～4.2.4 的输出可以帮助组织确定其环境管理体系范围，建立其环境方针、确定其环境因素、合规义务和组织需要应对的风险和机遇。上述这些是组织建立环境绩效目标时需要考虑的。组织会发现将这些信息文件化是有用的，使用这些文件化的信息便于组织满足本标准中的其他要素的要求。

4.3 确定环境管理体系的范围

组织应当确定环境管理体系的边界和适用性，以确定其范围。每个组织的范围都是特定的。每个组织应当将对 4.1 和 4.2 所确定的内外部问题的理解作为确定范围的输入。范围的确定还包括一个或者多个地理位置的物理边界、组织控制和影响的范围，此时应当考虑生命周期观点。此范围旨在明确组织环境管理体系适用的物理的、职能的和组织的边界。

组织的最高管理者有权自主和灵活地确定环境管理体系的范围。它可以包括整个组织或组织的特定运行单元。组织应当理解其对活动、产品和服务的控制或影响的程度。范围的确定应当确保不排除那些具有或可能具有重要环境因素的活动、产品、服务或设施，或规避其合规义务，或误导相关方，这对于组织环境管理体系的成功和组织声誉的可信度是关键的。不恰当地缩小或排除范围会降低相关方对环境管理体系的信任度，并削弱组织实现环境管理体系预期结果的能力。范围是对包含在其环境管理体系边界内的组织运行或业务过程的真实并具代表性的声明。

当范围仅限于大型组织的一部分时，最高管理者通常指的是组织该部分的最高管理者。然而，在组织的更高级别的最高管理者可以保留指导和支持环境管理体系的职责。

如果组织改变其控制或影响的范围、扩大其运行范围、获得更多资产或剥离业务或资产，则应当重新考虑范围，以及由此带来的可能影响环境管理体系的其他变化。

当确定环境管理体系的范围时，组织应当考虑外部提供的活动、产品和服务。组织可以通过其领导作用对具有或可能具有重大环境影响的外部提供的活动、产品和服务予以控制，或可以通过合同和其他协议对他们施加影响。

组织应当保持范围的文件化信息，并可为相关方所获取。可采用下列几种方式：例如，文字描述，在平面图上、组织图解中、网页上标注，或发布符合性的公开声明。当将其范围形成文件时，组织可以考虑使用一种标示所包含的活动、产品和服务，以及它们的应用和（或）发生的地理位置的方式。采用这种方式表述范围的示例包括：

——在地点 A（地理边界）内燃机及其配件的制造；

——面向个人和组织的在线培训的营销、设计和实施（职能边界）。

4.4 环境管理体系

4.4.1 总则

环境管理体系应当被视为组织的框架，应当对其进行持续监视和定期评审，从而为组织提供有效的指导以响应变化的外部和内部问题。

环境管理体系的模式和持续不断的改进过程如图 1 所示。管理体系的通用模式被称为策划—实施—检查—改进（PDCA）方法。关于 PDCA 模式的更多信息见实用指导 5。

实用指导 5——环境管理体系模式

PDCA 模式为组织提供了一个持续不断、循环渐进的过程，能使组织建立、实施和保持其环境方针并持续改进环境管理体系，以提升环境绩效。该持续过程的步骤如下：

a）策划：

1）理解组织及其所处的环境，包括相关方的需求和期望（见第 4 章）；

2）确定范围（见 4.3）并实施环境管理体系（见 4.4）；

3）确保最高管理者的领导作用和承诺（见 5.1）；

4）建立环境方针（见 5.2）；

5）分配相关角色的职责和权限（见 5.3）；

6）确定环境因素和相关的环境影响（见 6.1.2）；

7）确定并获取合规义务（见 6.1.3）；

8）确定与上述 1）、6）和 7）相关的需要应对的风险和机遇（见 6.1.1）；

9）策划应对上述 8）中确定的风险和机遇的措施，并评价这些措施的有效性（见 6.1.4）；

10）建立环境目标（见 6.2.2）和确定参数以及实现环境目标的过程（见 6.2.3 和 6.2.4）。

b）实施：

1）确定实施和保持环境管理体系所需的资源（见 7.1）；

2）确定人员必需的能力并确保这些人具有所确定的能力（见 7.2）和意识（见 7.3）；

3）建立、实施和保持内部和外部信息交流所需的过程（见 7.4）；

4）确保采用适当的方法创建、更新(见 7.5.2)和控制(见 7.5.3)文件化信息；

5）建立、实施并控制满足环境管理体系要求所需的运行控制过程（见 8.1）；

6）确定潜在的紧急情况以及必要的响应（见 6.1.1 和 8.2）。

c）检查：

1）监视、测量、分析和评价环境绩效（见 9.1.1 和 9.1.2）；

2）评价合规义务的履行情况（见 9.1.2）；

3）进行定期的内部审核（见 9.2）；

4）评审组织的环境管理体系以确保持续适宜性、充分性和有效性（见 9.3）。

d）改进：

1）采取措施处理不符合（见 10.2）；

2）采取措施持续改进环境管理体系的适宜性、充分性和有效性，以提升环境绩效（见 10.3）。

4.4.2 建立、实施、保持和持续改进环境管理体系

为实现预期结果，组织应当建立、实施、保持并持续改进环境管理体系。组织建立、实施和保持环境管理体系所得到的益处，包括由 4.1 和 4.2 中所获得的知识而提升了的环境绩效。

对某些组织而言，一次性建立一个完整的环境管理体系可能是困难的。对于这些组织，采用分阶段实施的方法可能更有利。如何采用分阶段实施的方法见附录 B。

组织有权力和责任决定以何种方式来满足环境管理体系的要求。

5　领导作用

5.1　领导作用和承诺

最高管理者设定组织的使命、愿景和价值观，此时应当考虑组织所处的环境、相关方的需求和期望以及业务目标。这些内容应当反映在组织的战略策划中。最高管理者的承诺、责任和领导作用对于成功实施有效的环境管理体系，包括实现预期结果的能力至关重要。因此最高管理者应当对组织的环境管理体系的有效性负责，并确保其实现预期结果。最高管理者的承诺指的是提供物质和财务资源，以及设定方向。这种承诺包括对支持环境管理体系和沟通有效环境管理的重要性的积极参与。

最高管理者的承诺应当确保环境管理体系：

——不是孤立管理的，也不脱离其核心业务战略；

——在制定战略性业务决策时得到考虑；

——与业务目标保持一致；

——获得适当的资源，该资源以及时和有效的方式予以提供（见 7.1）；

——得到跨业务部门的适当参与；

——为组织提供实际价值；

——持续改进并保持长期成功。

环境方针和环境目标旨在满足组织战略规划中环境部分的内容，并构成环境管理体系的基础。在组织策划或评审战略时，通过在生命周期的最初阶段考虑组织的活动、产品或服务的环境绩效，最高管理者有可能实现更大的价值。例如，如果在设计阶段而不是施工或制造阶段考虑环境准则，那么改善建筑物或产品的环境绩效的机会则更大。

如果环境管理体系是组织战略方向中的一部分，并融入到其他业务过程中（见实用指导 6），则它会更加有效和持久。

实用指导 6——将环境管理体系融入业务过程

最高管理者的领导作用和承诺对环境管理体系融入业务过程至关重要。由组织负责确定将环境管理体系要求融入各种业务职能的详细水平和程度。融入是一个持续渐进的过程，并且其获益会随持续改进的时间而增加。

将环境管理体系融入到组织的业务过程中可以加强组织的下述能力：

——通过分享过程和资源，使运行更有效；

——通过与组织运行相关的过程更紧密地联系实现增值；

组织可以考虑将环境管理活动融入业务过程的机会，包括：

——将环境管理体系的预期结果或环境目标融入组织的愿景或战略（明示的或隐含的），例如与创新和竞争力相关的；

——将组织的方针承诺融入组织的治理；

——将环境管理体系的职责融入岗位职责；

——在组织的业务绩效体系中体现环境绩效参数，包括部门或员工评价（例如 KPIs）；

——在外部报告中体现环境绩效，例如财务或可持续性报告；

——将确定重要环境因素和影响环境管理体系的其他风险与机遇的过程融入其标准的业务风险管理过程；

——将环境准则融入业务过程的策划、产品或服务的设计，以及采购过程中；

——将环境信息交流融入业务沟通、参与渠道和过程，例如公共关系。

最高管理者应当通过直接参与或适当时以授权的方式就有效的环境管理的重要性和符合环境管理体系要求的重要性进行沟通。沟通可以是正式的或者非正式的，并且可以采取多种形式进行，包括可视的和口头的。

最高管理者应当支持组织中的其他管理人员，以便他们能在其各自负责的与环境管理体系有关的领域内发挥领导作用。由此，最高管理者的领导作用和承诺的价值可传递到整个组织中。通过领导作用和承诺的证实，最高管理者能够指导并支持组织内的员工和在组织控制下工作的其他人员实现环境管理体系的预期结果。

当最高管理者创建一种鼓励全员积极参与环境管理体系的文化时，组织就会更好地实现其环境目标并识别改进机会。

5.2 环境方针

环境方针规定了在界定的环境管理体系范围内，组织与环境有关的战略方向。环境方针应当为建立环境目标提供框架，并奠定组织所要求的环境责任和环境绩效的水平据此后续措施可得以判定。环境方针建立了组织行动的原则。

环境方针对组织而言应当是特定的，并且应当适合组织的宗旨和组织运行所处的环境，包括组织活动、产品和服务产生的环境影响的性质和规模。环境方针应当包括组织履行合规义务的承诺，以及保护环境、污染预防和持续改进的承诺。

实用指导 7 和 8 提供了与环境方针承诺相关的补充信息。

在制定环境方针时，组织应当考虑：

a）组织的愿景、使命、核心价值观和信仰；

b）指导原则；

c）相关方的需求和期望，以及与相关方的交流；

d）与环境管理体系相关的内部和外部问题，包括特定的当地或区域的状况；

e）与组织其他领域的方针相协调（例如质量、职业健康和安全）；

f）外部环境状况（包括事件）对组织活动产生的实际的和潜在的影响。

建立环境方针是组织最高管理者的职责。环境方针应当作为文件化信息予以保持，并且与组织的其他方针文件保持一致，也可包含在其他方针中，或与其他方针相关联。例如与质量、职业健康和安全以及社会责任相关的方针。最高管理者负责实施环境方针并为环境方针的建立和修改提供输入信息。环境方针应当与组织控制下工作的所有人员沟通，并且可为相关方所获取。组织可以决定使环境方针以不受限的方式被获取，例如公布在网站上；或在适当时，在获得相关方的身份、需求和期望的信息，或基于相关方的请求，使得环境方针可被获取。

实用指导 7——保护环境和污染预防

组织越来越关注其运行所处的环境，例如资源的可获得性、空气和水的质量，以及与组织有关的、与气候变化相关的作用和影响。因此，组织通过承诺保护环境，包括污染预防，为其业务和社会的可持续发展做出贡献。

保护环境

组织保护环境的承诺与其活动、产品和服务及其地理位置相关。它可以在组织范围内实现，或通过供应链管理、产品使用或处置等环节实现。适当时，一些组织由于其活动的性质、规模和其产生的环境影响不同，应当作出特定的保护环境的承诺。例如，如果其活动与砍伐森林有关，则应当考虑保护生物多样性或生态系统服务方面的承诺。

保护环境的实用措施可包括：

——提高自然资源（例如：水和化石燃料）的利用效率，例如：减少使用生产相关的自然资源，或进行再利用或循环利用等。

——通过直接保护现场，或间接的通过采购决定以保护生物多样性、栖息地和生态系统，例如：购买经验证的、可持续来源材料。

——通过避免或减少温室气体排放，或采用碳中和策略降低对气候变化的净贡献值，来减缓气候变化。

——通过避免、替代或减少等措施，改善水和空气质量。

污染预防

污染预防可以包含在产品或服务的整个生命周期内，包括设计和开发、制造、配送、使用和寿命结束后处理。这种策略不仅可帮助组织保护资源和减少废物和排放，还能降低成本和提供更有竞争力的产品和服务。将环境因素融入到产品设计和开发过程的指南可参见标准 ISO 14062 和 ISO 14006。

源消减往往是最有效的实践，因为它能避免废物的产生和排放，同时能节约资源。但是，在一些情况下，通过源消减来预防污染是不实际的。组织可以考虑利用如下分层级的方式实现污染预防，并优先选择从源头进行污染预防：

a）源消减或消除（包括环境意识设计和开发、材料替代、过程、产品或技术的更改，以及能源和材料资源的节约）；

b）在过程或设备中材料的再利用或再循环；

c）材料的场外再利用或再循环；

d）回收和处理（在场内外从废物流中回收，以及在场内外对排放物和废弃物的处理以减少其环境影响）；

e）控制机制，例如，在许可的情况下的焚烧或受控处置，然而，组织应当在考虑了其他选项后才采取这些方法。

实用指南 8——环境方针和可持续性

越来越多的国际组织以及政府、专业协会和公众团体，已经制定了指导原则，旨在支持环境的可持续性。这些指导原则帮助组织确定他们对作为“三大支柱”之一的环境的可持续性承诺的总体范围，并提供了一套普适价值观。指导原则可以帮助组织制定其环境方针，且该方针应当是独有的。

环境方针可以包括其他承诺，例如：

a）可持续发展和相关的指导原则(例如联合国 21 世纪议程/全球契约,赤道原则)；

b）通过应用整合的环境管理过程和策划，将新的开发中的重大负面环境影响最小化；

c）产品设计时必须考虑环境因素和可持续发展原则。

5.3 组织的角色、职责和权限

环境管理体系的成功建立、实施和保持，以及环境绩效的改进取决于最高管理者如何规定和分配组织内的职责和权限（见实用指导 9）。

最高管理者应当指派具有充分权限、意识、能力和资源的代表或职能，以：

a）确保在组织所有适用的层次，建立、实施和保持环境管理体系；

b）向最高管理者报告环境管理体系的绩效，包括环境绩效及改进的机会。

这些职责和权限可以与其他职能或职责相结合。

适当时，最高管理者应当确保在组织控制下工作且对环境管理体系产生影响的人员的职责和权限在组织内部得到规定并予以沟通，以确保环境管理体系的有效实施。环境管理体系的职责并不仅局限于环境职能，还可以包括组织内的其他职能，例如设计、采购、工程或质量。最高管理者提供的资源应当能够履行分配的职责。当组织的结构发生变化时，应当评审组织的职责和权限。

实用指导 9 阐明了环境管理体系角色和职责的示例

实用指导 9——角色和职责示例

环境管理体系的职责	典型负责人
设定整体方向（预期结果）	总裁、首席执行官（CEO）、董事会
制定环境方针	总裁、CEO 和其他成员（适当时）
制定环境目标和过程	相关的经理和其他成员
在设计过程考虑环境因素	产品和服务设计师、建筑师和工程师
监视总体环境管理体系绩效	环境经理
确保履行合规义务	所有经理
促进持续改进	所有经理
识别客户期望	市场和营销队伍
识别供方的要求和采购准则	采购员、购买者
制定和保持会计过程	财务/会计经理
遵循环境管理体系要求	在组织控制下工作的所有人员
评审环境管理体系的运作	最高管理者

注：公司和研究机构具有不同的组织结构，需要基于他们自己的工作流程确定环境管理职责。例如，在中小型企业中，企业所有者可以是上述所有活动的负责人。

6 策划

6.1 应对风险和机遇的措施

6.1.1 总则

对于确定和采取所需的措施以确保环境管理体系能够取得预期结果而言，策划是关键的。基于环境和环境管理体系自身输入和输出的变化，策划是一个持续不断的过程，不仅用于环境管理体系要素的建立和实施，也用于它们的保持和改进。策划过程将帮助组织识别并集中其资源于那些保护环境最重要的领域。它同样有助于组织履行其合规义务和实现环境方针的其他承诺，以及建立和实现其环境目标。

组织应当具有一个（或多个）过程来确定需要应对的风险和机遇，这个过程始于组织对其运作所处环境的理解的应用，包括能够影响环境管理体系预期结果的问题（见4.1）和有关相关方的有关需求和期望，包括那些组织采纳的合规义务（见4.2）。上述这些以及环境管理体系范围，将一起成为用于确定需要应对的风险和机遇时应当考虑的输入。策划过程产生的信息是确定必须控制的运行的重要输入，该信息同样可用于环境管理体系其他部分的建立和改进，诸如识别培训、能力、监视和测量的需求。

通过应对风险和机遇，环境管理体系为组织、其相关方和环境提供价值。一个坚实的、可信的和可靠的环境管理体系可以支持组织的长期生命力。如果不管理其需要应对的风险和机遇，组织可能无法实现其预期结果，也无法响应环境状况（包括事件）。实用指导10提供了需要应对的风险和机遇的示例。合规义务、相关方的观点以及需要应对的风险和机遇的其他来源，诸如环境状况（包括事件）必须得到考虑。

实用指导10——影响组织的需要应对的风险和机遇的示例

风险和机遇能够影响组织和其实现环境管理体系预期结果的能力。可能给组织带来负面影响的起因，例如：

a）环境因素，例如一个很小的泄漏，几乎不污染土壤和地下水，因此从环境角度不确定为重要的，然而其可能会损害组织具有环保意识的形象；

b）重要环境因素，例如环境事件引发了对组织管理其重要环境因素能力的怀疑，从而削弱其信誉；

c）不履行合规义务，导致罚款、采取纠正措施的费用和可能失去经营的资质；

d）环境状况，包括对环境产生影响的事件，例如气候变化导致水供应的减少，可能会影响组织污水处理厂的运行；

e）为满足客户需求，在缺乏相应熟练员工的情况下快速扩大组织的产能，这会导致潜在的失误而造成对环境的损害；

f）相关方对组织环境绩效的观点，可能带动更多的反对意见；

g）采取未考虑非预期结果的应对风险和机遇的措施，可能带来负面影响，例如：在组织休闲区利用废水进行灌溉，可能导致使用这些区域的人员的健康问题。

注：潜在紧急情况的指南见8.2。

给组织带来潜在有益影响的示例可包括：

a）识别新技术，例如可以减少污染排放的控制设备；

b）优化资源保护，例如水循环；

c）与相关方一起工作，以消除其对所提议的废物处置方法的反对。

为确保环境管理体系能够取得其预期结果、预防或减少不期望的影响并实现持续改进，需要应对的风险和机遇有三个可能的来源：

1）环境因素（见 6.1.2）；

2）合规性义务（见 6.1.3）；

3）在 4.1 和 4.2 识别的其他问题和要求。

组织可自由选择不同的方法来确定其需要应对的风险和机遇。例如，组织可以：

——先确定环境因素、合规性义务以及其他问题和要求，然后再确定与之相关的需要应对的风险和机遇；

——将需要应对的风险和机遇的确定与重要环境因素的确定相整合，对其他来源的需要应对的风险和机遇也可以采用类似的方法；

——采用一种可选的方案，将需要应对的两种或多种来源的风险和机遇结合起来考虑。

组织可以利用现有的业务过程来确定需要应对的风险和机遇。所选择的方法可以包括简单的定性过程或全面的定量评价（例如：在决策矩阵中应用准则），这取决于组织运作所处的环境。方法的示例，见实用指导 11。

需要应对的风险和机遇的结果作为策划措施的输入（见 6.1.4），用于建立环境目标（见 6.2）和控制有关的运行，目的是预防负面的环境影响和其他非预期的影响（见 8.1）。附录 A 给出了活动、产品和服务以及它们相关的环境因素和环境影响，以及应对它们的措施。

需要应对的风险和机遇的结果同样可以应用到环境管理体系的其他方面，例如确定能力的需求和与环境管理体系有关的信息交流，确定监视和测量的需求，建立内部审核方案和制定应急准备和响应过程。

紧急情况是非计划的或非预期的事件，需要立即响应，以减轻其实际或潜在的后果。紧急情况可能造成对组织的不利影响，例如火灾、爆炸、危险物质泄漏或释放，或自然事件，例如山洪、暴雨、台风、海啸等；它们也可能对环境造成二次影响或对组织造成影响，例如消防过程中受污染的消防水的外排和以及受火灾损害且能导致环境危害的材料的处置。组织应当确定环境管理体系范围内潜在的紧急情况，包括那些能够具有环境影响后果的潜在紧急情况。

实用指导 11——确定需要应对的风险和机遇方法的示例

实用指导 11——确定需要应对的风险和机遇方法的示例

输入示例	过程示例	输出示例
环境因素（见 6.1.2）		
——环境因素和环境影响； ——确定重要环境因素的准则	应用准则评价重要性（见 6.1.2.5）	——重要环境因素； ——与重要环境因素有关的需要应对的风险和机遇（见注）
合规义务（见 6.1.3）		
——确定成为合规义务的有关相关方的有关需求和期望（见 4.2）； ——与相关方的信息交流，包括投诉、表扬和认可； ——内部和外部合规性审核； ——评审法规变化的趋势	对结果进行评估以确定是否存在需要应对的风险和机遇	与组织合规义务相关的需要应对的风险和机遇
内部和外部问题（见 4.1）		
——所处环境评审的结果，包括内部和外部问题（见实用指导 1 和 3）； ——管理评审的结果； ——最高管理者和其他跨职能管理者的输入	对结果进行评估以确定是否存在组织需要应对的风险和机遇	与 4.1 中其他问题有关的需要应对的风险和机遇
影响组织的环境状况（见实用指导 2）		与环境状况有关的需要应对的风险和机遇
确定的环境因素（除了重要环境因素）		与环境因素有关的需要应对的风险和机遇
其他要求（见 4.2）除了法律法规要求和组织选择采用的那些要求		
——管理评审的结果； ——新的或变化的情况； ——新的信息； ——与相关方的信息交流	对结果进行评估以确定是否存在组织需要应对的风险和机遇	与其他要求有关的需要应对的风险和机遇

注：可能存在没有需要组织去应对的由其重要环境因素或在 4.1 和 4.2 中识别的其他问题和要求所带来的风险和机遇的情况。

6.1.2 环境因素

6.1.2.1 概述

为了建立一个有效的环境管理体系，组织应当深入理解其如何与环境发生相互作用，包括可能具有环境影响的其活动、产品和服务中的要素（见 6.1.2.2）。组织活动、产品和服务能与环境发生相互作用的要素称为环境因素。示例包括废水的排放、废气的排放、材料的利用和再利用，或噪声的产生。实施环境管理体系，组织应当确定其能够控制和能够施加影响的环境因素（见 6.1.2.3），此时应当考虑生命周期的观点。实用指导 12 提供了关于生命周期的观点的补充信息。

全部或部分地由组织的环境因素给环境造成的不利或有益的变化称为环境影响。不利影响的示例包括空气污染和自然资源的枯竭。有益影响的示例包括改善水或土壤的质量。环境因素与相关的环境影响之间的关系是因果关系。组织应当理解那些对环境具有或可能具有重大影响的因素，即重要环境因素（见 6.1.2.4）。为保护环境，对重要环境因素应当加以管理。

确定重要环境因素及其相关的环境影响是必要的，以确定哪里需要控制或改进并主要基于环境方面的考虑素确定管理措施的优先顺序（见 6.1.2.5）。组织的环境方针、环境目标、培训、信息交流、运行控制和监视过程的建立应当主要基于其对重要环境因素的理解。重要环境因素的确定是一个持续不断的过程，它提高了组织对其与环境关系的理解，并有助于通过强化其环境管理体系持续改进其环境绩效。

由于在确定环境因素和环境影响以及确定重要性上，没有一个单一的方法可以适用于所有组织，6.1.2.5 中的指南为那些寻求实施或改进环境管理体系的组织提供了关键概念的解释。每个组织应当选择一个合适的方法，与其范围、性质和环境影响的规模相适宜，并满足其在详细程度、复杂性、时间、成本和可靠数据的可获得性等方面的需求。实施一个（或多个）过程去应用所选的方法能够帮助取得一致的结果。

实用指导 12——生命周期观点

生命周期的观点包括考虑组织活动、产品和服务中能够控制或能够施加影响的环境因素。生命周期的阶段包括原材料的获取、设计、生产、运输和（或）交付、使用、寿命结束后处理和最终处置。

当将生命周期观点应用于其产品和服务时，组织应当考虑：

——产品或服务所处的生命周期阶段；

——其对整个生命周期阶段的控制程度，例如：产品的设计者可能负责对原材料的选择，而生产者可能只负责减少原材料使用和过程废物最小化，使用者只负责产品使用和处理；

——其对整个生命周期阶段的影响程度，例如：设计者可能只影响生产者的生产方式，而生产者也可能影响到设计和产品的使用方式或处置方法；

——产品的寿命；

——组织对供应链的影响；

——供应链的长度；

——产品的技术复杂性。

组织可以考虑其有最强控制力或影响力的生命周期的那些阶段，因为这些阶段可能为减少资源使用和污染或废物最小化提供最大机遇。

6.1.2.2 理解活动、产品和服务

所有的活动、产品和服务都会对环境造成一些影响，该影响可以出现在生命周期的任何或所有阶段，例如从原材料的获取和分配，到使用和处置。组织应当理解纳入环境管理体系范围内的活动、产品和服务，目的是能够识别其相关的环境因素和环境影响。对活动、产品和服务的分组可能有助于其识别和评价相关的环境因素和环境影响，分组或分类可以基于共同的特性，例如组织的单元、地理位置和运行工作流程。

6.1.2.3 确定环境因素

当确定环境管理体系范围内的环境因素时，组织应当考虑生命周期的观点以及那些与其过去、现在和计划的活动、产品和服务相关的因素。在所有情况下，组织应当考虑正常和异常的运行状况，包括启动和关闭、维修以及可合理预见的紧急情况。

除了组织可以直接控制的那些环境因素外，组织还应当考虑它可以施加影响的环境因素，例如，组织所使用的相关产品和服务以及其提供的相关产品和服务。在评价其对环境因素的影响能力时，组织应当考虑其合规义务、方针、当地或区域性的问题。组织也应当考虑其使用的相关产品和服务以及提供的相关产品和服务对自身环境绩效的影响，例如：购买含有有害物质的产品，由外部供应商（包括承包商或分包商）实施的活动，产品和服务的设计，材料、货物或服务的提供和使用，以及投放于市场的产品的运输、使用、再使用或回收。

为确定和理解其环境因素，组织可以收集有关其活动、产品和服务特性的定量和（或）定性的数据，例如材料或能源的输入和输出、使用的过程和技术、设施和地点，以及运输方式。此外，收集如下信息是有用的：

a）组织的活动、产品和服务中的要素与可能或实际造成的环境变化之间的因果关系；

b）相关方的环境关注；

c）政府法规和许可和其他标准中，或由产业协会、学术机构等识别的可能存在的环境因素。

确定环境因素的过程得益于那些熟悉组织活动、产品和服务的人员的参与。尽管不存在单一的确定环境因素的方法，但是所选择的方法可考虑下述方面：

——向大气的排放；

——向水体的排放；

——向土地的排放；

——原材料和自然资源的使用；

——能源使用；
——能量释放［例如热能、辐射、振动（噪声）和光能］；
——废物和（或）副产品的产生；
——空间利用。

因此，应当考虑与组织的活动、产品和服务有关的环境因素，包括：
——其设施、过程、产品和服务的设计和开发；
——原材料获取，包括开采；
——运行或制造过程，包括仓储；
——设施、组织资产和基础设施的运行和维护；
——外部供方的环境绩效和实践；
——产品运输和服务交付，包括包装；
——产品储存、使用和寿命结束后的处理；
——废物管理，包括再利用、翻新、再循环和处置。

注：ISO/TR 14062 提供了关于产品设计中的环境因素的指南，ISO 14006 提供了生态设计的指南。

6.1.2.4 理解环境因素

确定环境因素的重要性时，特别是那些可能导致紧急情况的环境因素时，理解组织所确定的环境因素有关的环境影响是必须的。许多方法都是可用的。组织应当选择一个适合自身需要的方法。

对于某些组织，一些现成的与组织环境因素有关的环境影响的信息可能就足够了。对于其他组织，可以选择使用因果图或标有输入输出的流程图、质量和（或）能量平衡，或其他方法，例如环境影响评价或生命周期评价。

注 1：ISO 14040 和 ISO 14044 提供了有关生命周期评价的指南。

选择的方法应当能够识别：
——正面的（有益的）环境影响，以及负面的（有害的）环境影响。

注 2：具有潜在有益影响的环境因素，可以为组织提供改善环境状况的机会；具有有害影响的环境因素可能对组织构成威胁，由此可能削弱其实现其环境方针承诺的能力。

——实际和潜在的环境影响；
——能够受到影响的环境的部分，例如空气、水体、土壤、植物、动物或文化遗产；
——能够影响到环境影响大小的地理位置特征，例如当地的天气条件、地下水位的高度、土壤类型等；
——环境变化的性质（如全球与本地的问题，发生环境影响的时间跨度，或随着时间的推移环境影响强度累积的可能）。

实用指导 13 提供了有助于组织确定其环境因素和环境影响的可能的信息来源。

实用指导 13——确定环境因素和环境影响的可能的信息来源

可能的信息来源包括：

a）一般性的信息文件，例如：宣传册、目录和年度报告；

b）运行手册、过程流程图、或质量和产品计划；

c）以前审核、评价或评审的报告，例如初始环境评审或生命周期评价；

d）来自其他管理体系的信息，例如：质量或职业健康安全；

e）技术数据报告、发布的分析或研究报告或有毒物质清单；

f）合规义务；

g）业务守则、国家和国际政策、指南和方案；

h）采购数据；

i）产品规范、产品开发数据、安全数据表（SDS /MSDS/CSDS）或能源和材料平衡的数据；

j）废物清单；

k）监视数据；

l）环境许可或执照的申请书；

m）相关方的观点、要求或协议；

n）关于紧急情况的报告。

6.1.2.5 确定重要环境因素

重要性对于组织及其所处环境而言是一个相对的概念。某些环境因素对一个组织是重要的，对另一个组织则不一定重要。评价重要性可以涉及技术分析和判断，这些由组织来确定。应用准则可帮助组织确定哪些环境因素和相关的环境影响是重要的。这些准则的建立和应用应当在重要性评价上提供一致性。

因为组织可能有许多环境因素和相关联的环境影响，组织应当建立准则和方法以确定哪些是重要的。准则可以与环境因素（如类型，数量，频次）或环境影响（例如，规模，严重程度，持续时间，暴露）有关。在建立重要性准则时也可以考虑其他输入，包括适用的合规义务信息，以及内部和外部相关方的关注。然而不应当以降低环境因素的重要性等级的方式来确定这些准则。

组织可以设定与每个准则相关联的重要性水平（或数值）。例如，评价重要性可以基于发生的可能性（概率、频率）及其后果（严重性、强度）的结合。某些衡量或排序的方法可有助于确定重要性，例如依据数值的定量法，或依据水平的定性法（如高、中、低或忽略不计）。

组织可以发现通过综合考虑运用准则评价出的结果来评价环境因素及其环境影响的重要性是有用的。该方法应当确定哪些环境因素是重要的，例如，通过使用一个阈值来进行判断。然而，组织应当能够证明该阈值是正确的。重要环境因素可能会导致需要应对的风险和机遇以确保组织可以实现其环境管理体系的预期结果并预防或减少非预期的结果。

为了便于策划，组织应当在如下方面保持适当的文件化信息：识别出的环境因素和相关的环境影响、用于确定重要环境因素的准则和那些确定的重要环境因素，包括那些在紧急情况下可能出现的重要环境因素。组织应当使用这些信息来理解运行控制的需求。

并确定运行控制措施，包括那些减缓或响应实际的紧急情况的必要措施。适当时，这些信息应当包括所识别的环境影响的信息。这些信息应当定期予以评审和更新，并在情况发生变化时确保它是最新的。用列表、清单、数据库或其他形式对保持该信息是有帮助的。

注：重要环境因素的确定并不需要环境影响评价。

6.1.3 合规义务

6.1.3.1 总则

合规义务能够导致需要应对的风险和机遇。识别和获取合规义务，并理解它们如何应用于组织是确保履行合规义务的第一步。使用4.2.4获得的知识，组织应当建立、实施并保持一个过程以识别与其活动、产品和服务有关的环境因素的合规义务。这个过程应当能使组织考虑来自相关方的新的或变化的需求和期望并为之做准备，以便适当时可以采取准备措施以保持符合性。组织也应当考虑计划的或新的开发以及新的或修改的活动、产品和服务如何影响其合规状况。

组织应当确保将合规义务的适当信息传达给在其控制下（包括外部供方，如承包商或供应商）工作的人员，这些人员的职责与履行合规义务相关或其行为会影响合规义务的履行。关于与环境管理体系有关的合规义务的更多信息，见实用指导14。

实用指导14——合规义务

环境管理体系中提及的与合规义务有关的部分概述如下，组织应当建立、实施并保持所需的过程并提供充分的资源以：

a）建立包括承诺履行合规义务的环境方针（见5.2）；

b）识别、获取合规义务，并理解这些合规义务如何应用于组织（见4.2和6.1.3）；

c）建立环境目标时，考虑合规义务（见6.2）；

d）实现与合规义务有关的环境目标，通过：

——确定角色、职责、过程、方法和时间表，以实现与履行合规义务有关的环境目标（见6.1.4）；

——采取运行控制措施（根据需要可包括程序）以履行合规的承诺以及实现与合规义务相关的环境目标（见8.1）；

e）确保所有在组织控制下工作的人员都意识到适用于他们的与履行合规义务相关的过程，以及不履行合规义务的后果（见7.3）；

f）确保所有在组织控制下工作的人员在其合规义务、适用于他们的与履行合规义务相关的过程、履行其合规义务的重要性等方面都具有所需的能力。该能力基于适当的教育、培训或经历（见7.2）；

g）建立与环境管理体系有关的信息交流过程，此时须考虑组织的合规义务（见7.4）；

h）定期评价合规义务的履行情况（见9.1.2）；

i）识别任何不合规或不符合的情况以及可预见的潜在的不合规或不符合，并立即采取措施以识别、实施和跟踪纠正措施（见10.1）；

j）保留文件化信息作为合规性评价结果的证据（见9.1.2）；

k）实施定期的环境管理体系审核时，关注与履行合规义务有关的内容（见9.2）；

l）实施管理评审时，考虑合规义务的变化（见9.3）。

合规义务的承诺体现了组织采用系统的方法实现和保持履行合规义务的期望。

6.1.3.2 法规要求

组织可以访问一个或多个信息源，作为识别与其环境因素有关的法规要求的一种手段。这些信息源可以包括政府、监管机构、行业协会或贸易集团、商业数据库和出版物，以及专业的顾问和服务。这个过程应当使组织能够预见新的或变更的法律要求并为此做准备，以便能够保持合规性。

6.1.3.3 其他要求

组织还应当确定已采纳的、4.2中识别的来自于其他相关方的、与组织的环境因素相关的其他合规义务。

6.1.3.4 文件化信息

组织应当保持其合规义务的文件化信息，可以是登记表或清单的方式。这有助于保持对适用要求的认识和透明度。登记表应当定期评审以确保其保持最新。

登记表或清单可以包括：

——合规义务的来源，包括有关的相关方；

——合规义务的概述；

——合规义务如何与组织的环境因素和（或）相关方的有关要求相关。

6.1.4 策划措施

组织应当考虑并策划如何采取措施以管理重要环境因素、合规义务以及6.1.1中确定的需要应对的风险和机遇。组织应当利用其环境管理体系过程和其他业务过程，以多种方式策划采取措施，组织还应当确定所采取措施的有效性。

所策划采取的措施可以是单一的措施，如建立环境目标、运行控制、应急准备；或其他的业务流程（例如供应商评价）；或者也可以是组合的措施，包括环境目标和涵盖不同控制层级相结合的运行控制措施。在策划措施时，组织应当考虑可选技术方案和可行性、财务、运行和经营要求。对于任何策划的措施，也应当考虑潜在的任何非预期的后果，例如，在产品或服务生命周期内短期或长期对环境的不利影响。

组织可以采取各种方法和技术，以评价所采取措施的有效性，从采用统计技术到将监视和测量结果与预期的绩效水平进行对比（见9.1）。某些法律法规可能规定了核查或验证绩效能力的需求以及某些控制措施的实际绩效；在某些情况下，组织选择环境管理体系以外的方式来评价所采取措施的有效性，例如，可以通过职业健康安全管理体系或工程或业务过程来实现。这些在环境管理体系之外实施了的措施，都可以在环境管理体系中被引用。

表 A.1 给出了一些活动的环境因素、环境影响和需要应对的风险和机遇以及所策划的应对措施的示例。

表 A.3 给出了与合规义务相关的、需要应对的风险和机遇以及应对措施的示例。

表 A.4 给出了与其他问题和要求相关的、需要应对的风险和机遇以及应对措施的示例。

6.2 环境目标和实现目标的策划

6.2.1 总则

在策划过程中，组织建立环境目标以履行其环境方针的承诺并实现组织的其他目标。建立并评审环境目标的过程，以及实现目标的实施过程，为组织在某些领域改进环境绩效，同时在其他领域保持其环境绩效水平提供了一个系统化的基础。

6.2.2 建立环境目标

在建立环境目标时，组织应当考虑输入的信息，包括：

——其环境方针中的原则和承诺；

——其重要环境因素（以及在确定它们时形成的信息）；

——其合规义务；

——与影响环境管理体系的其他问题和要求有关的、在 6.1.1 中确定的需要应对的风险和机遇。

组织还应当考虑：

——实现环境目标对其他活动或过程的影响；

——对组织公众形象的可能影响；

——环境评审的结果；

——组织的其他目标。

应当在组织的顶层以及其他层次和职能上建立环境目标，这些层次和职能的活动对实现环境方针承诺和组织的整体目标而言是重要的。环境目标应当与环境方针和对环境保护的承诺相一致，包括污染预防、履行合规义务和持续改进。

环境目标可以直接表现为一个具体的绩效水平；也可以表现为一个总的目标和进一步规定一个或多个指标，即为了实现环境目标，应当满足的细化的绩效要求。当设定指标时，它们应当是可度量的。指标可能需要包括一个明确的时间表。

组织建立的环境目标应当作为其总体管理目标的一部分予以考虑。这样的整合不仅可以提高环境管理体系的价值，同时也可提高被整合的业务过程的价值。

环境目标可以是适用于整个组织，或仅适用于某个特定场所或单独的活动，例如，一个制造设施可以有一个整体的节能目标，该目标可由一个单独部门的节能活动得以实现。然而，在其他情况下，组织的所有部门都应当以不同方式为实现组织的总体目标做出贡献。也可能存在这种情况，组织的不同部门为了追求同一个整体目标，可能需要实施不同的行动来实现他们的部门目标。

组织应当识别其不同层次和职能对实现目标的贡献，并使其各成员意识到他们的职责。

环境目标的文件化及其沟通提高了组织实现其环境目标的能力。组织应当保持其环境目标的文件化信息，有关环境目标的信息应当提供给那些负责实现这些目标的人员和需要这些信息的以执行有关的职能（如运行控制）的其他人员。

6.2.3 实现环境目标的措施的策划

策划过程中的一部分内容可以包括一个（或多个）实现组织环境目标的方案。

方案应当包括角色、职责、过程、资源、时间表、优先顺序以及实现环境目标所需的措施。这些措施可以涉及单独的过程、项目、产品、服务、场所，或在一个场所内的设施。组织可以将实现环境目标的方案与战略策划过程中的其他方案进行整合。实现环境目标的方案有助于组织提高其环境绩效。方案应当是动态的。当环境管理体系范围内的过程、活动、服务和产品发生变化时，组织应当根据需要对环境目标和有关的方案进行修订。

6.2.4 绩效参数

组织的环境绩效参数是用于监视其实现环境目标的进展和持续改进的重要工具。组织应当建立能够提供客观的、可验证的、可重复的结果的环境绩效参数，参数应当与组织的活动、产品和服务相适宜，符合其环境方针，实用，体现成本效益且技术可行。这些参数可以用来跟踪组织实现其环境目标的进展情况。它们也可用作其他用途，如作为评价和改进环境绩效整体过程的一部分。组织可以考虑使用与其重要环境因素相适宜的环境状况参数（ECIS），管理绩效参数（MPIS）和运行绩效参数（OPIS）。实用指导15 提供了关于绩效参数的补充信息。

注： ISO 14031 和 ISO/TS 14033 提供了关于环境绩效参数的选择和使用的指南。

表 A.2 给出了环境目标、指标和所选活动的参数的示例。

实用指导 15——绩效参数

环境目标的进展通常可以用环境绩效参予以度量，环境绩效参数的示例如：

——原材料或能源的使用量；

——排放量，如 CO_2；

——单位成品的废物产生量；

——物质和能源的使用效率；

——环境事件的数量（例如：超出限值的运行）；

——环境事故的数量（例如：非预期的排放）；

——废物的循环利用率；

——包装材料的循环利用率；

——单位产品的服务车辆的公里数；

——特定污染物的排放量，例如 NO_x、SO_x、CO、VOCs、Pb 和 CFCs；

——用于环境保护的投资；

——起诉的数量；

——为野生动物栖息留出的土地面积；

——接受环境因素识别培训的人员数量；

——花费在低排放技术上的预算比例。

7 支持

7.1 资源

组织应当确定建立、实施、保持和改进环境管理体系所需的资源，当确定所需的资源时，组织应当考虑：

——基础设施；

——外部提供的资源；

——信息系统；

——能力；

——技术；

——财力、人力资源和运行、产品和服务所需的其他特定资源。

资源应当以及时和有效的方式提供。

资源的分配应当考虑组织当前和未来的需求。在资源配置上，组织可以跟踪其环境或相关活动的资本和运营成本的收益：例如污染控制设备的成本（资金的花费）和在组织控制下工作的人员花在使环境管理体系有效（运行的花费）上的时间等都可以包括在内。资源和它们的分配应当定期评审，包括与管理评审相结合以确保其充分性。在评价资源的充分性时，应当考虑计划的变更和（或）新的项目或运行。

实用指导16——人力、物力和财力资源

小型企业的资源基础和组织结构可能在环境管理体系的实施上表现出某种局限性，为了克服这些局限性，组织可以考虑合作策略。合作选项可包括：

——较大的客户和供应商组织合作，分享技术和知识；

——与供应链或当地的其他组织合作，以确定并解决共同的问题、分享经验、促进技术发展、联合使用设施，以及共同使用外部资源；

——与标准化组织、协会或商会关于培训和意识的项目的合作；

——与大学及其他研究中心合作，以支持绩效改进、生命周期观点的应用以及创新。

知识是建立或改进环境管理体系的重要资源，在应对未来挑战时，组织应当考虑到它目前的知识库，并确定如何获取或访问所需的补充知识。

7.2 能力

知识、理解、技术或技能能够使个人获得环境绩效所需的能力。基于培训、教育、经历或者是这些的综合，所有经组织确定的、在组织控制下工作的、影响或可能影响其环境绩效（包括其履行合规义务的技能）的人员都应当是胜任的。这些人员包括组织自己的员工，以及在其控制下工作的人员，如外部供方。

对这些人员的能力要求不仅限于那些有或可能对环境有重大影响的工作人员，还包括那些管理某个职能或承担某个对环境管理体系预期结果有关键作用的人。实用指导17提供了能力要求的示例。

许多组织并不需要获得所有这些能力，他们可能从胜任的服务供应商处进行采购，以确保环境绩效和实现环境管理体系的预期结果。

实用指导17——能力要求的示例

实用指导17——能力要求的示例

能力的潜在领域	典型的组织角色	所需能力和（或）技能的示例	建立能力的方式的示例
环境技术	环境技术人员	——熟悉环境采样技术； ——能够操作监测设备	——培训、在采样要求上的评估和实践； ——取得设备操作的证书或许可
	环境项目管理者	——熟悉适用的环境法规	——在环境领域的级别； ——适用法规的培训
环境运行	工作涉及重要环境因素的人员	——他们工作影响环境绩效的意识； ——为了环境影响最小化所需的满足运行准则的知识	——与他们工作有关的环境影响的培训； ——确保过程可控的运行准则的培训
环境管理体系	环境经理	——建立、实施并改进环境管理体系的能力； ——确定所需应对的风险和机遇以确保实现环境管理体系的预期结果以及策划适当措施的能力； ——对环境绩效和组织合规义务的结果进行分析和采取行动的能力	——环境管理体系的经历； ——有关环境管理体系的培训
	审核方案经理	——建立并管理审核方案以确定组织环境管理体系有效性的能力	——方案管理培训； ——实施方案的经验
	最高管理者	——有关建立并实施环境方针的后果的知识和理解； ——有关资源可获得性和其在环境管理体系中的应用的知识和理解，包括分派职责和权限	——有关环境管理体系和建立环境方针的培训； ——业务管理上的经验

组织应当识别实现环境管理体系预期结果所需的能力并解决差距，包括需要时采取措施以获得所需的能力。文件化信息对于确保提出所识别的能力需求，跟踪缩小差距的进展以及能够与相关方交流相关信息可能是有用的。至少应当保留适当的文件化信息作为能力的证据。

注：9.2 提供了有关审核员能力的指南。

当能力可以通过培训获得时，组织的培训过程应当包括：

——识别培训需求；

——设计和开发培训计划或方案以应对识别的培训需求；

——实施培训；

——评价培训效果；

——对所接受的培训进行文件化和监视。

适用时，组织应当评价培训的有效性和获得所需能力应当采取的其他措施，以确保预期结果得以实现。

7.3 意识

最高管理者有一个关键的职责，就是在组织内培养与环境管理体系和环境绩效有关的意识，以增强知识和促进支持组织的环境方针中承诺的行为。这包括使员工和在组织控制下工作的其他人员意识到组织的环境价值，以及这些价值如何贡献于组织的业务战略（见 5.1）。

最高管理者应当确保在组织控制下工作的人员得到鼓励以：

——提升环境绩效；

——为实现环境管理体系的预期结果做出贡献；

——承认实现他们负责或承担责任的环境目标的重要性。

最高管理者还应当确保所有在组织控制下的人员都意识到：

——组织的环境方针和其对环境方针的承诺；

——符合环境管理体系要求的重要性；

——他们对环境管理体系有效性的贡献；

——改进环境绩效的益处；

——他们在环境管理体系内的职责和义务；

——他们工作活动的实际或潜在的重要环境因素及相关环境影响；

——适用时，已识别的与他们工作活动相关的需要采取措施的风险和机遇；

——偏离适用的环境管理体系要求（包括组织的合规性义务）的后果。

提高意识的方法示例可以包括内部信息交流、视觉标志和横幅、宣传活动、培训或教育和指导。

7.4 信息交流

7.4.1 总则

组织应当建立与环境管理体系有关的信息交流过程，此时须考虑组织的合规义务要求。这些过程应当确定：

——信息交流的内容；

——信息交流的时机和条件；

——信息交流的对象；

——信息交流的方式。

在建立适合于特定情况的信息交流过程时，组织可以考虑不同的交流方式可能需要的成本和获得的收益。

交流的环境信息应当以环境管理体系产生的信息为基础，并与之保持一致，包括组织的环境绩效的内部评价信息（见 9.1）。

注：关于信息交流的补充信息见 ISO 14063。

在确定如何实施信息交流时，组织应当考虑不同的信息交流方法，这些方法应当能够促进对组织环境管理行动的理解和接受，并能促进与相关方的对话。信息交流的方法包括，例如：非正式讨论、组织的开放日、焦点问题讨论组、社区对话、参与社区活动、网站和电子邮件、新闻稿、广告和定期简报、年度或其他定期的报告，以及电话热线等。

组织应当对与其环境管理体系有关的质询、受关注的问题，或来自交流活动的其他信息给予考虑并做出响应。建立用于接收和响应上述内、外部信息的过程是非常有益的。

组织应当适当地保留作为信息交流证据的文件化信息，目的是：

——回顾与特定相关方开展的信息交流、他们的质询或关切的历史；

——理解以往与各相关方约定事项的性质；

——在开发未来的信息交流过程和后续活动，以及根据需要处理特定相关方的关注等方面，提高组织的有效性。

如果不能给环境管理体系带来增值，某些交流活动的信息不必形成文件，例如非正式交流活动的信息。建立信息交流过程时，组织必须考虑自身的性质和规模、重要环境因素，以及其相关方的性质、需求和期望。

组织应当考虑下述的过程步骤：

——收集信息，或开展调查，包括来自相关方的信息（见 4.2）；

——确定信息交流的对象，以及他们对信息交流和对话的需求；

——选择信息交流的对象感兴趣的信息；

——决定需要与信息交流对象交流的信息；

——确定合适的信息交流方法和形式；

——评估和定期确定信息交流过程的有效性。

有关环境管理体系信息交流过程的主要活动，汇总于实用指导 18。这些活动是建议实施的、核心的和最低限度的活动，为有效实施与环境管理体系有关的信息交流，组织可根据需要实施更多的活动。

实用指导 18——环境管理体系的信息交流

信息交流的主要内容：

最高管理者应当对有效的环境管理以及符合环境管理体系要求的重要性进行信息交流（见 5.1）。

最高管理者应当确保在组织内部交流下述信息：

——环境方针（见 5.2）；

——相关角色的职责和权限（见 5.3）。

组织应当：

——在其各个层次和职能中，适当地交流组织的重要环境因素（见6.1.2.5）；

——交流其环境目标（见6.2.2）

——与外部供方，包括合同方（见8.1），交流组织的有关环境要求；

——按照信息交流过程的规定及合规义务的要求，在内部交流并与外部交流有关环境绩效的信息（见9.1.1）。

组织应当确保将内部审核结果报告给相关管理者（见9.2）。

最高管理者对组织的环境管理体系的评审应当考虑来自相关方的信息（见9.3）。

7.4.2 内部信息交流

在组织内的各层次和职能中以及各层次和职能间进行内部信息交流，对于环境管理体系的有效性至关重要。例如，对于问题的解决、活动的协调、行动计划的跟进，以及环境管理体系的进一步改进，信息交流都非常重要。向在组织控制下工作的人员提供适当的信息，有助于激励他们认同组织为改进环境绩效而做的努力。这将有助于组织的员工和在组织控制下工作的外部供方履行其职责，并能帮助组织实现环境目标。组织应当建立一个过程，使来自组织各层次的信息得以交流。这将有利于意见和建议的提出，以改进组织的环境管理体系和环境绩效。组织应在其内部与适合的人员交流有关环境管理体系监视、审核和管理评审结果的信息。

7.4.3 外部信息交流

与外部相关方交流信息是环境管理的重要且有效的工具。组织应当按照其合规义务的要求及其信息交流过程（见7.4.1），就环境管理体系的相关信息进行外部信息交流。组织也可以考虑是否就其环境因素与相关方进行外部信息交流，包括与产品的交付、使用和处置有关的环境因素。

组织应当建立紧急情况下与外部相关方进行信息交流的过程，这些紧急情况可能会对他们产生影响或与他们有关。组织也可发现将外部信息交流过程形成文件是非常有益的。

注：关于应急准备和响应，还可参见8.2。

与外部相关方交流的关于组织环境绩效的信息应当是准确的、可靠的和可验证的（见ISO/TS 14033）。有关环境绩效的声明可采用，例如组织的可持续发展报告、宣传资料或广告宣传等形式。组织可以考虑验证其环境绩效声明的方法。

关于组织绩效的指南可参见ISO 14031。关于产品的环境声明指南可参见ISO/TS 14033和ISO 14020。

7.5 文件化信息

7.5.1 总则

为确保组织的环境管理体系有效运行，且被在组织控制下工作的人员和其他相关方理解，并使环境管理体系的相关过程按策划得以实施，组织应当建立和保持充分的文件化信息。组织应当采用能反映其文化和需求的方式，汇集和保持文件化信息。以过程、计划和方案等形式存在的文件化信息应当得到适当的保持，以确保结果的一致性、时效性和可重复性。为了证明环境管理体系要求的有效实施，以记录的形式存在的文件化信息应当作为实现结果或实施活动的证据得到保留。作为实现结果的记录或实施活动的证据而保留的信息是组织文件化信息的一部分，但可以通过不同的管理过程予以控制。

为了对组织的关键活动（例如，与所识别的需应对的风险和机遇有关的活动）进行有效管理，组织可通过建立文件化的过程，规定如何实施这些活动，并可适当地描述管理这些活动的具体要求。如果组织决定不将某过程形成文件，则应当向在组织控制下的与此过程有关的工作人员告知需满足的要求，适当时可以采用信息交流或培训的方式。

组织可以选用手册的方式呈现其管理体系，该手册可以综述或概要描述体系的主要要素，并能够为相关的文件化信息提供导引。环境管理体系手册的结构不必遵循ISO14001 或其他标准的条款结构（见实用指导 19）。

不同组织的文件化信息的复杂程度可有所不同。创建不必要的或结构繁琐的文件化信息可能降低环境管理体系的有效性。因此，在考虑所创建的文件化信息的复杂程度时，组织可考虑文件化信息对环境管理体系的有效性、连续性和持续改进将会产生的价值。

文件化信息可以以任何载体的形式加以控制（例如：纸质的、电子的、照片和布告），其中包含的信息对需要这些信息的人员而言是有用的、易读的，易于理解和容易获取的。

如果环境管理体系的过程与其他管理体系的过程实现了融合，则组织可以将有关环境管理体系的文件化信息与其他管理体系的文件化信息整合在一起。

实用指导 19 概括了环境管理体系有关的主要文件化信息。这里给出的是核心的至少应当形成文件的信息，为了环境管理体系的有效性，组织可以根据实际需要创建更多的文件化的信息。

实用指导 19——文件化信息

组织应当保持下述的文件化信息：

——环境管理体系的范围（见 4.3）；

——环境方针（见 5.2）；

——所识别的需应对的风险和机遇（见 6.1.1）；

——6.1.1～6.1.4 中需要的过程，其详尽程度应使人确信这些过程能够按策划得到实施（见 6.1.1）；

——组织的环境因素和相关的环境影响，用于确定组织的重要环境因素的准则，以及组织的重要环境因素（见 6.1.2）；

——组织的合规义务（见 6.1.3）；

——关于环境目标的信息（见 6.2.1）；

——满足环境管理体系要求所需的，与运行控制过程有关的信息，其详尽程度应使人确信这些过程能按策划得以实施（见 8.1）；

——对6.1.1所识别的潜在紧急情况进行应急准备与响应所需的过程，其详尽程度应使人确信这些过程能按策划得到实施（见8.2）；

组织应当保留文件化信息作为下述事项的证据（记录）：

——适当时，能力（见7.2）；

——适当时，组织的信息交流（见7.4.1）；

——适当时，监视、测量、分析和评价结果（见9.1.1）；

——合规性评价结果（见9.1.2）；

——审核方案的实施，以及审核结果（见9.2）；

——管理评审的结果（见9.3）；

——所识别的不符合的性质和所采取的后续措施，以及任何纠正措施的结果（见10.2）。

文件化信息的其他示例包括：方案和职责的描述、程序、过程信息、组织结构图、内部和外部标准，以及现场应急计划等。

7.5.2 创建和更新

创建和更新环境管理体系的文件化信息时，组织应当确保适当的：

a）标识和说明（例如：标题、日期、作者或参考文件编号）；

b）形式（例如：语言文字、软件版本、图表）和载体（例如：纸质的、电子的）；

c）评审和批准，以确保适宜性和充分性。

7.5.3 文件化信息的控制

对环境管理体系的文件化信息予以控制非常重要，以确保：

——信息可以被适当的组织、部门、职能、活动，或合同方识别；

——组织保持的信息可以得到定期的评审，必要的修订，并在发布之前得到被授权人的批准；

——在其中的运行活动对有效发挥体系功能至关重要的所有场所，都能得到现行版本的文件化信息，包括确保满足要求所必须的文件化信息；

注：在无法获取文件化信息的情况下，符合惯例规定的行为可被认为是满足要求的。

——作废的文件化信息需立即从各发布点、使用处或状态中撤回。某些情况下，例如出于法律和（或）知识保护目的，作废的文件化信息仍可作为实现结果的证据予以保留。

通过下述方式可以对文件化信息实施有效的控制：

——规定适当的格式，包括唯一的标题、编号、日期、版本、修订历史和权限；

——将由组织保持的文件化信息的评审和批准工作，分配给具有足够技术能力和组织权限的人员；

——保持有效的分发系统。

8 运行

8.1 运行策划和控制

8.1.1 通用指南：运行控制

组织应当确保其运行及相关过程以受控的方式进行，以履行其环境方针的承诺，实现环境目标和管理其重要环境因素、合规义务以及需应对的风险和机遇。为策划有效和高效的运行控制，组织应当确定何处需要这种控制，以及实施控制的目的。组织应当确定满足自身需求的控制的类型和程度。为使运行控制持续有效，所选择的运行控制应当得到保持并定期评价。

在确定必要的控制，或考虑改变现有控制时，组织应当考虑需应对的风险和机遇，以及可能导致的任何非预期结果。组织应当对计划内的变更进行控制，并对非预期变更的后果予以评审，必要时，应当采取措施减轻任何不利影响。

在考虑对不利环境影响实施控制时，组织可以参照下述层级：

——消除，如禁止使用 PCBs、CFCs 等；

——替代，如用水基涂料替代溶剂基涂料；

——工程控制，如排放控制，污染削减技术等；

——管理控制，如程序、目视化管理、工作指令、安全数据表（SDS/MSDS/CS-DS）等。

为避免出现偏离环境方针、环境目标和合规义务的情况，适当时可创建文件化信息来说明，例如：

——应当实施的活动的具体顺序；

——有关人员的必要资格，包括所需的技能；

——应当保持在限定范围内的关键变量，例如：时间的、物理的、生物的变量；

——所用材料的特性；

——所用基础设施的特性；

——过程产品的特性。

8.1.2 识别运行控制的需求

组织可采用运行控制，用以：

——管理所识别的重要环境因素；

——确保履行合规义务；

——实现环境目标并确保与环境方针（包括保护环境、污染预防和持续改进的承诺）相一致；

——避免不利于环境或组织的影响或使其最小化；

——使机遇最大化。

基于环境管理体系范围和 6.1 与 6.2 中确定的措施，组织应当运用生命周期观点确定必要的运行控制，包括相关职能的运行控制要求，例如：研究和开发，设计；销售、市场、采购和设施管理等。

组织应当在其环境管理体系内，规定适用于生命周期不同阶段的实施控制或施加影响的类型和程度。

生命周期观点应当尽可能早地予以考虑，即在设计和开发过程就得到考虑。这将为改进活动、过程、产品或服务的总体环境绩效提供更好的机会，并且可以帮助组织降低将不利环境影响转移到其他阶段的可能性。这将为组织和环境保护带来更大价值。

许多组织的重要环境因素可能存在于产品或服务的使用阶段，或存在于组织所提供的使用信息中。对重要环境因素施加影响的方法示例可包括：

——提供如何管理有关环境影响的培训；

——提供便利的获取信息的途径（例如：在网站上，“常见问题解答”）；

——建立分享信息的用户群，并保持用户的最新状态。

适用时，组织应当考虑外部供方和外包过程对组织管理其环境因素和履行合规义务的能力将产生怎样的影响。组织可以建立所需的运行控制，例如：文件化程序、合同，或与供应商的协议，或最终用户使用说明书，并适当时与合同方、供方和用户就这些信息进行交流。组织应当对外包过程实施控制或施加影响。外包过程是满足下述全部条件的一种过程：

a）其职能或过程对构成组织整体职能是必需的；

b）其职能或过程对环境管理体系实现预期结果是必需的；

c）组织对该职能或过程符合要求保有责任；

d）组织与外部供方存在一定关系，例如，相关方会认为该过程是由组织实施的。

注 1：设计可以指新产品开发，然而现有产品也会需要重新设计或改进。

注 2：关于设计过程中的生命周期观点的更多信息可参见 ISO 14006 和 ISO/TR 14062。

注 3：关于产品的更多信息可参见 ISO 14020、ISO 14021、ISO 14024、ISO 14025、ISO 14046 和 ISO/TS 14067。

8.1.3 建立运行控制措施

运行控制措施可以采取多种形式，例如：程序、作业指导书、物理控制、选用有能力的人员，或这些措施的任意组合。具体控制方法的选择取决于多种影响因素，如实施运行的人员的技能和经验，以及运行本身的复杂程度和环境重要性。为提高实施控制的能力，组织可以连贯一致的方式选取策划和建立过程。

建立运行控制措施的一般方法包括：

a）选择控制方法；

b）选择可接受的运行准则，例如设备的操作特性、尺寸、重量或温度；

c）根据需要建立过程，规定如何策划、实施和控制所识别的运行；

d）根据需要将这些过程形成文件，可采用指令、标示牌、表格、视频、照片等形式；

e）采用技术手段，如自动化系统、材料、设备和软件。

运行控制措施也可包括规定测量、监视和评价要求，以及确定运行准则是否得到满足的要求。

一旦建立了运行控制，组织就应当对这些控制的持续实施和有效性进行监视，同时也应当策划和采取任何必要的措施。

8.2　应急准备和响应

在对紧急情况做响应准备时，组织应当考虑可能产生的初始环境影响，以及由于响应初始环境影响而可能导致的任何二次环境影响。例如：在应对火灾的过程中，应当考虑空气污染的可能性。

在对可合理预见的紧急情况做响应准备时，应当特别注意启动和关闭以及异常的运行状况。紧急情况的确定可参见 6.1.1。

组织应当为不同类型的紧急情况做响应准备，如化学物质的小范围泄漏、排放治理设备的故障，或大范围的严重危害人类和环境的情况等。组织应当针对每种可合理预见的紧急情况做响应准备。

每个组织都有责任制定适合其特别需求的应急准备和响应计划。在制订计划时，组织应当考虑：

——实际的和潜在的外部环境状况，包括自然灾害；

——现场危害因素的性质，例如：易燃液体、储罐、压缩气体，以及在泄漏或意外释放事件中采取的措施；

——最可能的紧急情况类型和规模；

——需要的设备和资源；

——附近设施（例如：工厂、道路、铁路）发生紧急情况的可能性；

——响应紧急情况的最适当的方法；

——将环境危害最小化所需的措施；

——应急组织和职责；

——疏散路线和集合点；

——关键人员和援助机构名录，包括具体联络方式，如消防部门和泄漏清理服务机构；

——从邻近组织获得相互援助的可能性；

——内部和外部信息交流过程；

——针对不同类型紧急情况所采取的减轻和响应措施；

——紧急情况后评估过程，包括对策划的应急响应措施的评价，以确定和实施纠正和预防措施；

——定期试验应急响应程序；

——关于危险物质的信息，包括每种材料对环境的潜在影响，以及意外释放事件中采取的措施；

——培训或能力要求，包括对参与应急响应的人员和验证培训有效性的要求。

在策划应急准备时，可以与业务连续性和职业健康安全有关的其他管理体系联系起来一并考虑。

组织应当保持必要程度的文件化信息，其详尽程度应使人确信应急准备和响应所需的过程能按策划得以实施。

9 绩效评价

9.1 监视、测量、分析和评价

9.1.1 总则

组织应当采用系统的方法定期监视、测量、分析和评价其环境绩效。这将使组织能够准确地报告和交流=其环境绩效。

监视通常是指定期观察的过程，无需使用监视设备。测量通常是指使用特定设备定量或定性地确定被测量对象性质的过程。因此，适当时测量可隐含有附加的控制需求，目的是确保测量设备的持续可靠性，例如：校准。

组织应当确定需监视和测量的内容，此时必须考虑环境目标、重要环境因素、合规义务和运行控制。这应当包括确定收集数据的频率和方法。

为了将资源集中用于最重要的测量上，组织应当选择易于理解并能为环境绩效评价提供有用信息的参数。参数的选取应当能反映组织运行的性质和规模，并适合于组织的环境影响。参数的示例包括物理参数，例如：温度、压力，pH 值、物料使用量、能效、包装和运输的选择等。关于参数选择的指南，见 ISO 14031。

在环境管理体系中，监视和测量具有多种目的，例如：

——追踪实现环境方针承诺、环境目标和持续改进的进展情况；

——为确定重要环境因素提供信息；

——为履行合规义务收集排放数据；

——为实现环境目标而收集水、能源，或原材料使用的数据；

——为支持或评估运行控制提供数据；

——为评价组织的环境绩效提供数据；

——为评价环境管理体系的绩效提供数据。

注 1：关于环境绩效评价的更多指南见 ISO 14031。

注 2：关于量化环境信息的指南见 ISO/TS 14033。

为保证结果的正确性，监视和测量应当依循适当的过程，并在受控的条件下进行，例如：

——选择抽样方法和数据采集技术；

——规定适当的测量设备校准或验证要求；

——采用可溯源到国际或国家标准的测量标准；

——使用胜任的人员；

——采用适宜的包括数据解释和趋势分析在内的质量控制方法。

适当情况下，组织应当考虑选用其检测技术被国家认可机构认可或经监管部门批准的实验室。如果未经许可或批准，组织可考虑其他适合的方法，用以验证结果的准确性，例如：分样分析、标样比对、技术水平测试方案等。

组织应当分析监视和测量结果，并利用监视和测量的结果识别不符合、合规义务限定要求的遵守情况、绩效趋势和持续改进机会。数据分析可包括对形成可靠信息所必需的数据的质量、正确性、充分性和完整性的考虑。为了提高判断预期结果是否被实现的可靠性，可以使用统计学工具。适当时，这些工具可包括图解法、指数法、集合或权重法。

用于实施监视、测量、分析和评价的书面程序有助于提供所生成数据的一致性、可复制性和可靠性。监视、测量、分析和评价的结果应当以文件化信息的形式予以保留。

9.1.2 合规性评价

组织应当建立评价合规义务履行程度的过程，通过对照按 4.2 和 6.1.3 确定的合规义务，对组织的绩效进行监视、测量、分析和评审。此过程可以帮助组织证实其履行合规义务的承诺、理解其合规状态、减少违规的可能性并避免源于相关方的不利行动。

所有合规义务的履行情况都应当定期评估，然而每项合规义务的评价频次和时机可以不同，这取决于：

——组织的法律要求；

——作为合规义务而采纳的其他要求的相关性；

——合规义务的变化情况；

——组织过去的与合规义务有关的绩效，包括与不符合相关的潜在不利影响；

——某过程或活动的预期绩效变化，例如：废水处理厂的绩效会因所接纳的废水量而变化。

合规性评价应当是迭代的过程，为确定组织是否在履行其合规义务，需要利用来自环境管理体系其他方面的输出结果。合规性评价的方法包括收集信息和数据，例如通过：

——设备巡视或检查；

——直接观察或访谈；

——项目或工作评审；

——样本分析或测试结果的评审，以及与限定性要求的对比；

——验证抽样或测试；

——对法规要求的文件化信息的评审（例如：危险废物清单，行政监管要求提交的文件）。

内部审核（见 9.2）可用来确定所建立和实施的合规性评价过程的有效性，但不能用来证明组织已经履行了合规义务。然而，组织可使用审核的方法评价其合规义务的履行情况。

组织在环境管理体系的各过程中必须考虑其合规义务，例如：

——重要环境因素（见 6.1.2.5）以及需应对的风险和机遇的确定（见 6.1.1）；

——措施策划（见 6.1.4）；

——环境目标制定（见 6.2.2）；

——强化意识（见 7.3）、外部信息交流（见 7.4.3）、运行策划与控制（见 8.1）、监视和测量（见 9.1）等过程的开发。

这些过程的有效性和过程的结果也可以为合规义务的履行情况提供证据。组织可以选用评审相关方提供的报告和信息（例如：现场监管检查报告或客户审核），或与相关方专门沟通其合规情况等方法。

当发现不满足或潜在不满足合规义务的要求时，组织应当采取措施。组织的不符合和纠正措施过程（见10.2）可被用于安排所需的纠正活动。适当时，组织应当按照规定的要求与有关相关方（见7.4）沟通或向其报告未满足合规义务的情况。

如果某个不合规项已通过环境管理体系过程得到识别并纠正，则此不合规项未必要升级为管理体系的不符合。

通过合规性评价，组织获得了对其合规状态的知识和理解。合规性评价的频次应当足以使这些知识和理解保持为最新状态。评价应当以能为管理评审及时提供输入信息的方式实施，以便最高管理者能评审组织履行合规义务的情况，并保持组织对合规状况的了解。

组织应当保留文件化信息，作为合规性评价的证据。其中可能包括：

——合规性评价结果的报告；

——内部和外部审核报告；

——内部和外部的信息交流和报告。

9.2 内部审核

组织应当按计划的时间间隔实施内部审核，以便为管理者确定环境管理体系是否符合策划的安排，是否已得到恰当的实施和保持提供信息。此结果可用来识别改进组织的环境管理体系的机会。

组织应当制定内部审核方案，用以指导内部审核的策划和实施，确定实现审核方案目标所需的审核活动。组织应当基于其运行的性质，根据其环境因素和潜在环境影响、需应对的风险和机遇、以前的内部和外部审核结果，以及其他相关因素（例如：影响组织的变化、监视和测量结果，以及以往的紧急情况），制定审核方案、确定内审频次。策划审核方案时，组织应当考虑到根据控制要求而需要实施审核的外包过程。

组织应当确定内部审核频次。例如：审核方案可以覆盖一年或几年，可以由一次或多次审核组成。

每次内审不必覆盖整个体系，只要审核方案能确保所有的组织单元、职能、体系要素，以及环境管理体系的全部范围都能被定期审核即可。

内部审核应当由客观和公正的审核员或审核组策划和实施，适当时，可由选自组织内部或外部的技术专家提供帮助。他们的整体能力应当足以实现审核目标，满足特殊的审核范围，为审核结果的可靠性提供信心。

内部审核结果作为验证的基础，可以报告的形式提供，可被用于纠正或预防特定的不符合，或实现一个或多个审核方案目标，并为管理评审提供输入。组织应当保留文件化信息，作为审核方案实施和审核结果的证据。

注：环境管理体系内部审核指导参见ISO 19011。

9.3 管理评审

最高管理者应当按确定的时间间隔对组织的环境管理体系进行评审，以评价其持续的适宜性、充分性和有效性。这一评审应当覆盖环境管理体系范围内的活动、产品和服务的环境因素。

管理评审既可以与其他管理活动结合实施（例如，董事会议、运营会议），也可以单独实施。管理评审可以与组织的计划和预算周期相一致，最高管理者可以在评审整体经营业绩时对环境绩效进行评价，以便使环境管理体系的优先项和资源需求决策与其他业务的优先项和资源需求相平衡。

管理评审的输入信息可包括：

——合规义务履行情况的审核和评价结果；

——来自外部相关方的信息，包括抱怨；

——组织的环境绩效；

——组织的环境目标的实现程度；

——纠正措施的状况；

——以往管理评审的后续行动；

——变化的情况，包括：

——组织所处的环境；

——组织的活动、产品和服务的变更；

——对已纳入计划的或新的开发中的重要环境因素及需应对的风险和机遇的评价结果；

——组织的合规义务的变化；

——相关方的观点；

——科学和技术的发展；

——从紧急情况中学到的经验教训；

——资源的充分性；

——改进的建议。

环境管理体系管理评审的输出应当包括对下述事项的决定：

——体系的适宜性、充分性和有效性；

——持续改进的机会；

——物质、人力和财务资源的变化需求；

——环境目标未实现时需要采取的措施；

——针对环境方针、环境目标以及环境管理体系其他要素可能出现的变化而需要采取的措施；

——如果需要的话，针对改进环境管理体系与其他业务过程的融合而采取的措施；

——对组织战略方向的影响。

作为管理评审结果的证据而保留的文件化信息的示例，包括会议议程副本、参会人员名单、汇报材料或分发的资料，以及在报告或纪要或跟踪系统中记录的管理决议。

最高管理者可以决定哪些人员应当参与管理评审。典型的参与人员包括：环保人员、关键职能部门的管理者和最高管理者。鉴于整合的目的，其他管理体系的代表（例如：质量、职业健康安全、能源、业务连续性等）也可以参与管理评审。

10　改进

10.1　总则

改进是有效的环境管理体系不可或缺的一部分。组织应当通过以下活动的结果来确定改进的机会：

——对环境绩效和合规义务履行情况的监视、测量、分析、和评价（见 9.1）；

——对其环境管理体系的审核（见 9.2）；

——管理评审（见 9.3）。

为了实现环境管理体系的预期结果，组织应当采取必要的措施应对识别的改进机会，包括控制和纠正不符合，并通过持续改进环境管理体系的适宜性、充分性和有效性来提升其环境绩效。

10.2　不符合和纠正措施

为使环境管理体系能够持续有效运行，组织应当采取系统的方法识别不符合，采取措施减轻任何不利的环境影响，分析不符合的原因并采取纠正措施。这一方法有助于组织实施和保持环境管理体系。

不符合是未履行与环境管理体系有关的规定要求，或未履行环境绩效方面的规定要求。不符合的情况可能发生在环境管理体系的部分不能发挥预期职能或环境绩效要求未满足时。

这种情况的示例包括：

——环境管理体系绩效不符合；

——产品环境因素的重要性未予评价；

——应急准备和响应的职责未分配；

——对合规义务的履行情况未定期进行评价；

——环境绩效不符合；

——节能减排目标未实现；

——维护要求未按预订安排执行；

——运行准则（例如被允许的限度）未予满足。

9.2 中描述的内部审核过程是定期识别不符合的一种方式。另一种方式是分配识别不符合的职责，并向组织控制下工作的所有人员报告潜在的或实际的问题。

一旦发现不符合一经识别，组织应当对其展开调查以确定原起因，以便这样纠正措施能集中在环境管理体系的适当恰当的部分。在制定应对不符合的计划时，组织应当考虑应当采取何种措施解决问题，应当做出何种变更化来纠正当前情况和恢复正常运行，以及如何做来消除原起因和预防问题再次发生，或别处发生在其他地方。同样问题。这些纠正措施的形式和时间应当适合于不符合及与环境影响的性质和规模。

如果发现潜在问题但没有实际不符合存在，可以采取措施预防不符合的发生。对于存在类似活动、趋势分析或危险可操作性研究的其他适用领域，可从实际不符合中推断纠正措施以识别潜在问题；同时，在策划应对 6.1.1 中识别的风险和机遇措施时也应当考虑潜在问题。

当措施导致环境管理体系发生变化时，应当适时更新相关文件化信息和能力需求，并应当传达给那些需要知晓该变化的人员。管理者应当确保在问题发生之前已经实施纠正措施和预防措施，并进行了系统性评审和跟进以确保采取措施的有效性。

组织应当保留文件化信息，作为不符合的性质、所采取的后续措施，以及采取纠正措施的结果的证据。

10.3 持续改进

10.3.1 改进的机会

持续改进是一个有效的环境管理体系的一项关键特性，用以提升环境绩效。它可通过环境目标的实现和环境管理体系整体或任何组成部分的强化来完成。组织可以鼓励所有员工为改进献策。

组织应当持续的评价其环境绩效和其环境管理体系过程的绩效，以识别改进的机会。最高管理者应当通过管理评审过程直接参与这一评价。

识别环境管理体系的缺陷也为改进提供了重要机会。为认识到此类改进，组织应当了解存在怎样的缺陷，并理解缺陷存在的原因。这可通过分析环境管理体系缺陷的根本原因来实现。

持续改进的一些有用的信息源包括：

——从不符合和相关纠正措施中获得的经验；

——对照最佳实践的外部标杆；

——贸易协会和同行组；

——新法规或对现行法规提议的变化；

——环境管理体系和其他审核结果；

——对监视和测量结果的评价与分析；

——先进技术方面的文献；

——相关方的观点，包括员工、顾客和供应商。

10.3.2 持续改进的实施

在识别到改进机会时，应当就这些机会进行评价，以确定应当采取什么措施。应当策划改进措施，并应当据此对环境管理体系实施相应的变更。

改进无需在所有领域同时发生（见 4.4.1）。由于体系绩效的提升，环境管理体系的持续改进可能变得越发困难。实用指导 20 提供了改进措施的示例。

实用指导 20——改进的示例

改进的一些示例包括：

——制定评估新材料的流程，以提倡使用危害性更少的材料；

——改进关于材料和操作方面的员工培训，以减少组织产生的废弃物；

——采用废水处理工艺使水再利用；

——在办公打印设备上，将复制设备上的默认设置改为双面复印；
——重新设计交付路径以减少运输公司使用的化石燃料；
——制定环境目标，以实施锅炉运行中的燃料替代并减少颗粒物排放；
——在组织内部发展环境改进文化；
——与相关方发展合作关系；
——考虑组织业务过程中的可持续性。

附录 A
（资料性附录）

活动、产品和服务，以及与之相关的环境因素、环境影响、风险、机遇和措施的示例。

表 A.1　活动、产品和服务，以及与之相关的环境因素、环境影响、风险、机遇和措施的示例

活动/产品/服务	环境因素	实际的和潜在的环境影响	需要应对的风险和机遇	策划采取的措施
活动：燃油锅炉运行				
锅炉的运行	燃料油的使用	不可再生自然资源的消耗	风险（潜在的有害影响） ——无燃料油可用 ——燃料油成本增加 机会（潜在的有益影响） ——用太阳能替代锅炉加热源 ——降低运行成本	财务部门要求监视燃料价格，对比未来成本情况并进行成本收益分析 制定环境目标，用太阳能替代锅炉加热源
	二氧化硫、氮氧化物和 CO_2（即温室气体）的排放	对本地居民呼吸系统的影响 酸雨对地表水的影响 全球变暖和气候变化	风险（潜在的有害影响） ——不能履行合规义务 ——可能产生罚款 ——收到负面的公众反映 机会（潜在的有益影响） ——减少排放，安装烟气脱硫装置	实施运行控制以确保履行合规义务 制定环境目标以安装适宜的减排设备
	加热水的排放	对水质的变化（例如温度）	机会（潜在的有益影响） ——从废水中回收热量 ——降低运行成本	制订环境目标，安装热回收系统
地下储罐中存储的燃料油	油排放到土地（紧急情况）	土壤污染 地下水污染	风险（潜在的有害影响） ——清污成本 ——罚款 机会（潜在的有益影响） ——用太阳能替代锅炉加热源	制订应急计划以便对储罐泄漏和清理做出响应 制订环境目标，用太阳能替换锅炉加热源
燃料油的交付和转移	燃料油失控泄露，释放到地表排水系统中（紧急情况）	地表水污染 动物中有毒物质的生物累积	风险（潜在的有害影响） ——清污成本 ——罚款 ——负面公众形象，导致企业价值减少	制订交付流程 制订应急计划，以便对燃料油泄漏和清理做出响应

续表

活动/产品/服务	环境因素	实际的和潜在的环境影响	需要应对的风险和机遇	策划采取的措施
活动：道路施工				
强降雨期间施工	雨水轻流（非正常状况）	土壤侵蚀 地表水污染 湿地生境退化	风险（潜在的有害影响） ——清污成本 ——罚款 ——负面公众形象（由于栖息地退化），导致失去未来施工项目	实施运行控制以控制泥沙径流 制定应急方案以减轻未控制的径流 做出清污响应
活动：农业：水稻种植				
漫灌及水田的耕作	水的使用	地下水供应枯竭	风险（潜在的有害影响） ——气候变化（比如降雨量减少） ——对于承压井/自流井和蓄水层的依赖增加 ——更高的水成本	基于未来气候变化情况搭建可用水模型 投资于研究机会
			机会（潜在的有益影响） ——找到需水较少的水稻品种（即更耐干旱） ——种植替代作物	
	杀虫剂的使用	土壤污染 在动物中有毒物质的生物累积，导致对健康不利的影响，造成物种减少	风险（潜在的有害影响） ——地下水污染 ——生物产品耐药性 ——杀虫剂的使用增多 ——增加成本 机会（潜在的有益影响） ——采用有机耕作法 ——病虫害综合治理 ——降低杀虫剂成本	调查最少量使用或替代使用杀虫剂的可能性 对杀虫剂使用实施运行控制 研究当前的有机耕作法
	CO_2 和甲烷的排放（即温室气体）	全球变化和气候变化	风险（潜在的有害影响） ——不利于组织和行业形象	碳补偿的潜能研究
产品：锅炉				
高效锅炉设计	燃料使用减少	不可再生能源的保护（有益的影响）	机会（潜在的有益影响） ——销量增加 ——由于创新设计使形象提升	与成本和碳减排有关的营销活动
设计阶段非危险物质的替代	寿命结束阶段危险废物产生量降低	至垃圾填埋场的危险废物量减少（有益影响）	机会（潜在的有益影响） ——销量增加 ——生产者责任立法中的罚金减少	提供适当的产品回收信息

续表

活动/产品/服务	环境因素	实际的和潜在的环境影响	需要应对的风险和机遇	策划采取的措施
产品：打印机硒鼓				
为再利用设计打印机硒鼓	原材料和能源使用减少 寿命结束阶段生成的固体物减少	不可再生能源的保护（有益的影响） 至垃圾填埋场的废物量减少（有益影响）	机会（潜在的有益影响） ——提供服务活动 ——与客户维持更长久的关系	在产品销售点提供如再循环硒鼓的信息
产品：空调				
客户的运行装置	耗电（组织可以“影响”因素）	不可再生自然资源枯竭	风险（潜在的有害影响） ——由于更有竞争力的制造商使得销量受损	设定针对其他竞争者的标杆绩效 投资于更多能效相关的研究和开发
	制冷剂的使用	当空调系统泄漏时，全球变暖和潜在的臭氧层破坏	风险（潜在的有害影响） ——负面公众反映，由于使用制冷剂的使全球变暖和潜在的臭氧层破坏； 机会（潜在的有益影响） ——提供合格工程师进行新服务	与研究机构建立合作关系，研究制冷剂的替代物。
	固体废物产生（组织可以是“影响”因素）	至垃圾填埋场的废物增加	风险（潜在的有害影响） ——处理费用方面的成本增加 ——填埋禁令	研究回收或再利用方法
服务：维护和修理服务				
	（紧急情况）	土壤污染 对人体有伤害	——清污成本 ——罚款 ——不利的公众形象	
分包的空调修理	研坏臭氧物质的释放（即制冷剂）（异常状态）	臭氧层破坏	风险（潜在的有害影响） ——罚款 ——有害的公众形象	重新对合同方进行招标以确保维修服务的提升
服务：后勤服务				
文件打印	电脑的使用 纸张的使用	自然资源枯竭	风险（潜在的有害影响） ——由于业务流向更有竞争力的无纸办公技术而使企业亏损	研究提供无纸办公的机会
双面打印	自然资源使用的减少（组织可以是“影响”因素）	自然资源的保护（有益的影响）	机会（潜在的有益影响） ——降低成本	制作营销资料向潜在客户宣传环保和成本收益知识
废纸回收利用	生成的固体废物减少（组织可以是“影响”因素）	送至垃圾填埋场的废物减少（有益的影响）	机会（潜在的有益影响） ——降低成本 ——正面的公众印象	

续表

活动/产品/服务	环境因素	实际的和潜在的环境影响	需要应对的风险和机遇	策划采取的措施
服务：产品和服务的运输与分配				
日常维修保养（包括换机油）	氮氧化物排放的减少 含油废物的排放	减少的空气污染（有益的影响） 土壤污染	风险（潜在的有害影响） ——罚款 ——清污成本 机会（潜在的有益影响） ——回收利用含油废物 ——降低运行成本	与维修人员交流环境收益 制定管理废物的运行控制 在资本重组过程中考虑用电作为汽车动力
服务：产品和服务的运输与分配				
日常运行	燃料使用	不可再生矿物燃料枯竭	风险（潜在的有害影响） ——燃料的可获得性 ——更高的燃料成本 机会（潜在的有益影响） ——使用替代燃料（压缩天然气/液化天然气） ——降低燃料成本	制定环境目标以减少燃料使用
	氮氧化物的排放	空气污染 全球变暖和气候变化	风险（潜在的有害影响） ——引入更严格的燃料排放标准	关于减排方法的研究
	噪声的产生	给本地居民带来不适或不便	风险（潜在的有害影响） ——负面的组织形象	提供驾驶员培训 规定严格的运行时间
包装	包装的回收	至垃圾填埋场的废物减少	机会（潜在的有益影响） ——改善与客户的关系	宣传服务作为合同谈判的一部分

表 A.2 活动、产品和服务，以及相关的环境因素、环境目标、指标、方案、参数、运行控制、和监视与测量

因素	目标	指标	方案	参数	运行控制	监视和测量
活动：燃油锅炉运行						
燃料油使用	减低非再生资源的使用	在1年内燃料油的使用减少20%（基于当年）	安装更有效的燃料燃烧器	策划项目的里程碑进度 锅炉每工作1小时使用的燃料油	安装改装燃料器的过程 记录燃料油使用的过程	每季度评估项目计划进展情况 每月追踪燃料油利用率
热水排放	尽量减少高温排水对流域水质造成的不利环境影响	至2016年，将平均日排防水的温度降低5℃	设备和设计工程师重新设计运行，从废水中提取和再利用热量（比如，热电联产）	排放水的日平均温度 水域的水质参数 水域中鱼类/动物种类的数量和多样性	水质采样和分析过程 鱼类/动物抽样方案 热电联产运行过程 工程控制	持续监测排放温度 每季度监测水域水质

续表

因素	目标	指标	方案	参数	运行控制	监视和测量
产品：空调						
用电	鼓励消费者节约能源	基于去年的运行温度，在本年年底将运行温度降低5%	通过发放能效材料制品教育消费者不要过度使用能源，这会产生对环境的不利影响。（例如节省成本，减少不利的环境影响）	增加消费者对节能的兴趣 增加消费者对新节能产品的兴趣	有效产品材料的设计 电能的使用 在新产品设计中考虑客户的能效要求	用户调查
固体垃圾的产生	通过减少包装材料的使用来降低消费者产生的固体垃圾	至2018年，将现有产品线中的包装材料减少5%	重新设计产品包装（工程部，6个月） 实施生产变更（6个月） 试运行和全面生产	单位产品包装材料的使用量 生产线中所用包装材料的减少比例 估算消费者固体废弃物产生量的减少，体积和（或）单位	制定控制过程产品包装过程	每季度监视所用包装材料的数量，比如购买量减去废品量 在生产线中运输的产品单元
服务：产品和服务的运输和分配（车辆维修）						
氮氧化物（NO_x）的排放	通过改善车辆维修的有效性，提高对空	到2018年实现25%的NO_x减排目标	识别NO_x减排的关键维修参数 修改维修方	及时维修比例 NO_x排放/km	维修过程 维修技术培训	跟踪维修频率与时间表 监测车辆燃料
	气质量的有益的环境影响		案以实现减排氮氧化物的关键指标 通过计算机程序来优化车辆维修方案		通过计算机提醒定期维修	NO_x效率 每季度检测车辆NO_x排放量 年度NO_x减少排放量评估
废油产生	按要求管理油类废物	在一年内服务中心实现油类废物处置要求	在服务中心制定和实施废油管理培训方案	服务中心员工培训比例 废物处置不符合的数量 按要求处置油类废物比例	废物管理过程 针对服务中心员工的培训方案	监视服务中心员工培训的执行情况 跟踪废油处置数量和处置方法

表 A.3　与合规义务相关，需要应对的风险与机遇以及应对措施

合规义务	需要应对的风险与机遇	策划才去的措施
新增法规的要求	风险（潜在的不利影响） 未能识别和遵循新的或变化的法规要求，会对组织的荣誉造成损害并产生罚款	编制控制程序，以确保具有及时识别新增法规要求的能力

续表

合规义务	需要应对的风险与机遇	策划才去的措施
信息的监管要求	风险（潜在的不利影响） 未能响应、延迟响应或不准确的响应会使监管机构对其更严格的审查 机会（潜在的有益影响） 及时、主动和透明的交流能巩固组织与监管机构的关系	编制接收和响应信息交流的程序，以便更友好地与监管部门进行沟通，包括报告制度 采用内部审核方案为改善信息交流的及时性和透明性提供建议，必要时，持续改善信息交流过程采取措施
区域客户对报废产品回收的要求	风险（潜在的不利影响） 增加所需资源和物流以支持区域产品回收将显著增加单位生产成本 机会（潜在的有益影响） 为世界范围内所有客户提供回收服务，能提高组织作为环保引领的信誉，并且带来新的业务机会	设定产品重新开发、产品再造目标，支持回收方案，以节省资源和降低原材料成本

表 A.4　与其他问题和要求相关，需要应对的风险与机遇以及应对措施

其他问题和要求	需要应对的风险和机遇	策划要采取的措施
碳税（资产管理/财务服务机构）	风险（潜在的不利影响） 搁浅的资产，例如由于转向低碳经济而可能保持未使用的已知煤储存量 机会（潜在的有益影响） 通过投资可再生资源/清洁技术实现更高的财务回报	通过增加对可再生资源的投资和减少对排放密集型行业的投资，建立多元化投资组合的目标
水资源匮乏（食品和饮料行业组织）	风险（潜在的不利影响） 由于可用水有限导致产生受限 机会（潜在的有益影响） 通过过程优化提高效率	采用工程控制以减少生产过程中流失的水 建立绩效指标并监视/测量每单位产生用水

附录 B
（资料性附录）
实施环境管理体系的阶段性方法（基于 ISO 14005）

当环境管理体系的范围包括所有组织活动、产品和服务，并且覆盖环境管理体系的所有要素时，组织可以建立完整的环境管理体系。一次性建立完整的环境管理体系对一些组织来说是有困难的。对于这些组织，阶段性方法有几个益处，例如评估投入环境管理体系的时间和金钱对组织的回报能力。组织能够发现环境绩效改善可以帮助降低成本，改善他们的社区关系，使他们能够达成客户的期望并付诸他们履行了合规义务的证明。组织在逐步实施管理体系时，可以追踪环境管理体系绩效，增加或扩大他们为组织提供价值的要素。环境管理体系阶段性发展可能涉及的方法如下：

a）进行单独的项目，仅集中在一个或有限数量的环境因素上。这样能使组织熟悉环境管理体系的基本要素，以系统化方法管理部分环境因素，取得一些收益并帮助改进环境绩效，并因此持续保持环境管理体系。

b）利用混合步骤遵循步进式要素（见图 B.1）。此方法适合的组织是在执行初始环境项目评价后，决定采用该结构方法管理其环境因素。

c）利用可能连续或同时实施的所选步骤。选择步骤需要阐述具体环境问题，比如合规义务的履行，包括满足相关方的需求，或改进环境绩效。此方法可能适合的组织是在其能获取的资源范围内想按自己的步伐制定环境管理体系，以确保其环境管理体系的有效性。

可实现的策划方案需确定：

——采用的方法；

——方案实现的时间表；

——资源要求；

——实施策划的角色和职责；

——所需的文件信息；

——能够持续监视和测量过程的方法。

测量过程可以通过在每个阶段结束时实现的结果与实施方案的一致性。关于实施环境管理体系的测量过程对确保资源的有效利用和环境管理体系目标的实现是有价值的。

图 B.1 以五个阶段展示了环境管理体系的实施过程。阶段 1 对应的是具体项目的

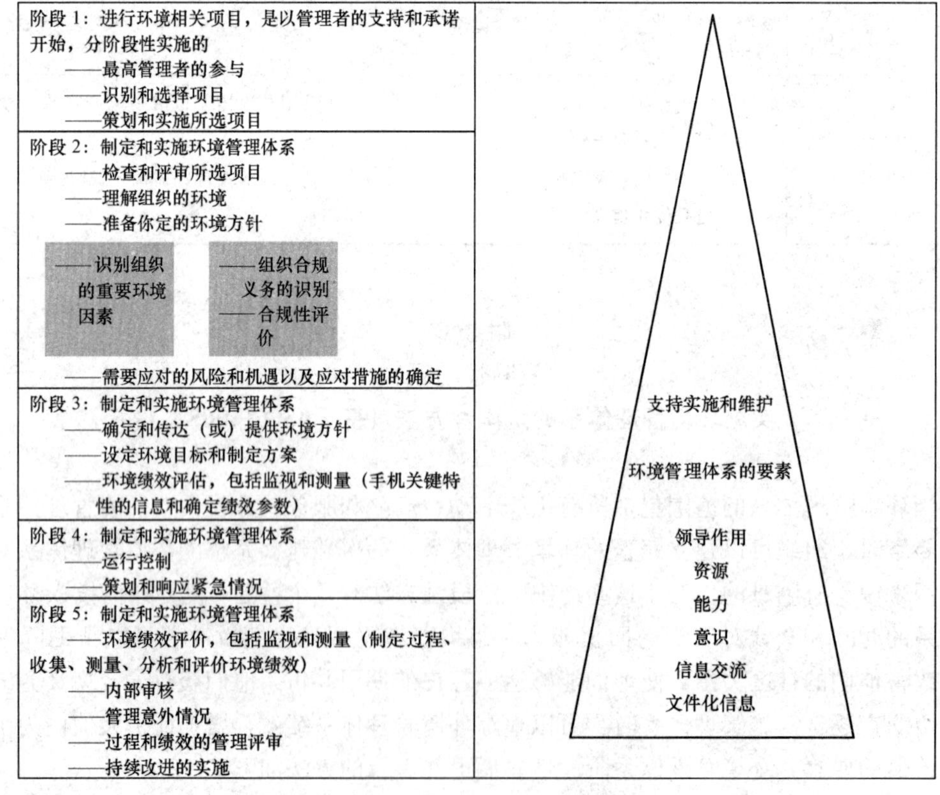

图 B.1　以五个阶段实施的示例

实施。阶段 2、3、4、5 对应的是环境管理体系主要要素的顺次实施。当组织具有充分的承诺开始实施环境管理体系时，他可以从阶段 2 开始。

支持要素随着环境管理体系实施壮大的程度通过下图三角形证明。支持要素需要随着环境管理体系的实施壮大。

附录二　中华人民共和国环境保护法

第一章　总　　则

第一条　为保护和改善环境，防治污染和其他公害，保障公众健康，推进生态文明建设，促进经济社会可持续发展，制定本法。

第二条　本法所称环境，是指影响人类生存和发展的各种天然的和经过人工改造的自然因素的总体，包括大气、水、海洋、土地、矿藏、森林、草原、湿地、野生生物、自然遗迹、人文遗迹、自然保护区、风景名胜区、城市和乡村等。

第三条　本法适用于中华人民共和国领域和中华人民共和国管辖的其他海域。

第四条　保护环境是国家的基本国策。

国家采取有利于节约和循环利用资源、保护和改善环境、促进人与自然和谐的经济、技术政策和措施，使经济社会发展与环境保护相协调。

第五条　环境保护坚持保护优先、预防为主、综合治理、公众参与、损害担责的原则。

第六条　一切单位和个人都有保护环境的义务。

地方各级人民政府应当对本行政区域的环境质量负责。

企业事业单位和其他生产经营者应当防止、减少环境污染和生态破坏，对所造成的损害依法承担责任。

公民应当增强环境保护意识，采取低碳、节俭的生活方式，自觉履行环境保护义务。

第七条　国家支持环境保护科学技术研究、开发和应用，鼓励环境保护产业发展，促进环境保护信息化建设，提高环境保护科学技术水平。

第八条　各级人民政府应当加大保护和改善环境、防治污染和其他公害的财政投入，提高财政资金的使用效益。

第九条　各级人民政府应当加强环境保护宣传和普及工作，鼓励基层群众性自治组织、社会组织、环境保护志愿者开展环境保护法律法规和环境保护知识的宣传，营造保护环境的良好风气。

教育行政部门、学校应当将环境保护知识纳入学校教育内容，培养学生的环境保护意识。

新闻媒体应当开展环境保护法律法规和环境保护知识的宣传，对环境违法行为进行舆论监督。

第十条　国务院环境保护主管部门，对全国环境保护工作实施统一监督管理；县级以上地方人民政府环境保护主管部门，对本行政区域环境保护工作实施统一监督管理。

县级以上人民政府有关部门和军队环境保护部门，依照有关法律的规定对资源保护和污染防治等环境保护工作实施监督管理。

第十一条 对保护和改善环境有显著成绩的单位和个人，由人民政府给予奖励。

第十二条 每年6月5日为环境日。

第二章 监督管理

第十三条 县级以上人民政府应当将环境保护工作纳入国民经济和社会发展规划。

国务院环境保护主管部门会同有关部门，根据国民经济和社会发展规划编制国家环境保护规划，报国务院批准并公布实施。

县级以上地方人民政府环境保护主管部门会同有关部门，根据国家环境保护规划的要求，编制本行政区域的环境保护规划，报同级人民政府批准并公布实施。

环境保护规划的内容应当包括生态保护和污染防治的目标、任务、保障措施等，并与主体功能区规划、土地利用总体规划和城乡规划等相衔接。

第十四条 国务院有关部门和省、自治区、直辖市人民政府组织制定经济、技术政策，应当充分考虑对环境的影响，听取有关方面和专家的意见。

第十五条 国务院环境保护主管部门制定国家环境质量标准。

省、自治区、直辖市人民政府对国家环境质量标准中未作规定的项目，可以制定地方环境质量标准；对国家环境质量标准中已作规定的项目，可以制定严于国家环境质量标准的地方环境质量标准。地方环境质量标准应当报国务院环境保护主管部门备案。

国家鼓励开展环境基准研究。

第十六条 国务院环境保护主管部门根据国家环境质量标准和国家经济、技术条件，制定国家污染物排放标准。

省、自治区、直辖市人民政府对国家污染物排放标准中未作规定的项目，可以制定地方污染物排放标准；对国家污染物排放标准中已作规定的项目，可以制定严于国家污染物排放标准的地方污染物排放标准。地方污染物排放标准应当报国务院环境保护主管部门备案。

第十七条 国家建立、健全环境监测制度。国务院环境保护主管部门制定监测规范，会同有关部门组织监测网络，统一规划国家环境质量监测站（点）的设置，建立监测数据共享机制，加强对环境监测的管理。

有关行业、专业等各类环境质量监测站（点）的设置应当符合法律法规规定和监测规范的要求。

监测机构应当使用符合国家标准的监测设备，遵守监测规范。监测机构及其负责人对监测数据的真实性和准确性负责。

第十八条 省级以上人民政府应当组织有关部门或者委托专业机构，对环境状况进行调查、评价，建立环境资源承载能力监测预警机制。

第十九条 编制有关开发利用规划，建设对环境有影响的项目，应当依法进行环境影响评价。

未依法进行环境影响评价的开发利用规划，不得组织实施；未依法进行环境影响评价的建设项目，不得开工建设。

第二十条 国家建立跨行政区域的重点区域、流域环境污染和生态破坏联合防治协调机制，实行统一规划、统一标准、统一监测、统一的防治措施。

前款规定以外的跨行政区域的环境污染和生态破坏的防治，由上级人民政府协调解决，或者由有关地方人民政府协商解决。

第二十一条 国家采取财政、税收、价格、政府采购等方面的政策和措施，鼓励和支持环境保护技术装备、资源综合利用和环境服务等环境保护产业的发展。

第二十二条 企业事业单位和其他生产经营者，在污染物排放符合法定要求的基础上，进一步减少污染物排放的，人民政府应当依法采取财政、税收、价格、政府采购等方面的政策和措施予以鼓励和支持。

第二十三条 企业事业单位和其他生产经营者，为改善环境，依照有关规定转产、搬迁、关闭的，人民政府应当予以支持。

第二十四条 县级以上人民政府环境保护主管部门及其委托的环境监察机构和其他负有环境保护监督管理职责的部门，有权对排放污染物的企业事业单位和其他生产经营者进行现场检查。被检查者应当如实反映情况，提供必要的资料。实施现场检查的部门、机构及其工作人员应当为被检查者保守商业秘密。

第二十五条 企业事业单位和其他生产经营者违反法律法规规定排放污染物，造成或者可能造成严重污染的，县级以上人民政府环境保护主管部门和其他负有环境保护监督管理职责的部门，可以查封、扣押造成污染物排放的设施、设备。

第二十六条 国家实行环境保护目标责任制和考核评价制度。县级以上人民政府应当将环境保护目标完成情况纳入对本级人民政府负有环境保护监督管理职责的部门及其负责人和下级人民政府及其负责人的考核内容，作为对其考核评价的重要依据。考核结果应当向社会公开。

第二十七条 县级以上人民政府应当每年向本级人民代表大会或者人民代表大会常务委员会报告环境状况和环境保护目标完成情况，对发生的重大环境事件应当及时向本级人民代表大会常务委员会报告，依法接受监督。

第三章 保护和改善环境

第二十八条 地方各级人民政府应当根据环境保护目标和治理任务，采取有效措施，改善环境质量。

未达到国家环境质量标准的重点区域、流域的有关地方人民政府，应当制定限期达标规划，并采取措施按期达标。

第二十九条 国家在重点生态功能区、生态环境敏感区和脆弱区等区域划定生态保护红线，实行严格保护。

各级人民政府对具有代表性的各种类型的自然生态系统区域，珍稀、濒危的野生动植物自然分布区域，重要的水源涵养区域，具有重大科学文化价值的地质构造、著名溶洞和化石分布区、冰川、火山、温泉等自然遗迹，以及人文遗迹、古树名木，应当采取措施予以保护，严禁破坏。

第三十条 开发利用自然资源，应当合理开发，保护生物多样性，保障生态安全，依法制定有关生态保护和恢复治理方案并予以实施。

引进外来物种以及研究、开发和利用生物技术，应当采取措施，防止对生物多样性的破坏。

第三十一条 国家建立、健全生态保护补偿制度。

国家加大对生态保护地区的财政转移支付力度。有关地方人民政府应当落实生态保护补偿资金，确保其用于生态保护补偿。

国家指导受益地区和生态保护地区人民政府通过协商或者按照市场规则进行生态保护补偿。

第三十二条 国家加强对大气、水、土壤等的保护，建立和完善相应的调查、监测、评估和修复制度。

第三十三条 各级人民政府应当加强对农业环境的保护，促进农业环境保护新技术的使用，加强对农业污染源的监测预警，统筹有关部门采取措施，防治土壤污染和土地沙化、盐渍化、贫瘠化、石漠化、地面沉降以及防治植被破坏、水土流失、水体富营养化、水源枯竭、种源灭绝等生态失调现象，推广植物病虫害的综合防治。

县级、乡级人民政府应当提高农村环境保护公共服务水平，推动农村环境综合整治。

第三十四条 国务院和沿海地方各级人民政府应当加强对海洋环境的保护。向海洋排放污染物、倾倒废弃物，进行海岸工程和海洋工程建设，应当符合法律法规规定和有关标准，防止和减少对海洋环境的污染损害。

第三十五条 城乡建设应当结合当地自然环境的特点，保护植被、水域和自然景观，加强城市园林、绿地和风景名胜区的建设与管理。

第三十六条 国家鼓励和引导公民、法人和其他组织使用有利于保护环境的产品和再生产品，减少废弃物的产生。

国家机关和使用财政资金的其他组织应当优先采购和使用节能、节水、节材等有利于保护环境的产品、设备和设施。

第三十七条 地方各级人民政府应当采取措施，组织对生活废弃物的分类处置、回收利用。

第三十八条 公民应当遵守环境保护法律法规，配合实施环境保护措施，按照规定对生活废弃物进行分类放置，减少日常生活对环境造成的损害。

第三十九条 国家建立、健全环境与健康监测、调查和风险评估制度；鼓励和组织开展环境质量对公众健康影响的研究，采取措施预防和控制与环境污染有关的疾病。

第四章　防治污染和其他公害

第四十条　国家促进清洁生产和资源循环利用。

国务院有关部门和地方各级人民政府应当采取措施，推广清洁能源的生产和使用。

企业应当优先使用清洁能源，采用资源利用率高、污染物排放量少的工艺、设备以及废弃物综合利用技术和污染物无害化处理技术，减少污染物的产生。

第四十一条　建设项目中防治污染的设施，应当与主体工程同时设计、同时施工、同时投产使用。防治污染的设施应当符合经批准的环境影响评价文件的要求，不得擅自拆除或者闲置。

第四十二条　排放污染物的企业事业单位和其他生产经营者，应当采取措施，防治在生产建设或者其他活动中产生的废气、废水、废渣、医疗废物、粉尘、恶臭气体、放射性物质以及噪声、振动、光辐射、电磁辐射等对环境的污染和危害。

排放污染物的企业事业单位，应当建立环境保护责任制度，明确单位负责人和相关人员的责任。

重点排污单位应当按照国家有关规定和监测规范安装使用监测设备，保证监测设备正常运行，保存原始监测记录。

严禁通过暗管、渗井、渗坑、灌注或者篡改、伪造监测数据，或者不正常运行防治污染设施等逃避监管的方式违法排放污染物。

第四十三条　排放污染物的企业事业单位和其他生产经营者，应当按照国家有关规定缴纳排污费。排污费应当全部专项用于环境污染防治，任何单位和个人不得截留、挤占或者挪作他用。

依照法律规定征收环境保护税的，不再征收排污费。

第四十四条　国家实行重点污染物排放总量控制制度。重点污染物排放总量控制指标由国务院下达，省、自治区、直辖市人民政府分解落实。企业事业单位在执行国家和地方污染物排放标准的同时，应当遵守分解落实到本单位的重点污染物排放总量控制指标。

对超过国家重点污染物排放总量控制指标或者未完成国家确定的环境质量目标的地区，省级以上人民政府环境保护主管部门应当暂停审批其新增重点污染物排放总量的建设项目环境影响评价文件。

第四十五条　国家依照法律规定实行排污许可管理制度。

实行排污许可管理的企业事业单位和其他生产经营者应当按照排污许可证的要求排放污染物；未取得排污许可证的，不得排放污染物。

第四十六条　国家对严重污染环境的工艺、设备和产品实行淘汰制度。任何单位和个人不得生产、销售或者转移、使用严重污染环境的工艺、设备和产品。

禁止引进不符合我国环境保护规定的技术、设备、材料和产品。

第四十七条　各级人民政府及其有关部门和企业事业单位，应当依照《中华人民共和国突发事件应对法》的规定，做好突发环境事件的风险控制、应急准备、应急处置和事后恢复等工作。

县级以上人民政府应当建立环境污染公共监测预警机制，组织制定预警方案；环境受到污染，可能影响公众健康和环境安全时，依法及时公布预警信息，启动应急措施。

企业事业单位应当按照国家有关规定制定突发环境事件应急预案，报环境保护主管部门和有关部门备案。在发生或者可能发生突发环境事件时，企业事业单位应当立即采取措施处理，及时通报可能受到危害的单位和居民，并向环境保护主管部门和有关部门报告。

突发环境事件应急处置工作结束后，有关人民政府应当立即组织评估事件造成的环境影响和损失，并及时将评估结果向社会公布。

第四十八条 生产、储存、运输、销售、使用、处置化学物品和含有放射性物质的物品，应当遵守国家有关规定，防止污染环境。

第四十九条 各级人民政府及其农业等有关部门和机构应当指导农业生产经营者科学种植和养殖，科学合理施用农药、化肥等农业投入品，科学处置农用薄膜、农作物秸秆等农业废弃物，防止农业面源污染。

禁止将不符合农用标准和环境保护标准的固体废物、废水施入农田。施用农药、化肥等农业投入品及进行灌溉，应当采取措施，防止重金属和其他有毒有害物质污染环境。

畜禽养殖场、养殖小区、定点屠宰企业等的选址、建设和管理应当符合有关法律法规规定。从事畜禽养殖和屠宰的单位和个人应当采取措施，对畜禽粪便、尸体和污水等废弃物进行科学处置，防止污染环境。

县级人民政府负责组织农村生活废弃物的处置工作。

第五十条 各级人民政府应当在财政预算中安排资金，支持农村饮用水水源地保护、生活污水和其他废弃物处理、畜禽养殖和屠宰污染防治、土壤污染防治和农村工矿污染治理等环境保护工作。

第五十一条 各级人民政府应当统筹城乡建设污水处理设施及配套管网，固体废物的收集、运输和处置等环境卫生设施，危险废物集中处置设施、场所以及其他环境保护公共设施，并保障其正常运行。

第五十二条 国家鼓励投保环境污染责任保险。

第五章 信息公开和公众参与

第五十三条 公民、法人和其他组织依法享有获取环境信息、参与和监督环境保护的权利。

各级人民政府环境保护主管部门和其他负有环境保护监督管理职责的部门，应当依法公开环境信息、完善公众参与程序，为公民、法人和其他组织参与和监督环境保护提供便利。

第五十四条 国务院环境保护主管部门统一发布国家环境质量、重点污染源监测信息及其他重大环境信息。省级以上人民政府环境保护主管部门定期发布环境状况公报。

县级以上人民政府环境保护主管部门和其他负有环境保护监督管理职责的部门，应当依法公开环境质量、环境监测、突发环境事件以及环境行政许可、行政处罚、排污费的征收和使用情况等信息。

县级以上地方人民政府环境保护主管部门和其他负有环境保护监督管理职责的部门，应当将企业事业单位和其他生产经营者的环境违法信息记入社会诚信档案，及时向社会公布违法者名单。

第五十五条 重点排污单位应当如实向社会公开其主要污染物的名称、排放方式、排放浓度和总量、超标排放情况，以及防治污染设施的建设和运行情况，接受社会监督。

第五十六条 对依法应当编制环境影响报告书的建设项目，建设单位应当在编制时向可能受影响的公众说明情况，充分征求意见。

负责审批建设项目环境影响评价文件的部门在收到建设项目环境影响报告书后，除涉及国家秘密和商业秘密的事项外，应当全文公开；发现建设项目未充分征求公众意见的，应当责成建设单位征求公众意见。

第五十七条 公民、法人和其他组织发现任何单位和个人有污染环境和破坏生态行为的，有权向环境保护主管部门或者其他负有环境保护监督管理职责的部门举报。

公民、法人和其他组织发现地方各级人民政府、县级以上人民政府环境保护主管部门和其他负有环境保护监督管理职责的部门不依法履行职责的，有权向其上级机关或者监察机关举报。

接受举报的机关应当对举报人的相关信息予以保密，保护举报人的合法权益。

第五十八条 对污染环境、破坏生态，损害社会公共利益的行为，符合下列条件的社会组织可以向人民法院提起诉讼：

（一）依法在设区的市级以上人民政府民政部门登记；

（二）专门从事环境保护公益活动连续五年以上且无违法记录。

符合前款规定的社会组织向人民法院提起诉讼，人民法院应当依法受理。

提起诉讼的社会组织不得通过诉讼牟取经济利益。

第六章　法　律　责　任

第五十九条 企业事业单位和其他生产经营者违法排放污染物，受到罚款处罚，被责令改正，拒不改正的，依法作出处罚决定的行政机关可以自责令改正之日的次日起，按照原处罚数额按日连续处罚。

前款规定的罚款处罚，依照有关法律法规按照防治污染设施的运行成本、违法行为造成的直接损失或者违法所得等因素确定的规定执行。

地方性法规可以根据环境保护的实际需要，增加第一款规定的按日连续处罚的违法行为的种类。

第六十条 企业事业单位和其他生产经营者超过污染物排放标准或者超过重点污染物排放总量控制指标排放污染物的，县级以上人民政府环境保护主管部门可以责令其采取限制生产、停产整治等措施；情节严重的，报经有批准权的人民政府批准，责令停业、关闭。

第六十一条 建设单位未依法提交建设项目环境影响评价文件或者环境影响评价文件未经批准，擅自开工建设的，由负有环境保护监督管理职责的部门责令停止建设，处以罚款，并可以责令恢复原状。

第六十二条 违反本法规定，重点排污单位不公开或者不如实公开环境信息的，由县级以上地方人民政府环境保护主管部门责令公开，处以罚款，并予以公告。

第六十三条 企业事业单位和其他生产经营者有下列行为之一，尚不构成犯罪的，除依照有关法律法规规定予以处罚外，由县级以上人民政府环境保护主管部门或者其他有关部门将案件移送公安机关，对其直接负责的主管人员和其他直接责任人员，处十日以上十五日以下拘留；情节较轻的，处五日以上十日以下拘留：

（一）建设项目未依法进行环境影响评价，被责令停止建设，拒不执行的；

（二）违反法律规定，未取得排污许可证排放污染物，被责令停止排污，拒不执行的；

（三）通过暗管、渗井、渗坑、灌注或者篡改、伪造监测数据，或者不正常运行防治污染设施等逃避监管的方式违法排放污染物的；

（四）生产、使用国家明令禁止生产、使用的农药，被责令改正，拒不改正的。

第六十四条 因污染环境和破坏生态造成损害的，应当依照《中华人民共和国侵权责任法》的有关规定承担侵权责任。

第六十五条 环境影响评价机构、环境监测机构以及从事环境监测设备和防治污染设施维护、运营的机构，在有关环境服务活动中弄虚作假，对造成的环境污染和生态破坏负有责任的，除依照有关法律法规规定予以处罚外，还应当与造成环境污染和生态破坏的其他责任者承担连带责任。

第六十六条 提起环境损害赔偿诉讼的时效期间为三年，从当事人知道或者应当知道其受到损害时起计算。

第六十七条 上级人民政府及其环境保护主管部门应当加强对下级人民政府及其有关部门环境保护工作的监督。发现有关工作人员有违法行为，依法应当给予处分的，应当向其任免机关或者监察机关提出处分建议。

依法应当给予行政处罚，而有关环境保护主管部门不给予行政处罚的，上级人民政府环境保护主管部门可以直接作出行政处罚的决定。

第六十八条 地方各级人民政府、县级以上人民政府环境保护主管部门和其他负有环境保护监督管理职责的部门有下列行为之一的，对直接负责的主管人员和其他直接责任人员给予记过、记大过或者降级处分；造成严重后果的，给予撤职或者开除处分，其主要负责人应当引咎辞职：

（一）不符合行政许可条件准予行政许可的；

（二）对环境违法行为进行包庇的；

（三）依法应当作出责令停业、关闭的决定而未作出的；

（四）对超标排放污染物、采用逃避监管的方式排放污染物、造成环境事故以及不落实生态保护措施造成生态破坏等行为，发现或者接到举报未及时查处的；

（五）违反本法规定，查封、扣押企业事业单位和其他生产经营者的设施、设备的；

（六）篡改、伪造或者指使篡改、伪造监测数据的；

（七）应当依法公开环境信息而未公开的；

（八）将征收的排污费截留、挤占或者挪作他用的；

（九）法律法规规定的其他违法行为。

第六十九条 违反本法规定，构成犯罪的，依法追究刑事责任。

第七章 附 则

第七十条 本法自 2015 年 1 月 1 日起施行。

附录三　中华人民共和国大气污染防治法

第一章　总　　则

第一条　为保护和改善环境，防治大气污染，保障公众健康，推进生态文明建设，促进经济社会可持续发展，制定本法。

第二条　防治大气污染，应当以改善大气环境质量为目标，坚持源头治理，规划先行，转变经济发展方式，优化产业结构和布局，调整能源结构。

防治大气污染，应当加强对燃煤、工业、机动车船、扬尘、农业等大气污染的综合防治，推行区域大气污染联合防治，对颗粒物、二氧化硫、氮氧化物、挥发性有机物、氨等大气污染物和温室气体实施协同控制。

第三条　县级以上人民政府应当将大气污染防治工作纳入国民经济和社会发展规划，加大对大气污染防治的财政投入。

地方各级人民政府应当对本行政区域的大气环境质量负责，制定规划，采取措施，控制或者逐步削减大气污染物的排放量，使大气环境质量达到规定标准并逐步改善。

第四条　国务院环境保护主管部门会同国务院有关部门，按照国务院的规定，对省、自治区、直辖市大气环境质量改善目标、大气污染防治重点任务完成情况进行考核。省、自治区、直辖市人民政府制定考核办法，对本行政区域内地方大气环境质量改善目标、大气污染防治重点任务完成情况实施考核。考核结果应当向社会公开。

第五条　县级以上人民政府环境保护主管部门对大气污染防治实施统一监督管理。

县级以上人民政府其他有关部门在各自职责范围内对大气污染防治实施监督管理。

第六条　国家鼓励和支持大气污染防治科学技术研究，开展对大气污染来源及其变化趋势的分析，推广先进适用的大气污染防治技术和装备，促进科技成果转化，发挥科学技术在大气污染防治中的支撑作用。

第七条　企业事业单位和其他生产经营者应当采取有效措施，防止、减少大气污染，对所造成的损害依法承担责任。

公民应当增强大气环境保护意识，采取低碳、节俭的生活方式，自觉履行大气环境保护义务。

第二章　大气污染防治标准和限期达标规划

第八条　国务院环境保护主管部门或者省、自治区、直辖市人民政府制定大气环境质量标准，应当以保障公众健康和保护生态环境为宗旨，与经济社会发展相适应，做到科学合理。

第九条 国务院环境保护主管部门或者省、自治区、直辖市人民政府制定大气污染物排放标准，应当以大气环境质量标准和国家经济、技术条件为依据。

第十条 制定大气环境质量标准、大气污染物排放标准，应当组织专家进行审查和论证，并征求有关部门、行业协会、企业事业单位和公众等方面的意见。

第十一条 省级以上人民政府环境保护主管部门应当在其网站上公布大气环境质量标准、大气污染物排放标准，供公众免费查阅、下载。

第十二条 大气环境质量标准、大气污染物排放标准的执行情况应当定期进行评估，根据评估结果对标准适时进行修订。

第十三条 制定燃煤、石油焦、生物质燃料、涂料等含挥发性有机物的产品、烟花爆竹以及锅炉等产品的质量标准，应当明确大气环境保护要求。

制定燃油质量标准，应当符合国家大气污染物控制要求，并与国家机动车船、非道路移动机械大气污染物排放标准相互衔接，同步实施。

前款所称非道路移动机械，是指装配有发动机的移动机械和可运输工业设备。

第十四条 未达到国家大气环境质量标准城市的人民政府应当及时编制大气环境质量限期达标规划，采取措施，按照国务院或者省级人民政府规定的期限达到大气环境质量标准。

编制城市大气环境质量限期达标规划，应当征求有关行业协会、企业事业单位、专家和公众等方面的意见。

第十五条 城市大气环境质量限期达标规划应当向社会公开。直辖市和设区的市的大气环境质量限期达标规划应当报国务院环境保护主管部门备案。

第十六条 城市人民政府每年在向本级人民代表大会或者其常务委员会报告环境状况和环境保护目标完成情况时，应当报告大气环境质量限期达标规划执行情况，并向社会公开。

第十七条 城市大气环境质量限期达标规划应当根据大气污染防治的要求和经济、技术条件适时进行评估、修订。

第三章　大气污染防治的监督管理

第十八条 企业事业单位和其他生产经营者建设对大气环境有影响的项目，应当依法进行环境影响评价、公开环境影响评价文件；向大气排放污染物的，应当符合大气污染物排放标准，遵守重点大气污染物排放总量控制要求。

第十九条 排放工业废气或者本法第七十八条规定名录中所列有毒有害大气污染物的企业事业单位、集中供热设施的燃煤热源生产运营单位以及其他依法实行排污许可管理的单位，应当取得排污许可证。排污许可的具体办法和实施步骤由国务院规定。

第二十条 企业事业单位和其他生产经营者向大气排放污染物的，应当依照法律法规和国务院环境保护主管部门的规定设置大气污染物排放口。

禁止通过偷排、篡改或者伪造监测数据、以逃避现场检查为目的的临时停产、非紧急情况下开启应急排放通道、不正常运行大气污染防治设施等逃避监管的方式排放大气污染物。

第二十一条 国家对重点大气污染物排放实行总量控制。

重点大气污染物排放总量控制目标，由国务院环境保护主管部门在征求国务院有关部门和各省、自治区、直辖市人民政府意见后，会同国务院经济综合主管部门报国务院批准并下达实施。

省、自治区、直辖市人民政府应当按照国务院下达的总量控制目标，控制或者削减本行政区域的重点大气污染物排放总量。

确定总量控制目标和分解总量控制指标的具体办法，由国务院环境保护主管部门会同国务院有关部门规定。省、自治区、直辖市人民政府可以根据本行政区域大气污染防治的需要，对国家重点大气污染物之外的其他大气污染物排放实行总量控制。

国家逐步推行重点大气污染物排污权交易。

第二十二条 对超过国家重点大气污染物排放总量控制指标或者未完成国家下达的大气环境质量改善目标的地区，省级以上人民政府环境保护主管部门应当会同有关部门约谈该地区人民政府的主要负责人，并暂停审批该地区新增重点大气污染物排放总量的建设项目环境影响评价文件。约谈情况应当向社会公开。

第二十三条 国务院环境保护主管部门负责制定大气环境质量和大气污染源的监测和评价规范，组织建设与管理全国大气环境质量和大气污染源监测网，组织开展大气环境质量和大气污染源监测，统一发布全国大气环境质量状况信息。

县级以上地方人民政府环境保护主管部门负责组织建设与管理本行政区域大气环境质量和大气污染源监测网，开展大气环境质量和大气污染源监测，统一发布本行政区域大气环境质量状况信息。

第二十四条 企业事业单位和其他生产经营者应当按照国家有关规定和监测规范，对其排放的工业废气和本法第七十八条规定名录中所列有毒有害大气污染物进行监测，并保存原始监测记录。其中，重点排污单位应当安装、使用大气污染物排放自动监测设备，与环境保护主管部门的监控设备联网，保证监测设备正常运行并依法公开排放信息。监测的具体办法和重点排污单位的条件由国务院环境保护主管部门规定。

重点排污单位名录由设区的市级以上地方人民政府环境保护主管部门按照国务院环境保护主管部门的规定，根据本行政区域的大气环境承载力、重点大气污染物排放总量控制指标的要求以及排污单位排放大气污染物的种类、数量和浓度等因素，商有关部门确定，并向社会公布。

第二十五条 重点排污单位应当对自动监测数据的真实性和准确性负责。环境保护主管部门发现重点排污单位的大气污染物排放自动监测设备传输数据异常，应当及时进行调查。

第二十六条 禁止侵占、损毁或者擅自移动、改变大气环境质量监测设施和大气污染物排放自动监测设备。

第二十七条 国家对严重污染大气环境的工艺、设备和产品实行淘汰制度。

国务院经济综合主管部门会同国务院有关部门确定严重污染大气环境的工艺、设备和产品淘汰期限，并纳入国家综合性产业政策目录。

生产者、进口者、销售者或者使用者应当在规定期限内停止生产、进口、销售或者使用列入前款规定目录中的设备和产品。工艺的采用者应当在规定期限内停止采用列入前款规定目录中的工艺。

被淘汰的设备和产品，不得转让给他人使用。

第二十八条 国务院环境保护主管部门会同有关部门，建立和完善大气污染损害评估制度。

第二十九条 环境保护主管部门及其委托的环境监察机构和其他负有大气环境保护监督管理职责的部门，有权通过现场检查监测、自动监测、遥感监测、远红外摄像等方式，对排放大气污染物的企业事业单位和其他生产经营者进行监督检查。被检查者应当如实反映情况，提供必要的资料。实施检查的部门、机构及其工作人员应当为被检查者保守商业秘密。

第三十条 企业事业单位和其他生产经营者违反法律法规规定排放大气污染物，造成或者可能造成严重大气污染，或者有关证据可能灭失或者被隐匿的，县级以上人民政府环境保护主管部门和其他负有大气环境保护监督管理职责的部门，可以对有关设施、设备、物品采取查封、扣押等行政强制措施。

第三十一条 环境保护主管部门和其他负有大气环境保护监督管理职责的部门应当公布举报电话、电子邮箱等，方便公众举报。

环境保护主管部门和其他负有大气环境保护监督管理职责的部门接到举报的，应当及时处理并对举报人的相关信息予以保密；对实名举报的，应当反馈处理结果等情况，查证属实的，处理结果依法向社会公开，并对举报人给予奖励。

举报人举报所在单位的，该单位不得以解除、变更劳动合同或者其他方式对举报人进行打击报复。

第四章 大气污染防治措施

第一节 燃煤和其他能源污染防治

第三十二条 国务院有关部门和地方各级人民政府应当采取措施，调整能源结构，推广清洁能源的生产和使用；优化煤炭使用方式，推广煤炭清洁高效利用，逐步降低煤炭在一次能源消费中的比重，减少煤炭生产、使用、转化过程中的大气污染物排放。

第三十三条 国家推行煤炭洗选加工，降低煤炭的硫分和灰分，限制高硫分、高灰分煤炭的开采。新建煤矿应当同步建设配套的煤炭洗选设施，使煤炭的硫分、灰分含量达到规定标准；已建成的煤矿除所采煤炭属于低硫分、低灰分或者根据已达标排放的燃煤电厂要求不需要洗选的以外，应当限期建成配套的煤炭洗选设施。

禁止开采含放射性和砷等有毒有害物质超过规定标准的煤炭。

第三十四条 国家采取有利于煤炭清洁高效利用的经济、技术政策和措施，鼓励和支持洁净煤技术的开发和推广。

国家鼓励煤矿企业等采用合理、可行的技术措施，对煤层气进行开采利用，对煤矸石进行综合利用。从事煤层气开采利用的，煤层气排放应当符合有关标准规范。

第三十五条 国家禁止进口、销售和燃用不符合质量标准的煤炭，鼓励燃用优质煤炭。

单位存放煤炭、煤矸石、煤渣、煤灰等物料，应当采取防燃措施，防止大气污染。

第三十六条 地方各级人民政府应当采取措施，加强民用散煤的管理，禁止销售不符合民用散煤质量标准的煤炭，鼓励居民燃用优质煤炭和洁净型煤，推广节能环保型炉灶。

第三十七条 石油炼制企业应当按照燃油质量标准生产燃油。

禁止进口、销售和燃用不符合质量标准的石油焦。

第三十八条 城市人民政府可以划定并公布高污染燃料禁燃区，并根据大气环境质量改善要求，逐步扩大高污染燃料禁燃区范围。高污染燃料的目录由国务院环境保护主管部门确定。

在禁燃区内，禁止销售、燃用高污染燃料；禁止新建、扩建燃用高污染燃料的设施，已建成的，应当在城市人民政府规定的期限内改用天然气、页岩气、液化石、油气、电或者其他清洁能源。

第三十九条 城市建设应当统筹规划，在燃煤供热地区，推进热电联产和集中供热。在集中供热管网覆盖地区，禁止新建、扩建分散燃煤供热锅炉；已建成的不能达标排放的燃煤供热锅炉，应当在城市人民政府规定的期限内拆除。

第四十条 县级以上人民政府质量监督部门应当会同环境保护主管部门对锅炉生产、进口、销售和使用环节执行环境保护标准或者要求的情况进行监督检查；不符合环境保护标准或者要求的，不得生产、进口、销售和使用。

第四十一条 燃煤电厂和其他燃煤单位应当采用清洁生产工艺，配套建设除尘、脱硫、脱硝等装置，或者采取技术改造等其他控制大气污染物排放的措施。

国家鼓励燃煤单位采用先进的除尘、脱硫、脱硝、脱汞等大气污染物协同控制的技术和装置，减少大气污染物的排放。

第四十二条 电力调度应当优先安排清洁能源发电上网。

第二节 工业污染防治

第四十三条 钢铁、建材、有色金属、石油、化工等企业生产过程中排放粉尘、硫化物和氮氧化物的，应当采用清洁生产工艺，配套建设除尘、脱硫、脱硝等装置，或者采取技术改造等其他控制大气污染物排放的措施。

第四十四条 生产、进口、销售和使用含挥发性有机物的原材料和产品的，其挥发性有机物含量应当符合质量标准或者要求。

国家鼓励生产、进口、销售和使用低毒、低挥发性有机溶剂。

第四十五条 产生含挥发性有机物废气的生产和服务活动，应当在密闭空间或者设备中进行，并按照规定安装、使用污染防治设施；无法密闭的，应当采取措施减少废气排放。

第四十六条 工业涂装企业应当使用低挥发性有机物含量的涂料，并建立台账，记录生产原料、辅料的使用量、废弃量、去向以及挥发性有机物含量。台账保存期限不得少于三年。

第四十七条 石油、化工以及其他生产和使用有机溶剂的企业，应当采取措施对管道、设备进行日常维护、维修，减少物料泄漏，对泄漏的物料应当及时收集处理。

储油储气库、加油加气站、原油成品油码头、原油成品油运输船舶和油罐车、气罐车等，应当按照国家有关规定安装油气回收装置并保持正常使用。

第四十八条 钢铁、建材、有色金属、石油、化工、制药、矿产开采等企业，应当加强精细化管理，采取集中收集处理等措施，严格控制粉尘和气态污染物的排放。

工业生产企业应当采取密闭、围挡、遮盖、清扫、洒水等措施，减少内部物料的堆存、传输、装卸等环节产生的粉尘和气态污染物的排放。

第四十九条 工业生产、垃圾填埋或者其他活动产生的可燃性气体应当回收利用，不具备回收利用条件的，应当进行污染防治处理。

可燃性气体回收利用装置不能正常作业的，应当及时修复或者更新。在回收利用装置不能正常作业期间确需排放可燃性气体的，应当将排放的可燃性气体充分燃烧或者采取其他控制大气污染物排放的措施，并向当地环境保护主管部门报告，按照要求限期修复或者更新。

第三节　机动车船等污染防治

第五十条 国家倡导低碳、环保出行，根据城市规划合理控制燃油机动车保有量，大力发展城市公共交通，提高公共交通出行比例。

国家采取财政、税收、政府采购等措施推广应用节能环保型和新能源机动车船、非道路移动机械，限制高油耗、高排放机动车船、非道路移动机械的发展，减少化石能源的消耗。

省、自治区、直辖市人民政府可以在条件具备的地区，提前执行国家机动车大气污染物排放标准中相应阶段排放限值，并报国务院环境保护主管部门备案。

城市人民政府应当加强并改善城市交通管理，优化道路设置，保障人行道和非机动车道的连续、畅通。

第五十一条 机动车船、非道路移动机械不得超过标准排放大气污染物。

禁止生产、进口或者销售大气污染物排放超过标准的机动车船、非道路移动机械。

第五十二条 机动车、非道路移动机械生产企业应当对新生产的机动车和非道路移动机械进行排放检验。经检验合格的，方可出厂销售。检验信息应当向社会公开。

省级以上人民政府环境保护主管部门可以通过现场检查、抽样检测等方式，加强对新生产、销售机动车和非道路移动机械大气污染物排放状况的监督检查。工业、质量监督、工商行政管理等有关部门予以配合。

第五十三条 在用机动车应当按照国家或者地方的有关规定，由机动车排放检验机构定期对其进行排放检验。经检验合格的，方可上道路行驶。未经检验合格的，公安机关交通管理部门不得核发安全技术检验合格标志。

县级以上地方人民政府环境保护主管部门可以在机动车集中停放地、维修地对在用机动车的大气污染物排放状况进行监督抽测；在不影响正常通行的情况下，可以通过遥感监测等技术手段对在道路上行驶的机动车的大气污染物排放状况进行监督抽测，公安机关交通管理部门予以配合。

第五十四条 机动车排放检验机构应当依法通过计量认证，使用经依法检定合格的机动车排放检验设备，按照国务院环境保护主管部门制定的规范，对机动车进行排放检验，并与环境保护主管部门联网，实现检验数据实时共享。机动车排放检验机构及其负责人对检验数据的真实性和准确性负责。

环境保护主管部门和认证认可监督管理部门应当对机动车排放检验机构的排放检验情况进行监督检查。

第五十五条 机动车生产、进口企业应当向社会公布其生产、进口机动车车型的排放检验信息、污染控制技术信息和有关维修技术信息。

机动车维修单位应当按照防治大气污染的要求和国家有关技术规范对在用机动车进行维修，使其达到规定的排放标准。交通运输、环境保护主管部门应当依法加强监督管理。

禁止机动车所有人以临时更换机动车污染控制装置等弄虚作假的方式通过机动车排放检验。禁止机动车维修单位提供该类维修服务。禁止破坏机动车车载排放诊断系统。

第五十六条 环境保护主管部门应当会同交通运输、住房城乡建设、农业行政、水行政等有关部门对非道路移动机械的大气污染物排放状况进行监督检查，排放不合格的，不得使用。

第五十七条 国家倡导环保驾驶，鼓励燃油机动车驾驶人在不影响道路通行且需停车三分钟以上的情况下熄灭发动机，减少大气污染物的排放。

第五十八条 国家建立机动车和非道路移动机械环境保护召回制度。

生产、进口企业获知机动车、非道路移动机械排放大气污染物超过标准，属于设计、生产缺陷或者不符合规定的环境保护耐久性要求的，应当召回；未召回的，由国务院质量监督部门会同国务院环境保护主管部门责令其召回。

第五十九条 在用重型柴油车、非道路移动机械未安装污染控制装置或者污染控制装置不符合要求，不能达标排放的，应当加装或者更换符合要求的污染控制装置。

第六十条 在用机动车排放大气污染物超过标准的，应当进行维修；经维修或者采用污染控制技术后，大气污染物排放仍不符合国家在用机动车排放标准的，应当强制报废。其所有人应当将机动车交售给报废机动车回收拆解企业，由报废机动车回收拆解企业按照国家有关规定进行登记、拆解、销毁等处理。

国家鼓励和支持高排放机动车船、非道路移动机械提前报废。

第六十一条 城市人民政府可以根据大气环境质量状况，划定并公布禁止使用高排放非道路移动机械的区域。

第六十二条 船舶检验机构对船舶发动机及有关设备进行排放检验。经检验符合国家排放标准的，船舶方可运营。

第六十三条 内河和江海直达船舶应当使用符合标准的普通柴油。远洋船舶靠港后应当使用符合大气污染物控制要求的船舶用燃油。

新建码头应当规划、设计和建设岸基供电设施；已建成的码头应当逐步实施岸基供电设施改造。船舶靠港后应当优先使用岸电。

第六十四条 国务院交通运输主管部门可以在沿海海域划定船舶大气污染物排放控制区，进入排放控制区的船舶应当符合船舶相关排放要求。

第六十五条 禁止生产、进口、销售不符合标准的机动车船、非道路移动机械用燃料；禁止向汽车和摩托车销售普通柴油以及其他非机动车用燃料；禁止向非道路移动机械、内河和江海直达船舶销售渣油和重油。

第六十六条 发动机油、氮氧化物还原剂、燃料和润滑油添加剂以及其他添加剂的有害物质含量和其他大气环境保护指标，应当符合有关标准的要求，不得损害机动车船污染控制装置效果和耐久性，不得增加新的大气污染物排放。

第六十七条 国家积极推进民用航空器的大气污染防治，鼓励在设计、生产、使用过程中采取有效措施减少大气污染物排放。

民用航空器应当符合国家规定的适航标准中的有关发动机排出物要求。

第四节 扬 尘 污 染 防 治

第六十八条 地方各级人民政府应当加强对建设施工和运输的管理，保持道路清洁，控制料堆和渣土堆放，扩大绿地、水面、湿地和地面铺装面积，防治扬尘污染。

住房城乡建设、市容环境卫生、交通运输、国土资源等有关部门，应当根据本级人民政府确定的职责，做好扬尘污染防治工作。

第六十九条 建设单位应当将防治扬尘污染的费用列入工程造价，并在施工承包合同中明确施工单位扬尘污染防治责任。施工单位应当制定具体的施工扬尘污染防治实施方案。

从事房屋建筑、市政基础设施建设、河道整治以及建筑物拆除等施工单位，应当向负责监督管理扬尘污染防治的主管部门备案。

施工单位应当在施工工地设置硬质围挡，并采取覆盖、分段作业、择时施工、洒水抑尘、冲洗地面和车辆等有效防尘降尘措施。建筑土方、工程渣土、建筑垃圾应当及时清运；在场地内堆存的，应当采用密闭式防尘网遮盖。工程渣土、建筑垃圾应当进行资源化处理。

施工单位应当在施工工地公示扬尘污染防治措施、负责人、扬尘监督管理主管部门等信息。

暂时不能开工的建设用地，建设单位应当对裸露地面进行覆盖；超过三个月的，应当进行绿化、铺装或者遮盖。

第七十条 运输煤炭、垃圾、渣土、砂石、土方、灰浆等散装、流体物料的车辆应当采取密闭或者其他措施防止物料遗撒造成扬尘污染，并按照规定路线行驶。

装卸物料应当采取密闭或者喷淋等方式防治扬尘污染。

城市人民政府应当加强道路、广场、停车场和其他公共场所的清扫保洁管理，推行清洁动力机械化清扫等低尘作业方式，防治扬尘污染。

第七十一条 市政河道以及河道沿线、公共用地的裸露地面以及其他城镇裸露地面，有关部门应当按照规划组织实施绿化或者透水铺装。

第七十二条 贮存煤炭、煤矸石、煤渣、煤灰、水泥、石灰、石膏、砂土等易产生扬尘的物料应当密闭；不能密闭的，应当设置不低于堆放物高度的严密围挡，并采取有效覆盖措施防治扬尘污染。

码头、矿山、填埋场和消纳场应当实施分区作业，并采取有效措施防治扬尘污染。

第五节　农业和其他污染防治

第七十三条 地方各级人民政府应当推动转变农业生产方式，发展农业循环经济，加大对废弃物综合处理的支持力度，加强对农业生产经营活动排放大气污染物的控制。

第七十四条 农业生产经营者应当改进施肥方式，科学合理施用化肥并按照国家有关规定使用农药，减少氨、挥发性有机物等大气污染物的排放。

禁止在人口集中地区对树木、花草喷洒剧毒、高毒农药。

第七十五条 畜禽养殖场、养殖小区应当及时对污水、畜禽粪便和尸体等进行收集、贮存、清运和无害化处理，防止排放恶臭气体。

第七十六条 各级人民政府及其农业行政等有关部门应当鼓励和支持采用先进适用技术，对秸秆、落叶等进行肥料化、饲料化、能源化、工业原料化、食用菌基料化等综合利用，加大对秸秆还田、收集一体化农业机械的财政补贴力度。

县级人民政府应当组织建立秸秆收集、贮存、运输和综合利用服务体系，采用财政补贴等措施支持农村集体经济组织、农民专业合作经济组织、企业等开展秸秆收集、贮存、运输和综合利用服务。

第七十七条 省、自治区、直辖市人民政府应当划定区域，禁止露天焚烧秸秆、落叶等产生烟尘污染的物质。

第七十八条 国务院环境保护主管部门应当会同国务院卫生行政部门，根据大气污染物对公众健康和生态环境的危害和影响程度，公布有毒有害大气污染物名录，实行风险管理。

排放前款规定名录中所列有毒有害大气污染物的企业事业单位，应当按照国家有关规定建设环境风险预警体系，对排放口和周边环境进行定期监测，评估环境风险，排查环境安全隐患，并采取有效措施防范环境风险。

第七十九条 向大气排放持久性有机污染物的企业事业单位和其他生产经营者以及废弃物焚烧设施的运营单位，应当按照国家有关规定，采取有利于减少持久性有机污染物排放的技术方法和工艺，配备有效的净化装置，实现达标排放。

第八十条 企业事业单位和其他生产经营者在生产经营活动中产生恶臭气体的，应当科学选址，设置合理的防护距离，并安装净化装置或者采取其他措施，防止排放恶臭气体。

第八十一条 排放油烟的餐饮服务业经营者应当安装油烟净化设施并保持正常使用，或者采取其他油烟净化措施，使油烟达标排放，并防止对附近居民的正常生活环境造成污染。

禁止在居民住宅楼、未配套设立专用烟道的商住综合楼以及商住综合楼内与居住层相邻的商业楼层内新建、改建、扩建产生油烟、异味、废气的餐饮服务项目。

任何单位和个人不得在当地人民政府禁止的区域内露天烧烤食品或者为露天烧烤食品提供场地。

第八十二条 禁止在人口集中地区和其他依法需要特殊保护的区域内焚烧沥青、油毡、橡胶、塑料、皮革、垃圾以及其他产生有毒有害烟尘和恶臭气体的物质。

禁止生产、销售和燃放不符合质量标准的烟花爆竹。任何单位和个人不得在城市人民政府禁止的时段和区域内燃放烟花爆竹。

第八十三条 国家鼓励和倡导文明、绿色祭祀。

火葬场应当设置除尘等污染防治设施并保持正常使用，防止影响周边环境。

第八十四条 从事服装干洗和机动车维修等服务活动的经营者，应当按照国家有关标准或者要求设置异味和废气处理装置等污染防治设施并保持正常使用，防止影响周边环境。

第八十五条 国家鼓励、支持消耗臭氧层物质替代品的生产和使用，逐步减少直至停止消耗臭氧层物质的生产和使用。

国家对消耗臭氧层物质的生产、使用、进出口实行总量控制和配额管理。具体办法由国务院规定。

第五章　重点区域大气污染联合防治

第八十六条 国家建立重点区域大气污染联防联控机制，统筹协调重点区域内大气污染防治工作。国务院环境保护主管部门根据主体功能区划、区域大气环境质量状况和大气污染传输扩散规律，划定国家大气污染防治重点区域，报国务院批准。

重点区域内有关省、自治区、直辖市人民政府应当确定牵头的地方人民政府，定期召开联席会议，按照统一规划、统一标准、统一监测、统一的防治措施的要求，开展大气污染联合防治，落实大气污染防治目标责任。国务院环境保护主管部门应当加强指导、督促。

省、自治区、直辖市可以参照第一款规定划定本行政区域的大气污染防治重点区域。

第八十七条 国务院环境保护主管部门会同国务院有关部门、国家大气污染防治重点区域内有关省、自治区、直辖市人民政府，根据重点区域经济社会发展和大气环境承载力，制定重点区域大气污染联合防治行动计划，明确控制目标，优化区域经济布局，统筹交通管理，发展清洁能源，提出重点防治任务和措施，促进重点区域大气环境质量改善。

第八十八条 国务院经济综合主管部门会同国务院环境保护主管部门，结合国家大气污染防治重点区域产业发展实际和大气环境质量状况，进一步提高环境保护、能耗、安全、质量等要求。

重点区域内有关省、自治区、直辖市人民政府应当实施更严格的机动车大气污染物排放标准，统一在用机动车检验方法和排放限值，并配套供应合格的车用燃油。

第八十九条 编制可能对国家大气污染防治重点区域的大气环境造成严重污染的有关工业园区、开发区、区域产业和发展等规划，应当依法进行环境影响评价。规划编制机关应当与重点区域内有关省、自治区、直辖市人民政府或者有关部门会商。

重点区域内有关省、自治区、直辖市建设可能对相邻省、自治区、直辖市大气环境质量产生重大影响的项目，应当及时通报有关信息，进行会商。

会商意见及其采纳情况作为环境影响评价文件审查或者审批的重要依据。

第九十条 国家大气污染防治重点区域内新建、改建、扩建用煤项目的，应当实行煤炭的等量或者减量替代。

第九十一条 国务院环境保护主管部门应当组织建立国家大气污染防治重点区域的大气环境质量监测、大气污染源监测等相关信息共享机制，利用监测、模拟以及卫星、航测、遥感等新技术分析重点区域内大气污染来源及其变化趋势，并向社会公开。

第九十二条 国务院环境保护主管部门和国家大气污染防治重点区域内有关省、自治区、直辖市人民政府可以组织有关部门开展联合执法、跨区域执法、交叉执法。

第六章 重污染天气应对

第九十三条 国家建立重污染天气监测预警体系。

国务院环境保护主管部门会同国务院气象主管机构等有关部门、国家大气污染防治重点区域内有关省、自治区、直辖市人民政府，建立重点区域重污染天气监测预警机制，统一预警分级标准。可能发生区域重污染天气的，应当及时向重点区域内有关省、自治区、直辖市人民政府通报。

省、自治区、直辖市、设区的市人民政府环境保护主管部门会同气象主管机构等有关部门建立本行政区域重污染天气监测预警机制。

第九十四条 县级以上地方人民政府应当将重污染天气应对纳入突发事件应急管理体系。

省、自治区、直辖市、设区的市人民政府以及可能发生重污染天气的县级人民政府，应当制定重污染天气应急预案，向上一级人民政府环境保护主管部门备案，并向社会公布。

第九十五条 省、自治区、直辖市、设区的市人民政府环境保护主管部门应当会同气象主管机构建立会商机制，进行大气环境质量预报。可能发生重污染天气的，应当及时向本级人民政府报告。省、自治区、直辖市、设区的市人民政府依据重污染天气预报信息，进行综合研判，确定预警等级并及时发出预警。预警等级根据情况变化及时调整。任何单位和个人不得擅自向社会发布重污染天气预报预警信息。

预警信息发布后，人民政府及其有关部门应当通过电视、广播、网络、短信等途径告知公众采取健康防护措施，指导公众出行和调整其他相关社会活动。

第九十六条 县级以上地方人民政府应当依据重污染天气的预警等级，及时启动应急预案，根据应急需要可以采取责令有关企业停产或者限产、限制部分机动车行驶、禁止燃放烟花爆竹、停止工地土石方作业和建筑物拆除施工、停止露天烧烤、停止幼儿园和学校组织的户外活动、组织开展人工影响天气作业等应急措施。

应急响应结束后，人民政府应当及时开展应急预案实施情况的评估，适时修改完善应急预案。

第九十七条 发生造成大气污染的突发环境事件，人民政府及其有关部门和相关企业事业单位，应当依照《中华人民共和国突发事件应对法》、《中华人民共和国环境保护法》的规定，做好应急处置工作。环境保护主管部门应当及时对突发环境事件产生的大气污染物进行监测，并向社会公布监测信息。

第七章 法 律 责 任

第九十八条 违反本法规定，以拒绝进入现场等方式拒不接受环境保护主管部门及其委托的环境监察机构或者其他负有大气环境保护监督管理职责的部门的监督检查，或者在接受监督检查时弄虚作假的，由县级以上人民政府环境保护主管部门或者其他负有大气环境保护监督管理职责的部门责令改正，处二万元以上二十万元以下的罚款；构成违反治安管理行为的，由公安机关依法予以处罚。

第九十九条 违反本法规定，有下列行为之一的，由县级以上人民政府环境保护主管部门责令改正或者限制生产、停产整治，并处十万元以上一百万元以下的罚款；情节严重的，报经有批准权的人民政府批准，责令停业、关闭：

（一）未依法取得排污许可证排放大气污染物的；

（二）超过大气污染物排放标准或者超过重点大气污染物排放总量控制指标排放大气污染物的；

（三）通过逃避监管的方式排放大气污染物的。

第一百条 违反本法规定，有下列行为之一的，由县级以上人民政府环境保护主管部门责令改正，处二万元以上二十万元以下的罚款；拒不改正的，责令停产整治：

（一）侵占、损毁或者擅自移动、改变大气环境质量监测设施或者大气污染物排放自动监测设备的；

（二）未按照规定对所排放的工业废气和有毒有害大气污染物进行监测并保存原始

监测记录的；

（三）未按照规定安装、使用大气污染物排放自动监测设备或者未按照规定与环境保护主管部门的监控设备联网，并保证监测设备正常运行的；

（四）重点排污单位不公开或者不如实公开自动监测数据的；

（五）未按照规定设置大气污染物排放口的。

第一百零一条 违反本法规定，生产、进口、销售或者使用国家综合性产业政策目录中禁止的设备和产品，采用国家综合性产业政策目录中禁止的工艺，或者将淘汰的设备和产品转让给他人使用的，由县级以上人民政府经济综合主管部门、出入境检验检疫机构按照职责责令改正，没收违法所得，并处货值金额一倍以上三倍以下的罚款；拒不改正的，报经有批准权的人民政府批准，责令停业、关闭。进口行为构成走私的，由海关依法予以处罚。

第一百零二条 违反本法规定，煤矿未按照规定建设配套煤炭洗选设施的，由县级以上人民政府能源主管部门责令改正，处十万元以上一百万元以下的罚款；拒不改正的，报经有批准权的人民政府批准，责令停业、关闭。

违反本法规定，开采含放射性和砷等有毒有害物质超过规定标准的煤炭的，由县级以上人民政府按照国务院规定的权限责令停业、关闭。

第一百零三条 违反本法规定，有下列行为之一的，由县级以上地方人民政府质量监督、工商行政管理部门按照职责责令改正，没收原材料、产品和违法所得，并处货值金额一倍以上三倍以下的罚款：

（一）销售不符合质量标准的煤炭、石油焦的；

（二）生产、销售挥发性有机物含量不符合质量标准或者要求的原材料和产品的；

（三）生产、销售不符合标准的机动车船和非道路移动机械用燃料、发动机油、氮氧化物还原剂、燃料和润滑油添加剂以及其他添加剂的；

（四）在禁燃区内销售高污染燃料的。

第一百零四条 违反本法规定，有下列行为之一的，由出入境检验检疫机构责令改正，没收原材料、产品和违法所得，并处货值金额一倍以上三倍以下的罚款；构成走私的，由海关依法予以处罚：

（一）进口不符合质量标准的煤炭、石油焦的；

（二）进口挥发性有机物含量不符合质量标准或者要求的原材料和产品的；

（三）进口不符合标准的机动车船和非道路移动机械用燃料、发动机油、氮氧化物还原剂、燃料和润滑油添加剂以及其他添加剂的。

第一百零五条 违反本法规定，单位燃用不符合质量标准的煤炭、石油焦的，由县级以上人民政府环境保护主管部门责令改正，处货值金额一倍以上三倍以下的罚款。

第一百零六条 违反本法规定，使用不符合标准或者要求的船舶用燃油的，由海事管理机构、渔业主管部门按照职责处一万元以上十万元以下的罚款。

第一百零七条 违反本法规定，在禁燃区内新建、扩建燃用高污染燃料的设施，或者未按照规定停止燃用高污染燃料，或者在城市集中供热管网覆盖地区新建、扩建分散燃煤供热锅炉，或者未按照规定拆除已建成的不能达标排放的燃煤供热锅炉的，由县级以上地方人民政府环境保护主管部门没收燃用高污染燃料的设施，组织拆除燃煤供热锅炉，并处二万元以上二十万元以下的罚款。

违反本法规定，生产、进口、销售或者使用不符合规定标准或者要求的锅炉，由县级以上人民政府质量监督、环境保护主管部门责令改正，没收违法所得，并处二万元以上二十万元以下的罚款。

第一百零八条 违反本法规定，有下列行为之一的，由县级以上人民政府环境保护主管部门责令改正，处二万元以上二十万元以下的罚款；拒不改正的，责令停产整治：

（一）产生含挥发性有机物废气的生产和服务活动，未在密闭空间或者设备中进行，未按照规定安装、使用污染防治设施，或者未采取减少废气排放措施的；

（二）工业涂装企业未使用低挥发性有机物含量涂料或者未建立、保存台账的；

（三）石油、化工以及其他生产和使用有机溶剂的企业，未采取措施对管道、设备进行日常维护、维修，减少物料泄漏或者对泄漏的物料未及时收集处理的；

（四）储油储气库、加油加气站和油罐车、气罐车等，未按照国家有关规定安装并正常使用油气回收装置的；

（五）钢铁、建材、有色金属、石油、化工、制药、矿产开采等企业，未采取集中收集处理、密闭、围挡、遮盖、清扫、洒水等措施，控制、减少粉尘和气态污染物排放的；

（六）工业生产、垃圾填埋或者其他活动中产生的可燃性气体未回收利用，不具备回收利用条件未进行防治污染处理，或者可燃性气体回收利用装置不能正常作业，未及时修复或者更新的。

第一百零九条 违反本法规定，生产超过污染物排放标准的机动车、非道路移动机械的，由省级以上人民政府环境保护主管部门责令改正，没收违法所得，并处货值金额一倍以上三倍以下的罚款，没收销毁无法达到污染物排放标准的机动车、非道路移动机械；拒不改正的，责令停产整治，并由国务院机动车生产主管部门责令停止生产该车型。

违反本法规定，机动车、非道路移动机械生产企业对发动机、污染控制装置弄虚作假、以次充好，冒充排放检验合格产品出厂销售的，由省级以上人民政府环境保护主管部门责令停产整治，没收违法所得，并处货值金额一倍以上三倍以下的罚款，没收销毁无法达到污染物排放标准的机动车、非道路移动机械，并由国务院机动车生产主管部门责令停止生产该车型。

第一百一十条 违反本法规定，进口、销售超过污染物排放标准的机动车、非道路移动机械的，由县级以上人民政府工商行政管理部门、出入境检验检疫机构按照职责没收违法所得，并处货值金额一倍以上三倍以下的罚款，没收销毁无法达到污染物排放标准的机动车、非道路移动机械；进口行为构成走私的，由海关依法予以处罚。

违反本法规定，销售的机动车、非道路移动机械不符合污染物排放标准的，销售者应当负责修理、更换、退货；给购买者造成损失的，销售者应当赔偿损失。

第一百一十一条　违反本法规定，机动车生产、进口企业未按照规定向社会公布其生产、进口机动车车型的排放检验信息或者污染控制技术信息的，由省级以上人民政府环境保护主管部门责令改正，处五万元以上五十万元以下的罚款。

违反本法规定，机动车生产、进口企业未按照规定向社会公布其生产、进口机动车车型的有关维修技术信息的，由省级以上人民政府交通运输主管部门责令改正，处五万元以上五十万元以下的罚款。

第一百一十二条　违反本法规定，伪造机动车、非道路移动机械排放检验结果或者出具虚假排放检验报告的，由县级以上人民政府环境保护主管部门没收违法所得，并处十万元以上五十万元以下的罚款；情节严重的，由负责资质认定的部门取消其检验资格。

违反本法规定，伪造船舶排放检验结果或者出具虚假排放检验报告的，由海事管理机构依法予以处罚。

违反本法规定，以临时更换机动车污染控制装置等弄虚作假的方式通过机动车排放检验或者破坏机动车车载排放诊断系统的，由县级以上人民政府环境保护主管部门责令改正，对机动车所有人处五千元的罚款；对机动车维修单位处每辆机动车五千元的罚款。

第一百一十三条　违反本法规定，机动车驾驶人驾驶排放检验不合格的机动车上道路行驶的，由公安机关交通管理部门依法予以处罚。

第一百一十四条　违反本法规定，使用排放不合格的非道路移动机械，或者在用重型柴油车、非道路移动机械未按照规定加装、更换污染控制装置的，由县级以上人民政府环境保护等主管部门按照职责责令改正，处五千元的罚款。

违反本法规定，在禁止使用高排放非道路移动机械的区域使用高排放非道路移动机械的，由城市人民政府环境保护等主管部门依法予以处罚。

第一百一十五条　违反本法规定，施工单位有下列行为之一的，由县级以上人民政府住房城乡建设等主管部门按照职责责令改正，处一万元以上十万元以下的罚款；拒不改正的，责令停工整治：

（一）施工工地未设置硬质密闭围挡，或者未采取覆盖、分段作业、择时施工、洒水抑尘、冲洗地面和车辆等有效防尘降尘措施的；

（二）建筑土方、工程渣土、建筑垃圾未及时清运，或者未采用密闭式防尘网遮盖的。

违反本法规定，建设单位未对暂时不能开工的建设用地的裸露地面进行覆盖，或者未对超过三个月不能开工的建设用地的裸露地面进行绿化、铺装或者遮盖的，由县级以上人民政府住房城乡建设等主管部门依照前款规定予以处罚。

第一百一十六条　违反本法规定，运输煤炭、垃圾、渣土、砂石、土方、灰浆等散装、流体物料的车辆，未采取密闭或者其他措施防止物料遗撒的，由县级以上地方人民政府确定的监督管理部门责令改正，处二千元以上二万元以下的罚款；拒不改正的，车辆不得上道路行驶。

第一百一十七条 违反本法规定，有下列行为之一的，由县级以上人民政府环境保护等主管部门按照职责责令改正，处一万元以上十万元以下的罚款；拒不改正的，责令停工整治或者停业整治：

（一）未密闭煤炭、煤矸石、煤渣、煤灰、水泥、石灰、石膏、砂土等易产生扬尘的物料的；

（二）对不能密闭的易产生扬尘的物料，未设置不低于堆放物高度的严密围挡，或者未采取有效覆盖措施防治扬尘污染的；

（三）装卸物料未采取密闭或者喷淋等方式控制扬尘排放的；

（四）存放煤炭、煤矸石、煤渣、煤灰等物料，未采取防燃措施的；

（五）码头、矿山、填埋场和消纳场未采取有效措施防治扬尘污染的；

（六）排放有毒有害大气污染物名录中所列有毒有害大气污染物的企业事业单位，未按照规定建设环境风险预警体系或者对排放口和周边环境进行定期监测、排查环境安全隐患并采取有效措施防范环境风险的；

（七）向大气排放持久性有机污染物的企业事业单位和其他生产经营者以及废弃物焚烧设施的运营单位，未按照国家有关规定采取有利于减少持久性有机污染物排放的技术方法和工艺，配备净化装置的；

（八）未采取措施防止排放恶臭气体的。

第一百一十八条 违反本法规定，排放油烟的餐饮服务业经营者未安装油烟净化设施、不正常使用油烟净化设施或者未采取其他油烟净化措施，超过排放标准排放油烟的，由县级以上地方人民政府确定的监督管理部门责令改正，处五千元以上五万元以下的罚款；拒不改正的，责令停业整治。

违反本法规定，在居民住宅楼、未配套设立专用烟道的商住综合楼、商住综合楼内与居住层相邻的商业楼层内新建、改建、扩建产生油烟、异味、废气的餐饮服务项目的，由县级以上地方人民政府确定的监督管理部门责令改正；拒不改正的，予以关闭，并处一万元以上十万元以下的罚款。

违反本法规定，在当地人民政府禁止的时段和区域内露天烧烤食品或者为露天烧烤食品提供场地的，由县级以上地方人民政府确定的监督管理部门责令改正，没收烧烤工具和违法所得，并处五百元以上二万元以下的罚款。

第一百一十九条 违反本法规定，在人口集中地区对树木、花草喷洒剧毒、高毒农药，或者露天焚烧秸秆、落叶等产生烟尘污染的物质的，由县级以上地方人民政府确定的监督管理部门责令改正，并可以处五百元以上二千元以下的罚款。

违反本法规定，在人口集中地区和其他依法需要特殊保护的区域内，焚烧沥青、油毡、橡胶、塑料、皮革、垃圾以及其他产生有毒有害烟尘和恶臭气体的物质的，由县级人民政府确定的监督管理部门责令改正，对单位处一万元以上十万元以下的罚款，对个人处五百元以上二千元以下的罚款。

违反本法规定，在城市人民政府禁止的时段和区域内燃放烟花爆竹的，由县级以上地方人民政府确定的监督管理部门依法予以处罚。

第一百二十条 违反本法规定，从事服装干洗和机动车维修等服务活动，未设置异味和废气处理装置等污染防治设施并保持正常使用，影响周边环境的，由县级以上地方人民政府环境保护主管部门责令改正，处二千元以上二万元以下的罚款；拒不改正的，责令停业整治。

第一百二十一条 违反本法规定，擅自向社会发布重污染天气预报预警信息，构成违反治安管理行为的，由公安机关依法予以处罚。

违反本法规定，拒不执行停止工地土石方作业或者建筑物拆除施工等重污染天气应急措施的，由县级以上地方人民政府确定的监督管理部门处一万元以上十万元以下的罚款。

第一百二十二条 违反本法规定，造成大气污染事故的，由县级以上人民政府环境保护主管部门依照本条第二款的规定处以罚款；对直接负责的主管人员和其他直接责任人员可以处上一年度从本企业事业单位取得收入百分之五十以下的罚款。

对造成一般或者较大大气污染事故的，按照污染事故造成直接损失的一倍以上三倍以下计算罚款；对造成重大或者特大大气污染事故的，按照污染事故造成的直接损失的三倍以上五倍以下计算罚款。

第一百二十三条 违反本法规定，企业事业单位和其他生产经营者有下列行为之一，受到罚款处罚，被责令改正，拒不改正的，依法作出处罚决定的行政机关可以自责令改正之日的次日起，按照原处罚数额按日连续处罚：

（一）未依法取得排污许可证排放大气污染物的；

（二）超过大气污染物排放标准或者超过重点大气污染物排放总量控制指标排放大气污染物的；

（三）通过逃避监管的方式排放大气污染物的；

（四）建筑施工或者贮存易产生扬尘的物料未采取有效措施防治扬尘污染的。

第一百二十四条 违反本法规定，对举报人以解除、变更劳动合同或者其他方式打击报复的，应当依照有关法律的规定承担责任。

第一百二十五条 排放大气污染物造成损害的，应当依法承担侵权责任。

第一百二十六条 地方各级人民政府、县级以上人民政府环境保护主管部门和其他负有大气环境保护监督管理职责的部门及其工作人员滥用职权、玩忽职守、徇私舞弊、弄虚作假的，依法给予处分。

第一百二十七条 违反本法规定，构成犯罪的，依法追究刑事责任。

第八章 附 则

第一百二十八条 海洋工程的大气污染防治，依照《中华人民共和国海洋环境保护法》的有关规定执行。

第一百二十九条 本法自 2016 年 1 月 1 日起施行。

附录四　中华人民共和国水污染防治法

第一章　总　　则

第一条　为了保护和改善环境，防治水污染，保护水生态，保障饮用水安全，维护公众健康，推进生态文明建设，促进经济社会可持续发展，制定本法。

第二条　本法适用于中华人民共和国领域内的江河、湖泊、运河、渠道、水库等地表水体以及地下水体的污染防治。

海洋污染防治适用《中华人民共和国海洋环境保护法》。

第三条　水污染防治应当坚持预防为主、防治结合、综合治理的原则，优先保护饮用水水源，严格控制工业污染、城镇生活污染，防治农业面源污染，积极推进生态治理工程建设，预防、控制和减少水环境污染和生态破坏。

第四条　县级以上人民政府应当将水环境保护工作纳入国民经济和社会发展规划。

地方各级人民政府对本行政区域的水环境质量负责，应当及时采取措施防治水污染。

第五条　省、市、县、乡建立河长制，分级分段组织领导本行政区域内江河、湖泊的水资源保护、水域岸线管理、水污染防治、水环境治理等工作。

第六条　国家实行水环境保护目标责任制和考核评价制度，将水环境保护目标完成情况作为对地方人民政府及其负责人考核评价的内容。

第七条　国家鼓励、支持水污染防治的科学技术研究和先进适用技术的推广应用，加强水环境保护的宣传教育。

第八条　国家通过财政转移支付等方式，建立健全对位于饮用水水源保护区区域和江河、湖泊、水库上游地区的水环境生态保护补偿机制。

第九条　县级以上人民政府环境保护主管部门对水污染防治实施统一监督管理。

交通主管部门的海事管理机构对船舶污染水域的防治实施监督管理。

县级以上人民政府水行政、国土资源、卫生、建设、农业、渔业等部门以及重要江河、湖泊的流域水资源保护机构，在各自的职责范围内，对有关水污染防治实施监督管理。

第十条　排放水污染物，不得超过国家或者地方规定的水污染物排放标准和重点水污染物排放总量控制指标。

第十一条　任何单位和个人都有义务保护水环境，并有权对污染损害水环境的行为进行检举。

县级以上人民政府及其有关主管部门对在水污染防治工作中做出显著成绩的单位和个人给予表彰和奖励。

第二章　水污染防治的标准和规划

第十二条　国务院环境保护主管部门制定国家水环境质量标准。

省、自治区、直辖市人民政府可以对国家水环境质量标准中未作规定的项目，制定地方标准，并报国务院环境保护主管部门备案。

第十三条　国务院环境保护主管部门会同国务院水行政主管部门和有关省、自治区、直辖市人民政府，可以根据国家确定的重要江河、湖泊流域水体的使用功能以及有关地区的经济、技术条件，确定该重要江河、湖泊流域的省界水体适用的水环境质量标准，报国务院批准后施行。

第十四条　国务院环境保护主管部门根据国家水环境质量标准和国家经济、技术条件，制定国家水污染物排放标准。

省、自治区、直辖市人民政府对国家水污染物排放标准中未作规定的项目，可以制定地方水污染物排放标准；对国家水污染物排放标准中已作规定的项目，可以制定严于国家水污染物排放标准的地方水污染物排放标准。地方水污染物排放标准须报国务院环境保护主管部门备案。

向已有地方水污染物排放标准的水体排放污染物的，应当执行地方水污染物排放标准。

第十五条　国务院环境保护主管部门和省、自治区、直辖市人民政府，应当根据水污染防治的要求和国家或者地方的经济、技术条件，适时修订水环境质量标准和水污染物排放标准。

第十六条　防治水污染应当按流域或者按区域进行统一规划。国家确定的重要江河、湖泊的流域水污染防治规划，由国务院环境保护主管部门会同国务院经济综合宏观调控、水行政等部门和有关省、自治区、直辖市人民政府编制，报国务院批准。

前款规定外的其他跨省、自治区、直辖市江河、湖泊的流域水污染防治规划，根据国家确定的重要江河、湖泊的流域水污染防治规划和本地实际情况，由有关省、自治区、直辖市人民政府环境保护主管部门会同同级水行政等部门和有关市、县人民政府编制，经有关省、自治区、直辖市人民政府审核，报国务院批准。

省、自治区、直辖市内跨县江河、湖泊的流域水污染防治规划，根据国家确定的重要江河、湖泊的流域水污染防治规划和本地实际情况，由省、自治区、直辖市人民政府环境保护主管部门会同同级水行政等部门编制，报省、自治区、直辖市人民政府批准，并报国务院备案。

经批准的水污染防治规划是防治水污染的基本依据，规划的修订须经原批准机关批准。

县级以上地方人民政府应当根据依法批准的江河、湖泊的流域水污染防治规划，组织制定本行政区域的水污染防治规划。

第十七条　有关市、县级人民政府应当按照水污染防治规划确定的水环境质量改善目标的要求，制定限期达标规划，采取措施按期达标。

有关市、县级人民政府应当将限期达标规划报上一级人民政府备案，并向社会公开。

第十八条 市、县级人民政府每年在向本级人民代表大会或者其常务委员会报告环境状况和环境保护目标完成情况时，应当报告水环境质量限期达标规划执行情况，并向社会公开。

第三章 水污染防治的监督管理

第十九条 新建、改建、扩建直接或者间接向水体排放污染物的建设项目和其他水上设施，应当依法进行环境影响评价。

建设单位在江河、湖泊新建、改建、扩建排污口的，应当取得水行政主管部门或者流域管理机构同意；涉及通航、渔业水域的，环境保护主管部门在审批环境影响评价文件时，应当征求交通、渔业主管部门的意见。

建设项目的水污染防治设施，应当与主体工程同时设计、同时施工、同时投入使用。水污染防治设施应当符合经批准或者备案的环境影响评价文件的要求。

第二十条 国家对重点水污染物排放实施总量控制制度。

重点水污染物排放总量控制指标，由国务院环境保护主管部门在征求国务院有关部门和各省、自治区、直辖市人民政府意见后，会同国务院经济综合宏观调控部门报国务院批准并下达实施。

省、自治区、直辖市人民政府应当按照国务院的规定削减和控制本行政区域的重点水污染物排放总量。具体办法由国务院环境保护主管部门会同国务院有关部门规定。

省、自治区、直辖市人民政府可以根据本行政区域水环境质量状况和水污染防治工作的需要，对国家重点水污染物之外的其他水污染物排放实行总量控制。

对超过重点水污染物排放总量控制指标或者未完成水环境质量改善目标的地区，省级以上人民政府环境保护主管部门应当会同有关部门约谈该地区人民政府的主要负责人，并暂停审批新增重点水污染物排放总量的建设项目的环境影响评价文件。约谈情况应当向社会公开。

第二十一条 直接或者间接向水体排放工业废水和医疗污水以及其他按照规定应当取得排污许可证方可排放的废水、污水的企业事业单位和其他生产经营者，应当取得排污许可证；城镇污水集中处理设施的运营单位，也应当取得排污许可证。排污许可证应当明确排放水污染物的种类、浓度、总量和排放去向等要求。排污许可的具体办法由国务院规定。

禁止企业事业单位和其他生产经营者无排污许可证或者违反排污许可证的规定向水体排放前款规定的废水、污水。

第二十二条 向水体排放污染物的企业事业单位和其他生产经营者，应当按照法律、行政法规和国务院环境保护主管部门的规定设置排污口；在江河、湖泊设置排污口的，还应当遵守国务院水行政主管部门的规定。

第二十三条 实行排污许可管理的企业事业单位和其他生产经营者应当按照国家有关规定和监测规范，对所排放的水污染物自行监测，并保存原始监测记录。重点排污单位还应当安装水污染物排放自动监测设备，与环境保护主管部门的监控设备联网，并保证监测设备正常运行。具体办法由国务院环境保护主管部门规定。

应当安装水污染物排放自动监测设备的重点排污单位名录，由设区的市级以上地方人民政府环境保护主管部门根据本行政区域的环境容量、重点水污染物排放总量控制指标的要求以及排污单位排放水污染物的种类、数量和浓度等因素，商同级有关部门确定。

第二十四条 实行排污许可管理的企业事业单位和其他生产经营者应当对监测数据的真实性和准确性负责。

环境保护主管部门发现重点排污单位的水污染物排放自动监测设备传输数据异常，应当及时进行调查。

第二十五条 国家建立水环境质量监测和水污染物排放监测制度。国务院环境保护主管部门负责制定水环境监测规范，统一发布国家水环境状况信息，会同国务院水行政等部门组织监测网络，统一规划国家水环境质量监测站（点）的设置，建立监测数据共享机制，加强对水环境监测的管理。

第二十六条 国家确定的重要江河、湖泊流域的水资源保护工作机构负责监测其所在流域的省界水体的水环境质量状况，并将监测结果及时报国务院环境保护主管部门和国务院水行政主管部门；有经国务院批准成立的流域水资源保护领导机构的，应当将监测结果及时报告流域水资源保护领导机构。

第二十七条 国务院有关部门和县级以上地方人民政府开发、利用和调节、调度水资源时，应当统筹兼顾，维持江河的合理流量和湖泊、水库以及地下水体的合理水位，保障基本生态用水，维护水体的生态功能。

第二十八条 国务院环境保护主管部门应当会同国务院水行政等部门和有关省、自治区、直辖市人民政府，建立重要江河、湖泊的流域水环境保护联合协调机制，实行统一规划、统一标准、统一监测、统一的防治措施。

第二十九条 国务院环境保护主管部门和省、自治区、直辖市人民政府环境保护主管部门应当会同同级有关部门根据流域生态环境功能需要，明确流域生态环境保护要求，组织开展流域环境资源承载能力监测、评价，实施流域环境资源承载能力预警。

县级以上地方人民政府应当根据流域生态环境功能需要，组织开展江河、湖泊、湿地保护与修复，因地制宜建设人工湿地、水源涵养林、沿河沿湖植被缓冲带和隔离带等生态环境治理与保护工程，整治黑臭水体，提高流域环境资源承载能力。

从事开发建设活动，应当采取有效措施，维护流域生态环境功能，严守生态保护红线。

第三十条 环境保护主管部门和其他依照本法规定行使监督管理权的部门，有权对管辖范围内的排污单位进行现场检查，被检查的单位应当如实反映情况，提供必要的资料。检查机关有义务为被检查的单位保守在检查中获取的商业秘密。

第三十一条 跨行政区域的水污染纠纷，由有关地方人民政府协商解决，或者由其共同的上级人民政府协调解决。

第四章 水污染防治措施

第一节 一般规定

第三十二条 国务院环境保护主管部门应当会同国务院卫生主管部门，根据对公众健康和生态环境的危害和影响程度，公布有毒有害水污染物名录，实行风险管理。

排放前款规定名录中所列有毒有害水污染物的企业事业单位和其他生产经营者，应当对排污口和周边环境进行监测，评估环境风险，排查环境安全隐患，并公开有毒有害水污染物信息，采取有效措施防范环境风险。

第三十三条 禁止向水体排放油类、酸液、碱液或者剧毒废液。

禁止在水体清洗装贮过油类或者有毒污染物的车辆和容器。

第三十四条 禁止向水体排放、倾倒放射性固体废物或者含有高放射性和中放射性物质的废水。

向水体排放含低放射性物质的废水，应当符合国家有关放射性污染防治的规定和标准。

第三十五条 向水体排放含热废水，应当采取措施，保证水体的水温符合水环境质量标准。

第三十六条 含病原体的污水应当经过消毒处理；符合国家有关标准后，方可排放。

第三十七条 禁止向水体排放、倾倒工业废渣、城镇垃圾和其他废弃物。

禁止将含有汞、镉、砷、铬、铅、氰化物、黄磷等的可溶性剧毒废渣向水体排放、倾倒或者直接埋入地下。

存放可溶性剧毒废渣的场所，应当采取防水、防渗漏、防流失的措施。

第三十八条 禁止在江河、湖泊、运河、渠道、水库最高水位线以下的滩地和岸坡堆放、存贮固体废弃物和其他污染物。

第三十九条 禁止利用渗井、渗坑、裂隙、溶洞，私设暗管，篡改、伪造监测数据，或者不正常运行水污染防治设施等逃避监管的方式排放水污染物。

第四十条 化学品生产企业以及工业集聚区、矿山开采区、尾矿库、危险废物处置场、垃圾填埋场等的运营、管理单位，应当采取防渗漏等措施，并建设地下水水质监测井进行监测，防止地下水污染。

加油站等的地下油罐应当使用双层罐或者采取建造防渗池等其他有效措施，并进行防渗漏监测，防止地下水污染。

禁止利用无防渗漏措施的沟渠、坑塘等输送或者存贮含有毒污染物的废水、含病原体的污水和其他废弃物。

第四十一条 多层地下水的含水层水质差异大的，应当分层开采；对已受污染的潜水和承压水，不得混合开采。

第四十二条 兴建地下工程设施或者进行地下勘探、采矿等活动，应当采取防护性措施，防止地下水污染。

报废矿井、钻井或者取水井等，应当实施封井或者回填。

第四十三条 人工回灌补给地下水，不得恶化地下水质。

第二节 工业水污染防治

第四十四条 国务院有关部门和县级以上地方人民政府应当合理规划工业布局，要求造成水污染的企业进行技术改造，采取综合防治措施，提高水的重复利用率，减少废水和污染物排放量。

第四十五条 排放工业废水的企业应当采取有效措施，收集和处理产生的全部废水，防止污染环境。含有毒有害水污染物的工业废水应当分类收集和处理，不得稀释排放。

工业集聚区应当配套建设相应的污水集中处理设施，安装自动监测设备，与环境保护主管部门的监控设备联网，并保证监测设备正常运行。

向污水集中处理设施排放工业废水的，应当按照国家有关规定进行预处理，达到集中处理设施处理工艺要求后方可排放。

第四十六条 国家对严重污染水环境的落后工艺和设备实行淘汰制度。

国务院经济综合宏观调控部门会同国务院有关部门，公布限期禁止采用的严重污染水环境的工艺名录和限期禁止生产、销售、进口、使用的严重污染水环境的设备名录。

生产者、销售者、进口者或者使用者应当在规定的期限内停止生产、销售、进口或者使用列入前款规定的设备名录中的设备。工艺的采用者应当在规定的期限内停止采用列入前款规定的工艺名录中的工艺。

依照本条第二款、第三款规定被淘汰的设备，不得转让给他人使用。

第四十七条 国家禁止新建不符合国家产业政策的小型造纸、制革、印染、染料、炼焦、炼硫、炼砷、炼汞、炼油、电镀、农药、石棉、水泥、玻璃、钢铁、火电以及其他严重污染水环境的生产项目。

第四十八条 企业应当采用原材料利用效率高、污染物排放量少的清洁工艺，并加强管理，减少水污染物的产生。

第三节 城镇水污染防治

第四十九条 城镇污水应当集中处理。

县级以上地方人民政府应当通过财政预算和其他渠道筹集资金，统筹安排建设城镇污水集中处理设施及配套管网，提高本行政区域城镇污水的收集率和处理率。

国务院建设主管部门应当会同国务院经济综合宏观调控、环境保护主管部门，根据城乡规划和水污染防治规划，组织编制全国城镇污水处理设施建设规划。县级以上地方人民政府组织建设、经济综合宏观调控、环境保护、水行政等部门编制本行政区域的城镇污水处理设施建设规划。县级以上地方人民政府建设主管部门应当按照城镇污水处理设施建设规划，组织建设城镇污水集中处理设施及配套管网，并加强对城镇污水集中处理设施运营的监督管理。

城镇污水集中处理设施的运营单位按照国家规定向排污者提供污水处理的有偿服务，收取污水处理费用，保证污水集中处理设施的正常运行。收取的污水处理费用应当用于城镇污水集中处理设施的建设运行和污泥处理处置，不得挪作他用。

城镇污水集中处理设施的污水处理收费、管理以及使用的具体办法，由国务院规定。

第五十条 向城镇污水集中处理设施排放水污染物，应当符合国家或者地方规定的水污染物排放标准。

城镇污水集中处理设施的运营单位，应当对城镇污水集中处理设施的出水水质负责。

环境保护主管部门应当对城镇污水集中处理设施的出水水质和水量进行监督检查。

第五十一条 城镇污水集中处理设施的运营单位或者污泥处理处置单位应当安全处理处置污泥，保证处理处置后的污泥符合国家标准，并对污泥的去向等进行记录。

第四节　农业和农村水污染防治

第五十二条 国家支持农村污水、垃圾处理设施的建设，推进农村污水、垃圾集中处理。

地方各级人民政府应当统筹规划建设农村污水、垃圾处理设施，并保障其正常运行。

第五十三条 制定化肥、农药等产品的质量标准和使用标准，应当适应水环境保护要求。

第五十四条 使用农药，应当符合国家有关农药安全使用的规定和标准。

运输、存贮农药和处置过期失效农药，应当加强管理，防止造成水污染。

第五十五条 县级以上地方人民政府农业主管部门和其他有关部门，应当采取措施，指导农业生产者科学、合理地施用化肥和农药，推广测土配方施肥技术和高效低毒低残留农药，控制化肥和农药的过量使用，防止造成水污染。

第五十六条 国家支持畜禽养殖场、养殖小区建设畜禽粪便、废水的综合利用或者无害化处理设施。

畜禽养殖场、养殖小区应当保证其畜禽粪便、废水的综合利用或者无害化处理设施正常运转，保证污水达标排放，防止污染水环境。

畜禽散养密集区所在地县、乡级人民政府应当组织对畜禽粪便污水进行分户收集、集中处理利用。

第五十七条 从事水产养殖应当保护水域生态环境，科学确定养殖密度，合理投饵和使用药物，防止污染水环境。

第五十八条 农田灌溉用水应当符合相应的水质标准，防止污染土壤、地下水和农产品。

禁止向农田灌溉渠道排放工业废水或者医疗污水。向农田灌溉渠道排放城镇污水以及未综合利用的畜禽养殖废水、农产品加工废水的，应当保证其下游最近的灌溉取水点的水质符合农田灌溉水质标准。

第五节　船舶水污染防治

第五十九条 船舶排放含油污水、生活污水，应当符合船舶污染物排放标准。从事海洋航运的船舶进入内河和港口的，应当遵守内河的船舶污染物排放标准。

船舶的残油、废油应当回收，禁止排入水体。

禁止向水体倾倒船舶垃圾。

船舶装载运输油类或者有毒货物，应当采取防止溢流和渗漏的措施，防止货物落水造成水污染。

进入中华人民共和国内河的国际航线船舶排放压载水的，应当采用压载水处理装置或者采取其他等效措施，对压载水进行灭活等处理。禁止排放不符合规定的船舶压载水。

第六十条 船舶应当按照国家有关规定配置相应的防污设备和器材，并持有合法有效的防止水域环境污染的证书与文书。

船舶进行涉及污染物排放的作业，应当严格遵守操作规程，并在相应的记录簿上如实记载。

第六十一条 港口、码头、装卸站和船舶修造厂所在地市、县级人民政府应当统筹规划建设船舶污染物、废弃物的接收、转运及处理处置设施。

港口、码头、装卸站和船舶修造厂应当备有足够的船舶污染物、废弃物的接收设施。从事船舶污染物、废弃物接收作业，或者从事装载油类、污染危害性货物船舱清洗作业的单位，应当具备与其运营规模相适应的接收处理能力。

第六十二条 船舶及有关作业单位从事有污染风险的作业活动，应当按照有关法律法规和标准，采取有效措施，防止造成水污染。海事管理机构、渔业主管部门应当加强对船舶及有关作业活动的监督管理。

船舶进行散装液体污染危害性货物的过驳作业，应当编制作业方案，采取有效的安全和污染防治措施，并报作业地海事管理机构批准。

禁止采取冲滩方式进行船舶拆解作业。

第五章　饮用水水源和其他特殊水体保护

第六十三条 国家建立饮用水水源保护区制度。饮用水水源保护区分为一级保护区和二级保护区；必要时，可以在饮用水水源保护区外围划定一定的区域作为准保护区。

饮用水水源保护区的划定，由有关市、县人民政府提出划定方案，报省、自治区、直辖市人民政府批准；跨市、县饮用水水源保护区的划定，由有关市、县人民政府协商提出划定方案，报省、自治区、直辖市人民政府批准；协商不成的，由省、自治区、直辖市人民政府环境保护主管部门会同同级水行政、国土资源、卫生、建设等部门提出划定方案，征求同级有关部门的意见后，报省、自治区、直辖市人民政府批准。

跨省、自治区、直辖市的饮用水水源保护区，由有关省、自治区、直辖市人民政府商有关流域管理机构划定；协商不成的，由国务院环境保护主管部门会同同级水行政、国土资源、卫生、建设等部门提出划定方案，征求国务院有关部门的意见后，报国务院批准。

国务院和省、自治区、直辖市人民政府可以根据保护饮用水水源的实际需要，调整饮用水水源保护区的范围，确保饮用水安全。有关地方人民政府应当在饮用水水源保护区的边界设立明确的地理界标和明显的警示标志。

第六十四条 在饮用水水源保护区内，禁止设置排污口。

第六十五条 禁止在饮用水水源一级保护区内新建、改建、扩建与供水设施和保护水源无关的建设项目；已建成的与供水设施和保护水源无关的建设项目，由县级以上人民政府责令拆除或者关闭。

禁止在饮用水水源一级保护区内从事网箱养殖、旅游、游泳、垂钓或者其他可能污染饮用水水体的活动。

第六十六条 禁止在饮用水水源二级保护区内新建、改建、扩建排放污染物的建设项目；已建成的排放污染物的建设项目，由县级以上人民政府责令拆除或者关闭。

在饮用水水源二级保护区内从事网箱养殖、旅游等活动的，应当按照规定采取措施，防止污染饮用水水体。

第六十七条 禁止在饮用水水源准保护区内新建、扩建对水体污染严重的建设项目；改建建设项目，不得增加排污量。

第六十八条 县级以上地方人民政府应当根据保护饮用水水源的实际需要，在准保护区内采取工程措施或者建造湿地、水源涵养林等生态保护措施，防止水污染物直接排入饮用水水体，确保饮用水安全。

第六十九条 县级以上地方人民政府应当组织环境保护等部门，对饮用水水源保护区、地下水型饮用水源的补给区及供水单位周边区域的环境状况和污染风险进行调查评估，筛查可能存在的污染风险因素，并采取相应的风险防范措施。

饮用水水源受到污染可能威胁供水安全的，环境保护主管部门应当责令有关企业事业单位和其他生产经营者采取停止排放水污染物等措施，并通报饮用水供水单位和供水、卫生、水行政等部门；跨行政区域的，还应当通报相关地方人民政府。

第七十条 单一水源供水城市的人民政府应当建设应急水源或者备用水源，有条件的地区可以开展区域联网供水。

县级以上地方人民政府应当合理安排、布局农村饮用水水源，有条件的地区可以采取城镇供水管网延伸或者建设跨村、跨乡镇联片集中供水工程等方式，发展规模集中供水。

第七十一条 饮用水供水单位应当做好取水口和出水口的水质检测工作。发现取水口水质不符合饮用水水源水质标准或者出水口水质不符合饮用水卫生标准的，应当及时采取相应措施，并向所在地市、县级人民政府供水主管部门报告。供水主管部门接到报告后，应当通报环境保护、卫生、水行政等部门。

饮用水供水单位应当对供水水质负责，确保供水设施安全可靠运行，保证供水水质符合国家有关标准。

第七十二条 县级以上地方人民政府应当组织有关部门监测、评估本行政区域内饮用水水源、供水单位供水和用户水龙头出水的水质等饮用水安全状况。

县级以上地方人民政府有关部门应当至少每季度向社会公开一次饮用水安全状况信息。

第七十三条 国务院和省、自治区、直辖市人民政府根据水环境保护的需要，可以规定在饮用水水源保护区内，采取禁止或者限制使用含磷洗涤剂、化肥、农药以及限制种植养殖等措施。

第七十四条 县级以上人民政府可以对风景名胜区水体、重要渔业水体和其他具有特殊经济文化价值的水体划定保护区，并采取措施，保证保护区的水质符合规定用途的水环境质量标准。

第七十五条 在风景名胜区水体、重要渔业水体和其他具有特殊经济文化价值的水体的保护区内，不得新建排污口。在保护区附近新建排污口，应当保证保护区水体不受污染。

第六章　水污染事故处置

第七十六条 各级人民政府及其有关部门，可能发生水污染事故的企业事业单位，应当依照《中华人民共和国突发事件应对法》的规定，做好突发水污染事故的应急准备、应急处置和事后恢复等工作。

第七十七条 可能发生水污染事故的企业事业单位，应当制定有关水污染事故的应急方案，做好应急准备，并定期进行演练。

生产、储存危险化学品的企业事业单位，应当采取措施，防止在处理安全生产事故过程中产生的可能严重污染水体的消防废水、废液直接排入水体。

第七十八条 企业事业单位发生事故或者其他突发性事件，造成或者可能造成水污染事故的，应当立即启动本单位的应急方案，采取隔离等应急措施，防止水污染物进入水体，并向事故发生地的县级以上地方人民政府或者环境保护主管部门报告。环境保护主管部门接到报告后，应当及时向本级人民政府报告，并抄送有关部门。

造成渔业污染事故或者渔业船舶造成水污染事故的，应当向事故发生地的渔业主管部门报告，接受调查处理。其他船舶造成水污染事故的，应当向事故发生地的海事管理机构报告，接受调查处理；给渔业造成损害的，海事管理机构应当通知渔业主管部门参与调查处理。

第七十九条 市、县级人民政府应当组织编制饮用水安全突发事件应急预案。

饮用水供水单位应当根据所在地饮用水安全突发事件应急预案，制定相应的突发事件应急方案，报所在地市、县级人民政府备案，并定期进行演练。

饮用水水源发生水污染事故，或者发生其他可能影响饮用水安全的突发性事件，饮用水供水单位应当采取应急处理措施，向所在地市、县级人民政府报告，并向社会公开。有关人民政府应当根据情况及时启动应急预案，采取有效措施，保障供水安全。

第七章 法律责任

第八十条 环境保护主管部门或者其他依照本法规定行使监督管理权的部门，不依法作出行政许可或者办理批准文件的，发现违法行为或者接到对违法行为的举报后不予查处的，或者有其他未依照本法规定履行职责的行为的，对直接负责的主管人员和其他直接责任人员依法给予处分。

第八十一条 以拖延、围堵、滞留执法人员等方式拒绝、阻挠环境保护主管部门或者其他依照本法规定行使监督管理权的部门的监督检查，或者在接受监督检查时弄虚作假的，由县级以上人民政府环境保护主管部门或者其他依照本法规定行使监督管理权的部门责令改正，处二万元以上二十万元以下的罚款。

第八十二条 违反本法规定，有下列行为之一的，由县级以上人民政府环境保护主管部门责令限期改正，处二万元以上二十万元以下的罚款；逾期不改正的，责令停产整治：

（一）未按照规定对所排放的水污染物自行监测，或者未保存原始监测记录的；

（二）未按照规定安装水污染物排放自动监测设备，未按照规定与环境保护主管部门的监控设备联网，或者未保证监测设备正常运行的；

（三）未按照规定对有毒有害水污染物的排污口和周边环境进行监测，或者未公开有毒有害水污染物信息的。

第八十三条 违反本法规定，有下列行为之一的，由县级以上人民政府环境保护主管部门责令改正或者责令限制生产、停产整治，并处十万元以上一百万元以下的罚款；情节严重的，报经有批准权的人民政府批准，责令停业、关闭：

（一）未依法取得排污许可证排放水污染物的；

（二）超过水污染物排放标准或者超过重点水污染物排放总量控制指标排放水污染物的；

（三）利用渗井、渗坑、裂隙、溶洞，私设暗管，篡改、伪造监测数据，或者不正常运行水污染防治设施等逃避监管的方式排放水污染物的；

（四）未按照规定进行预处理，向污水集中处理设施排放不符合处理工艺要求的工业废水的。

第八十四条 在饮用水水源保护区内设置排污口的，由县级以上地方人民政府责令限期拆除，处十万元以上五十万元以下的罚款；逾期不拆除的，强制拆除，所需费用由违法者承担，处五十万元以上一百万元以下的罚款，并可以责令停产整治。

除前款规定外，违反法律、行政法规和国务院环境保护主管部门的规定设置排污口的，由县级以上地方人民政府环境保护主管部门责令限期拆除，处二万元以上十万元以下的罚款；逾期不拆除的，强制拆除，所需费用由违法者承担，处十万元以上五十万元以下的罚款；情节严重的，可以责令停产整治。

未经水行政主管部门或者流域管理机构同意，在江河、湖泊新建、改建、扩建排污口的，由县级以上人民政府水行政主管部门或者流域管理机构依据职权，依照前款规定采取措施、给予处罚。

第八十五条 有下列行为之一的，由县级以上地方人民政府环境保护主管部门责令停止违法行为，限期采取治理措施，消除污染，处以罚款；逾期不采取治理措施的，环境保护主管部门可以指定有治理能力的单位代为治理，所需费用由违法者承担：

（一）向水体排放油类、酸液、碱液的；

（二）向水体排放剧毒废液，或者将含有汞、镉、砷、铬、铅、氰化物、黄磷等的可溶性剧毒废渣向水体排放、倾倒或者直接埋入地下的；

（三）在水体清洗装贮过油类、有毒污染物的车辆或者容器的；

（四）向水体排放、倾倒工业废渣、城镇垃圾或者其他废弃物，或者在江河、湖泊、运河、渠道、水库最高水位线以下的滩地、岸坡堆放、存贮固体废弃物或者其他污染物的；

（五）向水体排放、倾倒放射性固体废物或者含有高放射性、中放射性物质的废水的；

（六）违反国家有关规定或者标准，向水体排放含低放射性物质的废水、热废水或者含病原体的污水的；

（七）未采取防渗漏等措施，或者未建设地下水水质监测井进行监测的；

（八）加油站等的地下油罐未使用双层罐或者采取建造防渗池等其他有效措施，或者未进行防渗漏监测的；

（九）未按照规定采取防护性措施，或者利用无防渗漏措施的沟渠、坑塘等输送或者存贮含有毒污染物的废水、含病原体的污水或者其他废弃物的。

有前款第三项、第四项、第六项、第七项、第八项行为之一的，处二万元以上二十万元以下的罚款。有前款第一项、第二项、第五项、第九项行为之一的，处十万元以上一百万元以下的罚款；情节严重的，报经有批准权的人民政府批准，责令停业、关闭。

第八十六条 违反本法规定，生产、销售、进口或者使用列入禁止生产、销售、进口、使用的严重污染水环境的设备名录中的设备，或者采用列入禁止采用的严重污染水环境的工艺名录中的工艺的，由县级以上人民政府经济综合宏观调控部门责令改正，处五万元以上二十万元以下的罚款；情节严重的，由县级以上人民政府经济综合宏观调控部门提出意见，报请本级人民政府责令停业、关闭。

第八十七条 违反本法规定，建设不符合国家产业政策的小型造纸、制革、印染、染料、炼焦、炼硫、炼砷、炼汞、炼油、电镀、农药、石棉、水泥、玻璃、钢铁、火电以及其他严重污染水环境的生产项目的，由所在地的市、县人民政府责令关闭。

第八十八条 城镇污水集中处理设施的运营单位或者污泥处理处置单位，处理处置后的污泥不符合国家标准，或者对污泥去向等未进行记录的，由城镇排水主管部门责令限期采取治理措施，给予警告；造成严重后果的，处十万元以上二十万元以下的罚款；逾期不采取治理措施的，城镇排水主管部门可以指定有治理能力的单位代为治理，所需费用由违法者承担。

第八十九条 船舶未配置相应的防污染设备和器材，或者未持有合法有效的防止水域环境污染的证书与文书的，由海事管理机构、渔业主管部门按照职责分工责令限期改正，处二千元以上二万元以下的罚款；逾期不改正的，责令船舶临时停航。

船舶进行涉及污染物排放的作业，未遵守操作规程或者未在相应的记录簿上如实记载的，由海事管理机构、渔业主管部门按照职责分工责令改正，处二千元以上二万元以下的罚款。

第九十条 违反本法规定，有下列行为之一的，由海事管理机构、渔业主管部门按照职责分工责令停止违法行为，处一万元以上十万元以下的罚款；造成水污染的，责令限期采取治理措施，消除污染，处二万元以上二十万元以下的罚款；逾期不采取治理措施的，海事管理机构、渔业主管部门按照职责分工可以指定有治理能力的单位代为治理，所需费用由船舶承担：

（一）向水体倾倒船舶垃圾或者排放船舶的残油、废油的；

（二）未经作业地海事管理机构批准，船舶进行散装液体污染危害性货物的过驳作业的；

（三）船舶及有关作业单位从事有污染风险的作业活动，未按照规定采取污染防治措施的；

（四）以冲滩方式进行船舶拆解的；

（五）进入中华人民共和国内河的国际航线船舶，排放不符合规定的船舶压载水的。

第九十一条 有下列行为之一的，由县级以上地方人民政府环境保护主管部门责令停止违法行为，处十万元以上五十万元以下的罚款；并报经有批准权的人民政府批准，责令拆除或者关闭：

（一）在饮用水水源一级保护区内新建、改建、扩建与供水设施和保护水源无关的建设项目的；

（二）在饮用水水源二级保护区内新建、改建、扩建排放污染物的建设项目的；

（三）在饮用水水源准保护区内新建、扩建对水体污染严重的建设项目，或者改建建设项目增加排污量的。

在饮用水水源一级保护区内从事网箱养殖或者组织进行旅游、垂钓或者其他可能污染饮用水水体的活动的，由县级以上地方人民政府环境保护主管部门责令停止违法行为，处二万元以上十万元以下的罚款。个人在饮用水水源一级保护区内游泳、垂钓或者从事其他可能污染饮用水水体的活动的，由县级以上地方人民政府环境保护主管部门责令停止违法行为，可以处五百元以下的罚款。

第九十二条 饮用水供水单位供水水质不符合国家规定标准的，由所在地市、县级人民政府供水主管部门责令改正，处二万元以上二十万元以下的罚款；情节严重的，报经有批准权的人民政府批准，可以责令停业整顿；对直接负责的主管人员和其他直接责任人员依法给予处分。

第九十三条 企业事业单位有下列行为之一的，由县级以上人民政府环境保护主管部门责令改正；情节严重的，处二万元以上十万元以下的罚款：

（一）不按照规定制定水污染事故的应急方案的；

（二）水污染事故发生后，未及时启动水污染事故的应急方案，采取有关应急措施的。

第九十四条 企业事业单位违反本法规定，造成水污染事故的，除依法承担赔偿责任外，由县级以上人民政府环境保护主管部门依照本条第二款的规定处以罚款，责令限期采取治理措施，消除污染；未按照要求采取治理措施或者不具备治理能力的，由环境保护主管部门指定有治理能力的单位代为治理，所需费用由违法者承担；对造成重大或者特大水污染事故的，还可以报经有批准权的人民政府批准，责令关闭；对直接负责的主管人员和其他直接责任人员可以处上一年度从本单位取得的收入百分之五十以下的罚款；有《中华人民共和国环境保护法》第六十三条规定的违法排放水污染物等行为之一，尚不构成犯罪的，由公安机关对直接负责的主管人员和其他直接责任人员处十日以上十五日以下的拘留；情节较轻的，处五日以上十日以下的拘留。

对造成一般或者较大水污染事故的，按照水污染事故造成的直接损失的百分之二十计算罚款；对造成重大或者特大水污染事故的，按照水污染事故造成的直接损失的百分之三十计算罚款。

造成渔业污染事故或者渔业船舶造成水污染事故的，由渔业主管部门进行处罚；其他船舶造成水污染事故的，由海事管理机构进行处罚。

第九十五条 企业事业单位和其他生产经营者违法排放水污染物，受到罚款处罚，被责令改正的，依法作出处罚决定的行政机关应当组织复查，发现其继续违法排放水污染物或者拒绝、阻挠复查的，依照《中华人民共和国环境保护法》的规定按日连续处罚。

第九十六条 因水污染受到损害的当事人，有权要求排污方排除危害和赔偿损失。

由于不可抗力造成水污染损害的，排污方不承担赔偿责任；法律另有规定的除外。

水污染损害是由受害人故意造成的，排污方不承担赔偿责任。水污染损害是由受害人重大过失造成的，可以减轻排污方的赔偿责任。

水污染损害是由第三人造成的，排污方承担赔偿责任后，有权向第三人追偿。

第九十七条 因水污染引起的损害赔偿责任和赔偿金额的纠纷，可以根据当事人的请求，由环境保护主管部门或者海事管理机构、渔业主管部门按照职责分工调解处理；调解不成的，当事人可以向人民法院提起诉讼。当事人也可以直接向人民法院提起诉讼。

第九十八条 因水污染引起的损害赔偿诉讼，由排污方就法律规定的免责事由及其行为与损害结果之间不存在因果关系承担举证责任。

第九十九条 因水污染受到损害的当事人人数众多的，可以依法由当事人推选代表人进行共同诉讼。

环境保护主管部门和有关社会团体可以依法支持因水污染受到损害的当事人向人民法院提起诉讼。

国家鼓励法律服务机构和律师为水污染损害诉讼中的受害人提供法律援助。

第一百条 因水污染引起的损害赔偿责任和赔偿金额的纠纷，当事人可以委托环境监测机构提供监测数据。环境监测机构应当接受委托，如实提供有关监测数据。

第一百零一条 违反本法规定，构成犯罪的，依法追究刑事责任。

第八章 附 则

第一百零二条 本法中下列用语的含义：

（一）水污染，是指水体因某种物质的介入，而导致其化学、物理、生物或者放射性等方面特性的改变，从而影响水的有效利用，危害人体健康或者破坏生态环境，造成水质恶化的现象。

（二）水污染物，是指直接或者间接向水体排放的，能导致水体污染的物质。

（三）有毒污染物，是指那些直接或者间接被生物摄入体内后，可能导致该生物或者其后代发病、行为反常、遗传异变、生理机能失常、机体变形或者死亡的污染物。

（四）污泥，是指污水处理过程中产生的半固态或者固态物质。

（五）渔业水体，是指划定的鱼虾类的产卵场、索饵场、越冬场、洄游通道和鱼虾贝藻类的养殖场的水体。

第一百零三条 本法自 2008 年 6 月 1 日起施行。

附录五 中华人民共和国固体废物污染环境防治法

第一章 总 则

第一条 为了防治固体废物污染环境，保障人体健康，维护生态安全，促进经济社会可持续发展，制定本法。

第二条 本法适用于中华人民共和国境内固体废物污染环境的防治。

固体废物污染海洋环境的防治和放射性固体废物污染环境的防治不适用本法。

第三条 国家对固体废物污染环境的防治，实行减少固体废物的产生量和危害性、充分合理利用固体废物和无害化处置固体废物的原则，促进清洁生产和循环经济发展。

国家采取有利于固体废物综合利用活动的经济、技术政策和措施，对固体废物实行充分回收和合理利用。

国家鼓励、支持采取有利于保护环境的集中处置固体废物的措施，促进固体废物污染环境防治产业发展。

第四条 县级以上人民政府应当将固体废物污染环境防治工作纳入国民经济和社会发展计划，并采取有利于固体废物污染环境防治的经济、技术政策和措施。

国务院有关部门、县级以上地方人民政府及其有关部门组织编制城乡建设、土地利用、区域开发、产业发展等规划，应当统筹考虑减少固体废物的产生量和危害性、促进固体废物的综合利用和无害化处置。

第五条 国家对固体废物污染环境防治实行污染者依法负责的原则。

产品的生产者、销售者、进口者、使用者对其产生的固体废物依法承担污染防治责任。

第六条 国家鼓励、支持固体废物污染环境防治的科学研究、技术开发、推广先进的防治技术和普及固体废物污染环境防治的科学知识。

各级人民政府应当加强防治固体废物污染环境的宣传教育，倡导有利于环境保护的生产方式和生活方式。

第七条 国家鼓励单位和个人购买、使用再生产品和可重复利用产品。

第八条 各级人民政府对在固体废物污染环境防治工作以及相关的综合利用活动中作出显著成绩的单位和个人给予奖励。

第九条 任何单位和个人都有保护环境的义务，并有权对造成固体废物污染环境的单位和个人进行检举和控告。

第十条 国务院环境保护行政主管部门对全国固体废物污染环境的防治工作实施统一监督管理。国务院有关部门在各自的职责范围内负责固体废物污染环境防治的监督管理工作。

县级以上地方人民政府环境保护行政主管部门对本行政区域内固体废物污染环境的防治工作实施统一监督管理。县级以上地方人民政府有关部门在各自的职责范围内负责固体废物污染环境防治的监督管理工作。

国务院建设行政主管部门和县级以上地方人民政府环境卫生行政主管部门负责生活垃圾清扫、收集、贮存、运输和处置的监督管理工作。

第二章　固体废物污染环境防治的监督管理

第十一条　国务院环境保护行政主管部门会同国务院有关行政主管部门根据国家环境质量标准和国家经济、技术条件，制定国家固体废物污染环境防治技术标准。

第十二条　国务院环境保护行政主管部门建立固体废物污染环境监测制度，制定统一的监测规范，并会同有关部门组织监测网络。

大、中城市人民政府环境保护行政主管部门应当定期发布固体废物的种类、产生量、处置状况等信息。

第十三条　建设产生固体废物的项目以及建设贮存、利用、处置固体废物的项目，必须依法进行环境影响评价，并遵守国家有关建设项目环境保护管理的规定。

第十四条　建设项目的环境影响评价文件确定需要配套建设的固体废物污染环境防治设施，必须与主体工程同时设计、同时施工、同时投入使用。固体废物污染环境防治设施必须经原审批环境影响评价文件的环境保护行政主管部门验收合格后，该建设项目方可投入生产或者使用。对固体废物污染环境防治设施的验收应当与对主体工程的验收同时进行。

第十五条　县级以上人民政府环境保护行政主管部门和其他固体废物污染环境防治工作的监督管理部门，有权依据各自的职责对管辖范围内与固体废物污染环境防治有关的单位进行现场检查。被检查的单位应当如实反映情况，提供必要的资料。检查机关应当为被检查的单位保守技术秘密和业务秘密。

检查机关进行现场检查时，可以采取现场监测、采集样品、查阅或者复制与固体废物污染环境防治相关的资料等措施。检查人员进行现场检查，应当出示证件。

第三章　固体废物污染环境的防治

第一节　一　般　规　定

第十六条　产生固体废物的单位和个人，应当采取措施，防止或者减少固体废物对环境的污染。

第十七条　收集、贮存、运输、利用、处置固体废物的单位和个人，必须采取防扬散、防流失、防渗漏或者其他防止污染环境的措施；不得擅自倾倒、堆放、丢弃、遗撒固体废物。

禁止任何单位或者个人向江河、湖泊、运河、渠道、水库及其最高水位线以下的滩地和岸坡等法律、法规规定禁止倾倒、堆放废弃物的地点倾倒、堆放固体废物。

第十八条 产品和包装物的设计、制造，应当遵守国家有关清洁生产的规定。国务院标准化行政主管部门应当根据国家经济和技术条件、固体废物污染环境防治状况以及产品的技术要求，组织制定有关标准，防止过度包装造成环境污染。

生产、销售、进口依法被列入强制回收目录的产品和包装物的企业，必须按照国家有关规定对该产品和包装物进行回收。

第十九条 国家鼓励科研、生产单位研究、生产易回收利用、易处置或者在环境中可降解的薄膜覆盖物和商品包装物。

使用农用薄膜的单位和个人，应当采取回收利用等措施，防止或者减少农用薄膜对环境的污染。

第二十条 从事畜禽规模养殖应当按照国家有关规定收集、贮存、利用或者处置养殖过程中产生的畜禽粪便，防止污染环境。

禁止在人口集中地区、机场周围、交通干线附近以及当地人民政府划定的区域露天焚烧秸秆。

第二十一条 对收集、贮存、运输、处置固体废物的设施、设备和场所，应当加强管理和维护，保证其正常运行和使用。

第二十二条 在国务院和国务院有关主管部门及省、自治区、直辖市人民政府划定的自然保护区、风景名胜区、饮用水水源保护区、基本农田保护区和其他需要特别保护的区域内，禁止建设工业固体废物集中贮存、处置的设施、场所和生活垃圾填埋场。

第二十三条 转移固体废物出省、自治区、直辖市行政区域贮存、处置的，应当向固体废物移出地的省、自治区、直辖市人民政府环境保护行政主管部门提出申请。移出地的省、自治区、直辖市人民政府环境保护行政主管部门应当商经接受地的省、自治区、直辖市人民政府环境保护行政主管部门同意后，方可批准转移该固体废物出省、自治区、直辖市行政区域。未经批准的，不得转移。

第二十四条 禁止中华人民共和国境外的固体废物进境倾倒、堆放、处置。

第二十五条 禁止进口不能用作原料或者不能以无害化方式利用的固体废物；对可以用作原料的固体废物实行限制进口和自动许可进口分类管理。

国务院环境保护行政主管部门会同国务院对外贸易主管部门、国务院经济综合宏观调控部门、海关总署、国务院质量监督检验检疫部门制定、调整并公布禁止进口、限制进口和自动许可进口的固体废物目录。

禁止进口列入禁止进口目录的固体废物。进口列入限制进口目录的固体废物，应当经国务院环境保护行政主管部门会同国务院对外贸易主管部门审查许可。进口列入自动许可进口目录的固体废物，应当依法办理自动许可手续。

进口的固体废物必须符合国家环境保护标准，并经质量监督检验检疫部门检验合格。

进口固体废物的具体管理办法，由国务院环境保护行政主管部门会同国务院对外贸易主管部门、国务院经济综合宏观调控部门、海关总署、国务院质量监督检验检疫部门制定。

第二十六条 进口者对海关将其所进口的货物纳入固体废物管理范围不服的，可以依法申请行政复议，也可以向人民法院提起行政诉讼。

第二节 工业固体废物污染环境的防治

第二十七条 国务院环境保护行政主管部门应当会同国务院经济综合宏观调控部门和其他有关部门对工业固体废物对环境的污染作出界定，制定防治工业固体废物污染环境的技术政策，组织推广先进的防治工业固体废物污染环境的生产工艺和设备。

第二十八条 国务院经济综合宏观调控部门应当会同国务院有关部门组织研究、开发和推广减少工业固体废物产生量和危害性的生产工艺和设备，公布限期淘汰产生严重污染环境的工业固体废物的落后生产工艺、落后设备的名录。

生产者、销售者、进口者、使用者必须在国务院经济综合宏观调控部门会同国务院有关部门规定的期限内分别停止生产、销售、进口或者使用列入前款规定的名录中的设备。生产工艺的采用者必须在国务院经济综合宏观调控部门会同国务院有关部门规定的期限内停止采用列入前款规定的名录中的工艺。

列入限期淘汰名录被淘汰的设备，不得转让给他人使用。

第二十九条 县级以上人民政府有关部门应当制定工业固体废物污染环境防治工作规划，推广能够减少工业固体废物产生量和危害性的先进生产工艺和设备，推动工业固体废物污染环境防治工作。

第三十条 产生工业固体废物的单位应当建立、健全污染环境防治责任制度，采取防治工业固体废物污染环境的措施。

第三十一条 企业事业单位应当合理选择和利用原材料、能源和其他资源，采用先进的生产工艺和设备，减少工业固体废物产生量，降低工业固体废物的危害性。

第三十二条 国家实行工业固体废物申报登记制度。

产生工业固体废物的单位必须按照国务院环境保护行政主管部门的规定，向所在地县级以上地方人民政府环境保护行政主管部门提供工业固体废物的种类、产生量、流向、贮存、处置等有关资料。

前款规定的申报事项有重大改变的，应当及时申报。

第三十三条 企业事业单位应当根据经济、技术条件对其产生的工业固体废物加以利用；对暂时不利用或者不能利用的，必须按照国务院环境保护行政主管部门的规定建设贮存设施、场所，安全分类存放，或者采取无害化处置措施。

建设工业固体废物贮存、处置的设施、场所，必须符合国家环境保护标准。

第三十四条 禁止擅自关闭、闲置或者拆除工业固体废物污染环境防治设施、场所；确有必要关闭、闲置或者拆除的，必须经所在地县级以上地方人民政府环境保护行政主管部门核准，并采取措施，防止污染环境。

第三十五条 产生工业固体废物的单位需要终止的，应当事先对工业固体废物的贮存、处置的设施、场所采取污染防治措施，并对未处置的工业固体废物作出妥善处置，防止污染环境。

产生工业固体废物的单位发生变更的，变更后的单位应当按照国家有关环境保护的规定对未处置的工业固体废物及其贮存、处置的设施、场所进行安全处置或者采取措施保证该设施、场所安全运行。变更前当事人对工业固体废物及其贮存、处置的设施、场所的污染防治责任另有约定的，从其约定；但是，不得免除当事人的污染防治义务。

对本法施行前已经终止的单位未处置的工业固体废物及其贮存、处置的设施、场所进行安全处置的费用，由有关人民政府承担；但是，该单位享有的土地使用权依法转让的，应当由土地使用权受让人承担处置费用。当事人另有约定的，从其约定；但是，不得免除当事人的污染防治义务。

第三十六条 矿山企业应当采取科学的开采方法和选矿工艺，减少尾矿、矸石、废石等矿业固体废物的产生量和贮存量。

尾矿、矸石、废石等矿业固体废物贮存设施停止使用后，矿山企业应当按照国家有关环境保护规定进行封场，防止造成环境污染和生态破坏。

第三十七条 拆解、利用、处置废弃电器产品和废弃机动车船，应当遵守有关法律、法规的规定，采取措施，防止污染环境。

第三节 生活垃圾污染环境的防治

第三十八条 县级以上人民政府应当统筹安排建设城乡生活垃圾收集、运输、处置设施，提高生活垃圾的利用率和无害化处置率，促进生活垃圾收集、处置的产业化发展，逐步建立和完善生活垃圾污染环境防治的社会服务体系。

第三十九条 县级以上地方人民政府环境卫生行政主管部门应当组织对城市生活垃圾进行清扫、收集、运输和处置，可以通过招标等方式选择具备条件的单位从事生活垃圾的清扫、收集、运输和处置。

第四十条 对城市生活垃圾应当按照环境卫生行政主管部门的规定，在指定的地点放置，不得随意倾倒、抛撒或者堆放。

第四十一条 清扫、收集、运输、处置城市生活垃圾，应当遵守国家有关环境保护和环境卫生管理的规定，防止污染环境。

第四十二条 对城市生活垃圾应当及时清运，逐步做到分类收集和运输，并积极开展合理利用和实施无害化处置。

第四十三条 城市人民政府应当有计划地改进燃料结构，发展城市煤气、天然气、液化气和其他清洁能源。

城市人民政府有关部门应当组织净菜进城，减少城市生活垃圾。

城市人民政府有关部门应当统筹规划，合理安排收购网点，促进生活垃圾的回收利用工作。

第四十四条 建设生活垃圾处置的设施、场所，必须符合国务院环境保护行政主管部门和国务院建设行政主管部门规定的环境保护和环境卫生标准。

禁止擅自关闭、闲置或者拆除生活垃圾处置的设施、场所；确有必要关闭、闲置或者拆除的，必须经所在地县级以上地方人民政府环境卫生行政主管部门和环境保护行政主管部门核准，并采取措施，防止污染环境。

第四十五条 从生活垃圾中回收的物质必须按照国家规定的用途或者标准使用，不得用于生产可能危害人体健康的产品。

第四十六条 工程施工单位应当及时清运工程施工过程中产生的固体废物，并按照环境卫生行政主管部门的规定进行利用或者处置。

第四十七条 从事公共交通运输的经营单位，应当按照国家有关规定，清扫、收集运输过程中产生的生活垃圾。

第四十八条 从事城市新区开发、旧区改建和住宅小区开发建设的单位，以及机场、码头、车站、公园、商店等公共设施、场所的经营管理单位，应当按照国家有关环境卫生的规定，配套建设生活垃圾收集设施。

第四十九条 农村生活垃圾污染环境防治的具体办法，由地方性法规规定。

第四章　危险废物污染环境防治的特别规定

第五十条 危险废物污染环境的防治，适用本章规定；本章未作规定的，适用本法其他有关规定。

第五十一条 国务院环境保护行政主管部门应当会同国务院有关部门制定国家危险废物名录，规定统一的危险废物鉴别标准、鉴别方法和识别标志。

第五十二条 对危险废物的容器和包装物以及收集、贮存、运输、处置危险废物的设施、场所，必须设置危险废物识别标志。

第五十三条 产生危险废物的单位，必须按照国家有关规定制定危险废物管理计划，并向所在地县级以上地方人民政府环境保护行政主管部门申报危险废物的种类、产生量、流向、贮存、处置等有关资料。

前款所称危险废物管理计划应当包括减少危险废物产生量和危害性的措施以及危险废物贮存、利用、处置措施。危险废物管理计划应当报产生危险废物的单位所在地县级以上地方人民政府环境保护行政主管部门备案。

本条规定的申报事项或者危险废物管理计划内容有重大改变的，应当及时申报。

第五十四条 国务院环境保护行政主管部门会同国务院经济综合宏观调控部门组织编制危险废物集中处置设施、场所的建设规划，报国务院批准后实施。

县级以上地方人民政府应当依据危险废物集中处置设施、场所的建设规划组织建设危险废物集中处置设施、场所。

第五十五条 产生危险废物的单位，必须按照国家有关规定处置危险废物，不得擅自倾倒、堆放；不处置的，由所在地县级以上地方人民政府环境保护行政主管部门责令限期改正；逾期不处置或者处置不符合国家有关规定的，由所在地县级以上地方人民政府环境保护行政主管部门指定单位按照国家有关规定代为处置，处置费用由产生危险废物的单位承担。

第五十六条 以填埋方式处置危险废物不符合国务院环境保护行政主管部门规定的，应当缴纳危险废物排污费。危险废物排污费征收的具体办法由国务院规定。

危险废物排污费用于污染环境的防治，不得挪作他用。

第五十七条 从事收集、贮存、处置危险废物经营活动的单位，必须向县级以上人民政府环境保护行政主管部门申请领取经营许可证；从事利用危险废物经营活动的单位，必须向国务院环境保护行政主管部门或者省、自治区、直辖市人民政府环境保护行政主管部门申请领取经营许可证。具体管理办法由国务院规定。

禁止无经营许可证或者不按照经营许可证规定从事危险废物收集、贮存、利用、处置的经营活动。

禁止将危险废物提供或者委托给无经营许可证的单位从事收集、贮存、利用、处置的经营活动。

第五十八条 收集、贮存危险废物，必须按照危险废物特性分类进行。禁止混合收集、贮存、运输、处置性质不相容而未经安全性处置的危险废物。

贮存危险废物必须采取符合国家环境保护标准的防护措施，并不得超过一年；确需延长期限的，必须报经原批准经营许可证的环境保护行政主管部门批准；法律、行政法规另有规定的除外。

禁止将危险废物混入非危险废物中贮存。

第五十九条 转移危险废物的，必须按照国家有关规定填写危险废物转移联单，并向危险废物移出地设区的市级以上地方人民政府环境保护行政主管部门提出申请。移出地设区的市级以上地方人民政府环境保护行政主管部门应当商经接受地设区的市级以上地方人民政府环境保护行政主管部门同意后，方可批准转移该危险废物。未经批准的，不得转移。

转移危险废物途经移出地、接受地以外行政区域的，危险废物移出地设区的市级以上地方人民政府环境保护行政主管部门应当及时通知沿途经过的设区的市级以上地方人民政府环境保护行政主管部门。

第六十条 运输危险废物，必须采取防止污染环境的措施，并遵守国家有关危险货物运输管理的规定。

禁止将危险废物与旅客在同一运输工具上载运。

第六十一条 收集、贮存、运输、处置危险废物的场所、设施、设备和容器、包装物及其他物品转作他用时，必须经过消除污染的处理，方可使用。

第六十二条 产生、收集、贮存、运输、利用、处置危险废物的单位，应当制定意外事故的防范措施和应急预案，并向所在地县级以上地方人民政府环境保护行政主管部门备案；环境保护行政主管部门应当进行检查。

第六十三条 因发生事故或者其他突发性事件，造成危险废物严重污染环境的单位，必须立即采取措施消除或者减轻对环境的污染危害，及时通报可能受到污染危害的单位和居民，并向所在地县级以上地方人民政府环境保护行政主管部门和有关部门报告，接受调查处理。

第六十四条 在发生或者有证据证明可能发生危险废物严重污染环境、威胁居民生命财产安全时，县级以上地方人民政府环境保护行政主管部门或者其他固体废物污染环境防治工作的监督管理部门必须立即向本级人民政府和上一级人民政府有关行政主管部门报告，由人民政府采取防止或者减轻危害的有效措施。有关人民政府可以根据需要责令停止导致或者可能导致环境污染事故的作业。

第六十五条 重点危险废物集中处置设施、场所的退役费用应当预提，列入投资概算或者经营成本。具体提取和管理办法，由国务院财政部门、价格主管部门会同国务院环境保护行政主管部门规定。

第六十六条 禁止经中华人民共和国过境转移危险废物。

第五章 法 律 责 任

第六十七条 县级以上人民政府环境保护行政主管部门或者其他固体废物污染环境防治工作的监督管理部门违反本法规定，有下列行为之一的，由本级人民政府或者上级人民政府有关行政主管部门责令改正，对负有责任的主管人员和其他直接责任人员依法给予行政处分；构成犯罪的，依法追究刑事责任：

（一）不依法作出行政许可或者办理批准文件的；

（二）发现违法行为或者接到对违法行为的举报后不予查处的；

（三）有不依法履行监督管理职责的其他行为的。

第六十八条 违反本法规定，有下列行为之一的，由县级以上人民政府环境保护行政主管部门责令停止违法行为，限期改正，处以罚款：

（一）不按照国家规定申报登记工业固体废物，或者在申报登记时弄虚作假的；

（二）对暂时不利用或者不能利用的工业固体废物未建设贮存的设施、场所安全分类存放，或者未采取无害化处置措施的；

（三）将列入限期淘汰名录被淘汰的设备转让给他人使用的；

（四）擅自关闭、闲置或者拆除工业固体废物污染环境防治设施、场所的；

（五）在自然保护区、风景名胜区、饮用水水源保护区、基本农田保护区和其他需要特别保护的区域内，建设工业固体废物集中贮存、处置的设施、场所和生活垃圾填埋场的；

（六）擅自转移固体废物出省、自治区、直辖市行政区域贮存、处置的；

（七）未采取相应防范措施，造成工业固体废物扬散、流失、渗漏或者造成其他环境污染的；

（八）在运输过程中沿途丢弃、遗撒工业固体废物的。

有前款第一项、第八项行为之一的，处五千元以上五万元以下的罚款；有前款第二项、第三项、第四项、第五项、第六项、第七项行为之一的，处一万元以上十万元以下的罚款。

第六十九条 违反本法规定，建设项目需要配套建设的固体废物污染环境防治设施未建成、未经验收或者验收不合格，主体工程即投入生产或者使用的，由审批该建设项目环境影响评价文件的环境保护行政主管部门责令停止生产或者使用，可以并处十万元以下的罚款。

第七十条 违反本法规定，拒绝县级以上人民政府环境保护行政主管部门或者其他固体废物污染环境防治工作的监督管理部门现场检查的，由执行现场检查的部门责令限期改正；拒不改正或者在检查时弄虚作假的，处二千元以上二万元以下的罚款。

第七十一条 从事畜禽规模养殖未按照国家有关规定收集、贮存、处置畜禽粪便，造成环境污染的，由县级以上地方人民政府环境保护行政主管部门责令限期改正，可以处五万元以下的罚款。

第七十二条 违反本法规定，生产、销售、进口或者使用淘汰的设备，或者采用淘汰的生产工艺的，由县级以上人民政府经济综合宏观调控部门责令改正；情节严重的，由县级以上人民政府经济综合宏观调控部门提出意见，报请同级人民政府按照国务院规定的权限决定停业或者关闭。

第七十三条 尾矿、矸石、废石等矿业固体废物贮存设施停止使用后，未按照国家有关环境保护规定进行封场的，由县级以上地方人民政府环境保护行政主管部门责令限期改正，可以处五万元以上二十万元以下的罚款。

第七十四条 违反本法有关城市生活垃圾污染环境防治的规定，有下列行为之一的，由县级以上地方人民政府环境卫生行政主管部门责令停止违法行为，限期改正，处以罚款：

（一）随意倾倒、抛撒或者堆放生活垃圾的；

（二）擅自关闭、闲置或者拆除生活垃圾处置设施、场所的；

（三）工程施工单位不及时清运施工过程中产生的固体废物，造成环境污染的；

（四）工程施工单位不按照环境卫生行政主管部门的规定对施工过程中产生的固体废物进行利用或者处置的；

（五）在运输过程中沿途丢弃、遗撒生活垃圾的。

单位有前款第一项、第三项、第五项行为之一的，处五千元以上五万元以下的罚款；有前款第二项、第四项行为之一的，处一万元以上十万元以下的罚款。个人有前款第一项、第五项行为之一的，处二百元以下的罚款。

第七十五条 违反本法有关危险废物污染环境防治的规定，有下列行为之一的，由县级以上人民政府环境保护行政主管部门责令停止违法行为，限期改正，处以罚款：

（一）不设置危险废物识别标志的；

（二）不按照国家规定申报登记危险废物，或者在申报登记时弄虚作假的；

（三）擅自关闭、闲置或者拆除危险废物集中处置设施、场所的；

（四）不按照国家规定缴纳危险废物排污费的；

（五）将危险废物提供或者委托给无经营许可证的单位从事经营活动的；

（六）不按照国家规定填写危险废物转移联单或者未经批准擅自转移危险废物的；

（七）将危险废物混入非危险废物中贮存的；

（八）未经安全性处置，混合收集、贮存、运输、处置具有不相容性质的危险废物的；

（九）将危险废物与旅客在同一运输工具上载运的；

（十）未经消除污染的处理将收集、贮存、运输、处置危险废物的场所、设施、设备和容器、包装物及其他物品转作他用的；

（十一）未采取相应防范措施，造成危险废物扬散、流失、渗漏或者造成其他环境污染的；

（十二）在运输过程中沿途丢弃、遗撒危险废物的；

（十三）未制定危险废物意外事故防范措施和应急预案的。

有前款第一项、第二项、第七项、第八项、第九项、第十项、第十一项、第十二项、第十三项行为之一的，处一万元以上十万元以下的罚款；有前款第三项、第五项、第六项行为之一的，处二万元以上二十万元以下的罚款；有前款第四项行为的，限期缴纳，逾期不缴纳的，处应缴纳危险废物排污费金额一倍以上三倍以下的罚款。

第七十六条　违反本法规定，危险废物产生者不处置其产生的危险废物又不承担依法应当承担的处置费用的，由县级以上地方人民政府环境保护行政主管部门责令限期改正，处代为处置费用一倍以上三倍以下的罚款。

第七十七条　无经营许可证或者不按照经营许可证规定从事收集、贮存、利用、处置危险废物经营活动的，由县级以上人民政府环境保护行政主管部门责令停止违法行为，没收违法所得，可以并处违法所得三倍以下的罚款。

不按照经营许可证规定从事前款活动的，还可以由发证机关吊销经营许可证。

第七十八条　违反本法规定，将中华人民共和国境外的固体废物进境倾倒、堆放、处置的，进口属于禁止进口的固体废物或者未经许可擅自进口属于限制进口的固体废物用作原料的，由海关责令退运该固体废物，可以并处十万元以上一百万元以下的罚款；构成犯罪的，依法追究刑事责任。进口者不明的，由承运人承担退运该固体废物的责任，或者承担该固体废物的处置费用。

逃避海关监管将中华人民共和国境外的固体废物运输进境，构成犯罪的，依法追究刑事责任。

第七十九条　违反本法规定，经中华人民共和国过境转移危险废物的，由海关责令退运该危险废物，可以并处五万元以上五十万元以下的罚款。

第八十条　对已经非法入境的固体废物，由省级以上人民政府环境保护行政主管部门依法向海关提出处理意见，海关应当依照本法第七十八条的规定作出处罚决定；已经造成环境污染的，由省级以上人民政府环境保护行政主管部门责令进口者消除污染。

第八十一条　违反本法规定，造成固体废物严重污染环境的，由县级以上人民政府环境保护行政主管部门按照国务院规定的权限决定限期治理；逾期未完成治理任务的，由本级人民政府决定停业或者关闭。

第八十二条 违反本法规定，造成固体废物污染环境事故的，由县级以上人民政府环境保护行政主管部门处二万元以上二十万元以下的罚款；造成重大损失的，按照直接损失的百分之三十计算罚款，但是最高不超过一百万元，对负有责任的主管人员和其他直接责任人员，依法给予行政处分；造成固体废物污染环境重大事故的，并由县级以上人民政府按照国务院规定的权限决定停业或者关闭。

第八十三条 违反本法规定，收集、贮存、利用、处置危险废物，造成重大环境污染事故，构成犯罪的，依法追究刑事责任。

第八十四条 受到固体废物污染损害的单位和个人，有权要求依法赔偿损失。

赔偿责任和赔偿金额的纠纷，可以根据当事人的请求，由环境保护行政主管部门或者其他固体废物污染环境防治工作的监督管理部门调解处理；调解不成的，当事人可以向人民法院提起诉讼。当事人也可以直接向人民法院提起诉讼。

国家鼓励法律服务机构对固体废物污染环境诉讼中的受害人提供法律援助。

第八十五条 造成固体废物污染环境的，应当排除危害，依法赔偿损失，并采取措施恢复环境原状。

第八十六条 因固体废物污染环境引起的损害赔偿诉讼，由加害人就法律规定的免责事由及其行为与损害结果之间不存在因果关系承担举证责任。

第八十七条 固体废物污染环境的损害赔偿责任和赔偿金额的纠纷，当事人可以委托环境监测机构提供监测数据。环境监测机构应当接受委托，如实提供有关监测数据。

第六章　附　　则

第八十八条 本法下列用语的含义：

（一）固体废物，是指在生产、生活和其他活动中产生的丧失原有利用价值或者虽未丧失利用价值但被抛弃或者放弃的固态、半固态和置于容器中的气态的物品、物质以及法律、行政法规规定纳入固体废物管理的物品、物质。

（二）工业固体废物，是指在工业生产活动中产生的固体废物。

（三）生活垃圾，是指在日常生活中或者为日常生活提供服务的活动中产生的固体废物以及法律、行政法规规定视为生活垃圾的固体废物。

（四）危险废物，是指列入国家危险废物名录或者根据国家规定的危险废物鉴别标准和鉴别方法认定的具有危险特性的固体废物。

（五）贮存，是指将固体废物临时置于特定设施或者场所中的活动。

（六）处置，是指将固体废物焚烧和用其他改变固体废物的物理、化学、生物特性的方法，达到减少已产生的固体废物数量、缩小固体废物体积、减少或者消除其危险成份的活动，或者将固体废物最终置于符合环境保护规定要求的填埋场的活动。

（七）利用，是指从固体废物中提取物质作为原材料或者燃料的活动。

第八十九条 液态废物的污染防治，适用本法；但是，排入水体的废水的污染防治适用有关法律，不适用本法。

第九十条 中华人民共和国缔结或者参加的与固体废物污染环境防治有关的国际条约与本法有不同规定的，适用国际条约的规定；但是，中华人民共和国声明保留的条款除外。

第九十一条 本法自 2005 年 4 月 1 日起施行。

附录六　中华人民共和国环境影响评价法

第一章　总　　则

第一条　为了实施可持续发展战略，预防因规划和建设项目实施后对环境造成不良影响，促进经济、社会和环境的协调发展，制定本法。

第二条　本法所称环境影响评价，是指对规划和建设项目实施后可能造成的环境影响进行分析、预测和评估，提出预防或者减轻不良环境影响的对策和措施，进行跟踪监测的方法与制度。

第三条　编制本法第九条所规定的范围内的规划，在中华人民共和国领域和中华人民共和国管辖的其他海域内建设对环境有影响的项目，应当依照本法进行环境影响评价。

第四条　环境影响评价必须客观、公开、公正，综合考虑规划或者建设项目实施后对各种环境因素及其所构成的生态系统可能造成的影响，为决策提供科学依据。

第五条　国家鼓励有关单位、专家和公众以适当方式参与环境影响评价。

第六条　国家加强环境影响评价的基础数据库和评价指标体系建设，鼓励和支持对环境影响评价的方法、技术规范进行科学研究，建立必要的环境影响评价信息共享制度，提高环境影响评价的科学性。

国务院环境保护行政主管部门应当会同国务院有关部门，组织建立和完善环境影响评价的基础数据库和评价指标体系。

第二章　规划的环境影响评价

第七条　国务院有关部门、设区的市级以上地方人民政府及其有关部门，对其组织编制的土地利用的有关规划，区域、流域、海域的建设、开发利用规划，应当在规划编制过程中组织进行环境影响评价，编写该规划有关环境影响的篇章或者说明。

规划有关环境影响的篇章或者说明，应当对规划实施后可能造成的环境影响作出分析、预测和评估，提出预防或者减轻不良环境影响的对策和措施，作为规划草案的组成部分一并报送规划审批机关。

未编写有关环境影响的篇章或者说明的规划草案，审批机关不予审批。

第八条　国务院有关部门、设区的市级以上地方人民政府及其有关部门，对其组织编制的工业、农业、畜牧业、林业、能源、水利、交通、城市建设、旅游、自然资源开发的有关专项规划（以下简称专项规划），应当在该专项规划草案上报审批前，组织进行环境影响评价，并向审批该专项规划的机关提出环境影响报告书。

前款所列专项规划中的指导性规划，按照本法第七条的规定进行环境影响评价。

第九条 依照本法第七条、第八条的规定进行环境影响评价的规划的具体范围，由国务院环境保护行政主管部门会同国务院有关部门规定，报国务院批准。

第十条 专项规划的环境影响报告书应当包括下列内容：

（一）实施该规划对环境可能造成影响的分析、预测和评估；

（二）预防或者减轻不良环境影响的对策和措施；

（三）环境影响评价的结论。

第十一条 专项规划的编制机关对可能造成不良环境影响并直接涉及公众环境权益的规划，应当在该规划草案报送审批前，举行论证会、听证会，或者采取其他形式，征求有关单位、专家和公众对环境影响报告书草案的意见。但是，国家规定需要保密的情形除外。

编制机关应当认真考虑有关单位、专家和公众对环境影响报告书草案的意见，并应当在报送审查的环境影响报告书中附具对意见采纳或者不采纳的说明。

第十二条 专项规划的编制机关在报批规划草案时，应当将环境影响报告书一并附送审批机关审查；未附送环境影响报告书的，审批机关不予审批。

第十三条 设区的市级以上人民政府在审批专项规划草案，作出决策前，应当先由人民政府指定的环境保护行政主管部门或者其他部门召集有关部门代表和专家组成审查小组，对环境影响报告书进行审查。审查小组应当提出书面审查意见。

参加前款规定的审查小组的专家，应当从按照国务院环境保护行政主管部门的规定设立的专家库内的相关专业的专家名单中，以随机抽取的方式确定。

由省级以上人民政府有关部门负责审批的专项规划，其环境影响报告书的审查办法，由国务院环境保护行政主管部门会同国务院有关部门制定。

第十四条 审查小组提出修改意见的，专项规划的编制机关应当根据环境影响报告书结论和审查意见对规划草案进行修改完善，并对环境影响报告书结论和审查意见的采纳情况作出说明；不采纳的，应当说明理由。设区的市级以上人民政府或者省级以上人民政府有关部门在审批专项规划草案时，应当将环境影响报告书结论以及审查意见作为决策的重要依据。

在审批中未采纳环境影响报告书结论以及审查意见的，应当作出说明，并存档备查。

第十五条 对环境有重大影响的规划实施后，编制机关应当及时组织环境影响的跟踪评价，并将评价结果报告审批机关；发现有明显不良环境影响的，应当及时提出改进措施。

第三章　建设项目的环境影响评价

第十六条 国家根据建设项目对环境的影响程度，对建设项目的环境影响评价实行分类管理。建设单位应当按照下列规定组织编制环境影响报告书、环境影响报告表或者填报环境影响登记表（以下统称环境影响评价文件）：

（一）可能造成重大环境影响的，应当编制环境影响报告书，对产生的环境影响进行全面评价；

（二）可能造成轻度环境影响的，应当编制环境影响报告表，对产生的环境影响进行分析或者专项评价；

（三）对环境影响很小、不需要进行环境影响评价的，应当填报环境影响登记表。

建设项目的环境影响评价分类管理名录，由国务院环境保护行政主管部门制定并公布。

第十七条　建设项目的环境影响报告书应当包括下列内容：

（一）建设项目概况；

（二）建设项目周围环境现状；

（三）建设项目对环境可能造成影响的分析、预测和评估；

（四）建设项目环境保护措施及其技术、经济论证；

（五）建设项目对环境影响的经济损益分析；

（六）对建设项目实施环境监测的建议；

（七）环境影响评价的结论。

环境影响报告表和环境影响登记表的内容和格式，由国务院环境保护行政主管部门制定。

第十八条　建设项目的环境影响评价，应当避免与规划的环境影响评价相重复。作为一项整体建设项目的规划，按照建设项目进行环境影响评价，不进行规划的环境影响评价。已经进行了环境影响评价的规划包含具体建设项目的，规划的环境影响评价结论应当作为建设项目环境影响评价的重要依据，建设项目环境影响评价的内容应当根据规划的环境影响评价审查意见予以简化。

第十九条　接受委托为建设项目环境影响评价提供技术服务的机构，应当经国务院环境保护行政主管部门考核审查合格后，颁发资质证书，按照资质证书规定的等级和评价范围，从事环境影响评价服务，并对评价结论负责。为建设项目环境影响评价提供技术服务的机构的资质条件和管理办法，由国务院环境保护行政主管部门制定。

国务院环境保护行政主管部门对已取得资质证书的为建设项目环境影响评价提供技术服务的机构的名单，应当予以公布。

为建设项目环境影响评价提供技术服务的机构，不得与负责审批建设项目环境影响评价文件的环境保护行政主管部门或者其他有关审批部门存在任何利益关系。

第二十条　环境影响评价文件中的环境影响报告书或者环境影响报告表，应当由具有相应环境影响评价资质的机构编制。

任何单位和个人不得为建设单位指定对其建设项目进行环境影响评价的机构。

第二十一条　除国家规定需要保密的情形外，对环境可能造成重大影响、应当编制环境影响报告书的建设项目，建设单位应当在报批建设项目环境影响报告书前，举行论证会、听证会，或者采取其他形式，征求有关单位、专家和公众的意见。

建设单位报批的环境影响报告书应当附具对有关单位、专家和公众的意见采纳或者不采纳的说明。

第二十二条 建设项目的环境影响报告书、报告表，由建设单位按照国务院的规定报有审批权的环境保护行政主管部门审批。

海洋工程建设项目的海洋环境影响报告书的审批，依照《中华人民共和国海洋环境保护法》的规定办理。

审批部门应当自收到环境影响报告书之日起六十日内，收到环境影响报告表之日起三十日内，分别作出审批决定并书面通知建设单位。

国家对环境影响登记表实行备案管理。

审核、审批建设项目环境影响报告书、报告表以及备案环境影响登记表，不得收取任何费用。

第二十三条 国务院环境保护行政主管部门负责审批下列建设项目的环境影响评价文件：

（一）核设施、绝密工程等特殊性质的建设项目；

（二）跨省、自治区、直辖市行政区域的建设项目；

（三）由国务院审批的或者由国务院授权有关部门审批的建设项目。

前款规定以外的建设项目的环境影响评价文件的审批权限，由省、自治区、直辖市人民政府规定。

建设项目可能造成跨行政区域的不良环境影响，有关环境保护行政主管部门对该项目的环境影响评价结论有争议的，其环境影响评价文件由共同的上一级环境保护行政主管部门审批。

第二十四条 建设项目的环境影响评价文件经批准后，建设项目的性质、规模、地点、采用的生产工艺或者防治污染、防止生态破坏的措施发生重大变动的，建设单位应当重新报批建设项目的环境影响评价文件。

建设项目的环境影响评价文件自批准之日起超过五年，方决定该项目开工建设的，其环境影响评价文件应当报原审批部门重新审核；原审批部门应当自收到建设项目环境影响评价文件之日起十日内，将审核意见书面通知建设单位。

第二十五条 建设项目的环境影响评价文件未依法经审批部门审查或者审查后未予批准的，建设单位不得开工建设。

第二十六条 建设项目建设过程中，建设单位应当同时实施环境影响报告书、环境影响报告表以及环境影响评价文件审批部门审批意见中提出的环境保护对策措施。

第二十七条 在项目建设、运行过程中产生不符合经审批的环境影响评价文件的情形的，建设单位应当组织环境影响的后评价，采取改进措施，并报原环境影响评价文件审批部门和建设项目审批部门备案；原环境影响评价文件审批部门也可以责成建设单位进行环境影响的后评价，采取改进措施。

第二十八条 环境保护行政主管部门应当对建设项目投入生产或者使用后所产生的环境影响进行跟踪检查，对造成严重环境污染或者生态破坏的，应当查清原因、查明责任。对属于为建设项目环境影响评价提供技术服务的机构编制不实的环境影响评价文件的，依照本法第三十二条的规定追究其法律责任；属于审批部门工作人员失职、渎职，对依法不应批准的建设项目环境影响评价文件予以批准的，依照本法第三十四条的规定追究其法律责任。

第四章　法　律　责　任

第二十九条　规划编制机关违反本法规定，未组织环境影响评价，或者组织环境影响评价时弄虚作假或者有失职行为，造成环境影响评价严重失实的，对直接负责的主管人员和其他直接责任人员，由上级机关或者监察机关依法给予行政处分。

第三十条　规划审批机关对依法应当编写有关环境影响的篇章或者说明而未编写的规划草案，依法应当附送环境影响报告书而未附送的专项规划草案，违法予以批准的，对直接负责的主管人员和其他直接责任人员，由上级机关或者监察机关依法给予行政处分。

第三十一条　建设单位未依法报批建设项目环境影响报告书、报告表，或者未依照本法第二十四条的规定重新报批或者报请重新审核环境影响报告书、报告表，擅自开工建设的，由县级以上环境保护行政主管部门责令停止建设，根据违法情节和危害后果，处建设项目总投资额百分之一以上百分之五以下的罚款，并可以责令恢复原状；对建设单位直接负责的主管人员和其他直接责任人员，依法给予行政处分。

建设项目环境影响报告书、报告表未经批准或者未经原审批部门重新审核同意，建设单位擅自开工建设的，依照前款的规定处罚、处分。

建设单位未依法备案建设项目环境影响登记表的，由县级以上环境保护行政主管部门责令备案，处五万元以下的罚款。

海洋工程建设项目的建设单位有本条所列违法行为的，依照《中华人民共和国海洋环境保护法》的规定处罚。

第三十二条　接受委托为建设项目环境影响评价提供技术服务的机构在环境影响评价工作中不负责任或者弄虚作假，致使环境影响评价文件失实的，由授予环境影响评价资质的环境保护行政主管部门降低其资质等级或者吊销其资质证书，并处所收费用一倍以上三倍以下的罚款；构成犯罪的，依法追究刑事责任。

第三十三条　负责审核、审批、备案建设项目环境影响评价文件的部门在审批、备案中收取费用的，由其上级机关或者监察机关责令退还；情节严重的，对直接负责的主管人员和其他直接责任人员依法给予行政处分。

第三十四条　环境保护行政主管部门或者其他部门的工作人员徇私舞弊，滥用职权，玩忽职守，违法批准建设项目环境影响评价文件的，依法给予行政处分；构成犯罪的，依法追究刑事责任。

第五章　附　　则

第三十五条　省、自治区、直辖市人民政府可以根据本地的实际情况，要求对本辖区的县级人民政府编制的规划进行环境影响评价。具体办法由省、自治区、直辖市参照本法第二章的规定制定。

第三十六条　军事设施建设项目的环境影响评价办法，由中央军事委员会依照本法的原则制定。

第三十七条　本法自 2003 年 9 月 1 日起施行。

附录七　国际公约及双边协议清单

序号	公约及双边协议名称	签订日期	实施日期
1	人类环境宣言	1972-06-16	—
2	世界自然宪章	1982-10-28	—
3	保护世界文化和自然遗产公约	1972-11-23	1975-12-17 生效，1986-03-12 对中国生效
4	国际清洁生产宣言	1998-09-29	1998-09-29 中国签署
5	内罗毕宣言	1982-05-18	—
6	北京宣言	1991-06-19 发展中国家环境与发展部长级会议通过	—
7	里约环境与发展宣言	1962-06-14	—
8	二十一世纪议程	1992-06-14	—
9	关于在国际贸易中对某些危险化学品和农药采用事先知情同意程序的鹿特丹公约	1998-09-11	1998-09-11 中国签署
10	《联合国气候变化框架公约》京都议定书	1997-12-10	1998-05-29 中国签署
11	《控制危险废物越境转移及其处置巴塞尔公约》修正案	1995-09-22	1995-09-22 中国签署
12	联合国海洋法公约（摘录）	1994-11-16	1996-05-15 对中国生效
13	核安全公约	1994-06-17	1996-07-09 对中国生效
14	联合国关于在发生严重干旱和或荒漠化的国家特别是在非洲防治荒漠化的公约	1994-06-07	1994-12-30 中国批准
15	技术性贸易壁垒协议	1994-04-15	—
16	服务贸易总协定（节录）	1994-04-15	—
17	1994 年国际热带木材协定	1994-01-26	1996-06-19 中国核准
18	生物多样性公约	1992-06-14	1993-12-29 对中国生效

续表

序号	公约及双边协议名称	签订日期	实施日期
19	关于森林问题的原则声明	1992-06-14	—
20	联合国气候变化框架公约	1992-05-09 订于纽约	1992-11-07 中国批准
21	关于环境保护的南极条约议定书	1991-06-23	1991-10-04 中国签署
22	作业场所安全使用化学品公约	1990-06-25	1994-10-27 中国批准
23	化学制品在工作中的使用安全公约	1990-06-25	1992-08-27
24	化学制品在工作中的使用安全建议书	1990-06-25	1992-08-27
25	控制危险废物越境转移及其处置巴塞尔公约	1989-03-22	1992-08-20 对中国生效
26	亚洲—太平洋水产养殖中心网协议	1988-01-08	1990-01-11 中国生效
27	经修正的《关于消耗臭氧层物质的蒙特利尔议定书》	1987-09-16	1992-08-20 中国生效
28	关于化学品国际贸易资料交换的伦敦准则	1987-06-17 通过 1989-05-25 修订	—
29	中华人民共和国政府和澳大利亚政府保护候鸟及其栖息环境的协定	1986-10-20 在堪培拉签订	—
30	及早通报核事故公约	1986-09-26	1988-12-29 中国生效
31	核事故或辐射紧急援助公约	1986-09-26	1987-10-14 对中国生效
32	保护臭氧层维也纳公约	1985-03-22	1988-12-10 对中国生效
33	1983 年国际热带木材协定	1983-11-18	1986-07-02 对中国生效
34	《濒危野生动植物种国际贸易公约》第二十一条的修正案	1983-04-30	1988-07-07 中国签署
35	中华人民共和国政府和日本国政府保护候鸟及其栖息环境协定	1981-03-03 在北京签订	—
36	核材料实物保护公约	1980-03-03	1989-01-02 对中国生效
37	关于 1973 年国际防止船舶造成污染公约的 1978 年议定书	1978-02-17	—
38	濒危野生动植物种国际贸易公约	1973-03-03 签于华盛顿	1981-04-08 对中国生效

续表

序号	公约及双边协议名称	签订日期	实施日期
39	防止倾倒废物及其他物质污染海洋的公约	1972-12-29	1985-09-06 对中国生效
40	关于特别是作为水禽栖息地的国际重要湿地公约	1971-02-02 签订 1982-03-12 修正	1992-07-31 对中国生效
41	国际油污损害民事责任公约	1969-11-29	1980-04-30 中国生效
42	关于各国探索和利用包括月球和其他天体在内外层空间活动的原则条约（摘录）	1967-01-27	1983-12-30 对中国生效
43	南极条约	1959-12-01	1983-06-08 中国生效
44	国际捕鲸管制公约	1946-12-03	1980-09-24 中国加入

附录八　污水综合排放标准

Integrated wastewater discharge standard

GB 8978—1996 代替 GB 8978—1988

为贯彻《中华人民共和国环境保护法》《中华人民共和国水污染防治法》和《中华人民共和国海洋环境保护法》，控制水污染，保护江河、湖泊、运河、渠道、水库和海洋等地面水以及地下水水质的良好状态，保障人体健康，维护生态平衡，促进国民经济和城乡建设的发展，特制定本标准。

1　主题内容与适用范围

1.1　主题内容

本标准按照污水排放去向，分年限规定了 69 种水污染物最高允许排放浓度及部分行业最高允许排水量。

1.2　适用范围

本标准适用于现有单位水污染物的排放管理，以及建设项目的环境影响评价、建设项目环境保护设施设计、竣工验收及其投产后的排放管理。

按照国家综合排放标准与国家行业排放标准不交叉执行的原则，造纸工业执行《造纸工业水污染物排放标准》(GB 3544—1992)，船舶执行《船舶污染物排放标准》(GB 3552—1983)，船舶工业执行《船舶工业污染物排放标准》(GB 4286—1984)，海洋石油开发工业执行《海洋石油开发工业含油污水排放标准》(GB 4914—1985)，纺织染整工业执行《纺织染整工业水污染物排放标准》(GB 4287—1992)，肉类加工工业执行《肉类加工工业水污染物排放标准》(GB 13457—1992)，合成氨工业执行《合成氨工业水污染物排放标准》(GB 13458—1992)，钢铁工业执行《钢铁工业水污染物排放标准》(GB 13456—1992)，航天推进剂使用执行《航天推进剂水污染物排放标准》(GB 14374—1993)，兵器工业执行《兵器工业水污染物排放标准》(GB 14470.1～14470.3—1993 和 GB 4274～4279—1984)，磷肥工业执行《磷肥工业水污染物排放标准》(GB 15580—1995)，烧碱、聚氯乙烯工业执行《烧碱、聚氯乙烯工业水污染物排放标准》(GB 15581—1995)，其他水污染物排放均执行本标准。

1.3　本标准颁布后，新增加国家行业水污染物排放标准的行业，按其适用范围执行相应的国家水污染物行业标准，不再执行本标准。

2　引用标准

下列标准所包含的条文，通过在本标准中引用而构成为本标准的条文。

GB 3097—1982　海水水质标准

GB 3838—1988　地面水环境质量标准

GB 8703—1988　地面水环境质量标准

GB 8703—1988　辐射防护规定

3　定义

3.1　污水：指在生产与生活活动中排放的水的总称。

3.2　排水量：指在生产过程中直接用于工艺生产的水的排放量。不包括间接冷却水、厂区锅炉、电站排水。

3.3　一切排污单位：指本标准适用范围所包括的一切排污单位。

3.4　其他排污单位：指在某一控制项目中，除所列行业外的一切排污单位。

4　技术内容

4.1　标准分级

4.1.1　排入 GB 3838Ⅲ类水域（划定的保护区和游泳区除外）和排入 GB 3097 中二类海域的污水，执行一级标准。

4.1.2　排入 GB 3838 中Ⅳ、Ⅴ类水域和排入 GB 3097 中三类海域的污水，执行二级标准。

4.1.3　排入设置二级污水处理厂的城镇排水系统的污水，执行三级标准。

4.1.4　排入未设置二级污水处理厂的城镇排水系统的污水，必须根据排水系统出水受纳水域的功能要求，分别执行 4.1.1 和 4.1.2 的规定。

4.1.5　GB 3838 中Ⅰ、Ⅱ类水域和Ⅲ类水域中划定的保护区，GB 3097 中一类海域，禁止新建排污口，现有排污口应按水体功能要求，实行污染物总量控制，以保证受纳水体水质符合规定用途的水质标准。

4.2　标准值

4.2.1　本标准将排放的污染物按其性质及控制方式分为两类。

4.2.1.1　第一类污染物，不分行业和污水排放方式，也不分受纳水体的功能类别，一律在车间或车间处理设施排放口采样，其最高允许排放浓度必须达到本标准要求（采矿行业的尾矿坝出水口不得视为车间排放口）。

4.2.1.2　第二类污染物，在排污单位排放口采样，其最高允许排放浓度必须达到本标准要求。

4.2.2　本标准按年限规定了第一类污染物和第二类污染物最高允许排放浓度及部分行业最高允许排水量，分别为：

4.2.2.1　1997 年 12 月 31 日之前建设（包括改、扩建）的单位，水污染物的排放必须同时执行表 1、表 2、表 3 的规定。

4.2.2.2　1998 年 1 月 1 日起建设（包括改、扩建）的单位，水污染物的排放必须同时执行表 1、表 4、表 5 的规定。

4.2.2.3　建设（包括改、扩建）单位的建设时间，以环境影响评价报告书（表）批准日期为准划分。

4.3 其他规定

4.3.1 同一排放口排放两种或两种以上不同类别的污水，且每种污水的排放标准又不同时，其混合污水的排放标准按附录 A 计算。

4.3.2 工业污水污染物的最高允许排放负荷量按附录 B 计算。

4.3.3 污染物最高允许年排放总量按附录 C 计算。

4.3.4 对于排放含有放射性物质的污水，除执行本标准外，还须符合 GB 8703—1988《辐射防护规定》。

表 1　　第一类污染物最高允许排放浓度　　单位：mg/L

序号	污染物	最高允许排放浓度	序号	污染物	最高允许排放浓度
1	总汞	0.05	8	总镍	1.0
2	烷基汞	不得检出	9	苯并（a）芘	0.00003
3	总镉	0.1	10	总铍	0.005
4	总铬	1.5	11	总银	0.5
5	六价铬	0.5	12	总 α 放射性	1Bq/L
6	总砷	0.5	13	总 β 放射性	10Bq/L
7	总铅	1.0			

表 2　　第二类污染物最高允许排放浓度（1997 年 12 月 31 日之前建设的单位）

单位：mg/L

<table>
<tr><th>序号</th><th>污染物</th><th>适用范围</th><th>一级标准</th><th>二级标准</th><th>三级标准</th></tr>
<tr><td>1</td><td>pH</td><td>一切排污单位</td><td>6～9</td><td>6～9</td><td>6～9</td></tr>
<tr><td rowspan="4">2</td><td rowspan="4">色度（稀释倍数）</td><td>染料工业</td><td>50</td><td>180</td><td>—</td></tr>
<tr><td>其他排污单位</td><td>50</td><td>80</td><td>—</td></tr>
<tr><td>采矿、选矿、选煤工业</td><td>100</td><td>300</td><td>—</td></tr>
<tr><td>脉金选矿</td><td>100</td><td>500</td><td>—</td></tr>
<tr><td rowspan="4">3</td><td rowspan="4">悬浮物（SS）</td><td>边远地区砂金选矿</td><td>100</td><td>800</td><td>—</td></tr>
<tr><td>城镇二级污水处理厂</td><td>20</td><td>30</td><td>—</td></tr>
<tr><td>其他排污单位</td><td>70</td><td>200</td><td>400</td></tr>
<tr><td>甘蔗制糖、苎麻脱胶、湿法纤维板工业</td><td>30</td><td>100</td><td>600</td></tr>
<tr><td rowspan="4">4</td><td rowspan="4">五日生化需氧量（BOD_5）</td><td>甜菜制糖、酒精、味精、皮革、化纤浆粕工业</td><td>30</td><td>150</td><td>600</td></tr>
<tr><td>城镇二级污水处理厂</td><td>20</td><td>30</td><td>—</td></tr>
<tr><td>其他排污单位</td><td>30</td><td>60</td><td>300</td></tr>
<tr><td>甜菜制糖、焦化、合成脂肪酸、湿法纤维板、染料、洗毛、有机磷农药工业</td><td>100</td><td>200</td><td>1000</td></tr>
</table>

续表

序号	污染物	适用范围	一级标准	二级标准	三级标准
4	五日生化需氧量（BOD_5）	味精、酒精、医药原料药、生物制药、苎麻脱胶、皮革、化纤浆粕工业	100	300	1000
		石油化工工业（包括石油炼制）	100	150	500
5	化学需氧量（COD）	城镇二级污水处理厂	60	120	—
		其他排污单位	100	150	500
6	石油类	一切排污单位	10	10	30
7	动植物油	一切排污单位	20	20	100
8	挥发酚	一切排污单位	0.5	0.5	2.0
9	总氰化合物	电影洗片（铁氰化合物）	0.5	5.0	5.0
		其他排污单位	0.5	0.5	1.0
10	硫化物	一切排污单位	1.0	1.0	2.0
11	氨氮	医药原料药、染料、石油化工工业	15	50	—
		其他排污单位	15	25	—
		黄磷工业	10	20	20
12	氟化物	低氟地区（水体含氟量＜0.5mg/L）	10	20	30
		其他排污单位	10	10	20
13	磷酸盐（以P计）	一切排污单位	0.5	1.0	—
14	甲醛	一切排污单位	1.0	2.0	5.0
15	苯胺类	一切排污单位	1.0	2.0	5.0
16	硝基苯类	一切排污单位	2.0	＜	

表 3　部分行业最高允许排水量（1997 年 12 月 31 日之前建设的单位）

序号	行业类别		最高允许排水量或最低允许水重复利用率
1	矿山工业	有色金属系统选矿	水重复利用率 75%
		其他矿山工业采矿、选矿、选煤等	水重复利用率 90%（选煤）

续表

序号	行业类别			最高允许排水量 或最低允许水重复利用率
1	矿山工业	脉金选矿	重选	16.0m^3/t（矿石）
			浮选	9.0m^3/t（矿石）
			氰化	8.0m^3/t（矿石）
			碳浆	8.0m^3/t（矿石）
2	焦化企业（煤气厂）			1.2m^3/t（焦炭）
3	有色金属冶炼及金属加工			水重复利用率 80%
4	石油炼制工业（不包括直排水炼油厂） 加工深度分类： A. 燃料型炼油 B. 燃料＋润滑油型炼油厂 C. 燃料＋润滑油型＋炼油化工型炼油厂 （包括加工高含硫原油页岩油和石油添加剂生产基地的炼油厂）		A	＞500 万 t，1.0m^3/t（原油） 250～500 万 t，1.2m^3/t（原油） ＜250 万 t，1.5m^3/t（原油）
			B	＞500 万 t，1.5m^3/t（原油） 250～500 万 t，2.0m^3/t（原油） ＜250 万 t，2.0m^3/t（原油）
			C	＞500 万 t，2.0m^3/t（原油） 250～500 万 t，2.5m^3/t（原油） ＜250 万 t，2.5m^3/t（原油）
5	合成洗涤剂工业	氯化法生产烷基苯		200.0m^3/t（烷基苯）
		裂解法生产烷基苯		70.0m^3/t（烷基苯）
		烷基苯生产合成洗涤剂		10.0m^3/t（产品）
6	合成脂肪酸工业			200.0m^3/t（产品）
7	湿法生产纤维板工业			30.0m^3/t（板）
8	制糖工业	甘蔗制糖		10.0m^3/t（甘蔗）
		甜菜制糖		4.0m^3/t（甜菜）
9	皮革工业	猪盐湿皮		60.0m^3/t（原皮）
		牛干皮		100.0m^3/t（原皮）
		羊干皮		150.0m^3/t（原皮）
10	发酵酿造工业	酒精工业	以玉米为原料	150.0m^3/t（酒精）
			以薯类为原料	100m^3/t（酒精）
			以糖蜜为原料	80.0m^3/t（酒）
		味精工业		600.0m^3/t（味精）
		啤酒工业（排水量不包括麦芽水部分）		16.0m^3/t（啤酒）
11	铬盐工业			5.0m^3/t（产品）
12	硫酸工业（水洗法）			15.0m^3/t（硫酸）

续表

序号	行业类别		最高允许排水量 或最低允许水重复利用率
13	苎麻脱胶工业		500m³/t（原麻）或 750m³/t（精干麻）
14	化纤浆粕		本色：150m³/t（浆） 漂白：240m³/t（浆）
15	粘胶纤维工业（单纯纤维）	短纤维（棉型中长纤维、毛型中长纤维）	300m³/t（纤维）
		长纤维	800m³/t（纤维）

表 4　　第二类污染物最高允许排放浓度（1998 年 1 月 1 日后建设的单位）

单位：mg/L

序号	污染物	适用范围	一级标准	二级标准	三级标准
1	pH	一切排污单位	6～9	6～9	6～9
2	色度（稀释倍数）	一切排污单位	50	80	—
		采矿、选矿、选煤工业	70	300	—
		脉金选矿	70	400	—
3	悬浮物（SS）	边远地区砂金选矿	70	800	—
		城镇二级污水处理厂	20	30	—
		其他排污单位	70	150	400
		甘蔗制糖、苎麻脱胶、湿法纤维板、染料、洗毛工业	20	60	600
4	五日生化需氧量（BOD_5）	甜菜制糖、酒精、味精、皮革、化纤浆粕工业	20	100	600
		城镇二级污水处理厂	20	30	—
		其他排污单位	20	30	300
		甜菜制糖、合成脂肪酸、湿法纤维板、染料、洗毛、有机磷农药工业	100	200	1000
5	化学需氧量（COD）	味精、酒精、医药原料药、生物制药、苎麻脱胶、皮革、化纤浆粕工业	100	300	1000

续表

序号	污染物	适用范围	一级标准	二级标准	三级标准
5	化学需氧量(COD)	石油化工工业（包括石油炼制）	60	120	—
		城镇二级污水处理厂	60	120	500
		其他排污单位	100	150	500
6	石油类	一切排污单位	5	10	20
7	动植物油	一切排污单位	10	15	100
8	挥发酚	一切排污单位	0.5	0.5	2.0
9	总氰化合物	一切排污单位	0.5	0.5	1.0
10	硫化物	一切排污单位	1.0	1.0	1.0
11	氨氮	医药原料药、染料、石油化工工业	15	50	—
		其他排污单位	15	25	—
		黄磷工业	10	15	20
12	氟化物	低氟地区（水体含氟量<0.5mg/L）	10	20	30
		其他排污单位	10	10	20
13	磷酸盐（以P计）	一切排污单位	0.5	1.0	—
14	甲醛	一切排污单位	1.0	2.0	5.0
15	苯胺类	一切排污单位	1.0	2.0	5.0
16	硝基苯类	一切排污单位	2.0	3.0	5.0
17	阴离子表面活性剂(LAS)	一切排污单位	5.0	10	20
18	总铜	一切排污单位	0.5	1.0	2.0
19	总锌	一切排污单位	2.0	5.0	5.0
20	总锰	合成脂肪酸工业	2.0	5.0	5.0
		其他排污单位	2.0	2.0	5.0
21	彩色显影剂	电影洗片	1.0	2.0	3.0
22	显影剂及氧化物总量	电影洗片	3.0	3.0	6.0
23	元素磷	一切排污单位	0.1	0.1	0.3
24	有机磷农药（以P计）	一切排污单位	不得检出	0.5	0.5

续表

序号	污染物	适用范围	一级标准	二级标准	三级标准
25	乐果	一切排污单位	不得检出	1.0	2.0
26	对硫磷	一切排污单位	不得检出	1.0	2.0
27	甲基对硫磷	一切排污单位	不得检出	1.0	2.0
28	马拉硫磷	一切排污单位	不得检出	5.0	10
29	五氯酚及五氯酚钠（以五氯酚计）	一切排污单位	5.0	8.0	10
30	可吸附有机卤化物（AOX）（以Cl计）	一切排污单位	1.0	5.0	8.0
31	三氯甲烷	一切排污单位	0.3	0.6	1.0
32	四氯化碳	一切排污单位	0.03	0.06	0.5
33	三氯乙烯	一切排污单位	0.3	0.6	1.0
34	四氯乙烯	一切排污单位	0.1	0.2	0.5
35	苯	一切排污单位	0.1	0.2	0.5
36	甲苯	一切排污单位	0.1	0.2	0.5
37	乙苯	一切排污单位	0.4	0.6	1.0
38	邻-二甲苯	一切排污单位	0.4	0.6	1.0
39	对-二甲苯	一切排污单位	0.4	0.6	1.0
40	间-二甲苯	一切排污单位	0.4	0.6	1.0
41	氯苯	一切排污单位	0.2	0.4	1.0
42	邻-二氯苯	一切排污单位	0.4	0.6	1.0
43	对-二氯苯	一切排污单位	0.4	0.6	1.0
44	对-硝基氯苯	一切排污单位	0.5	1.0	5.0
45	2，4-二硝基氯苯	一切排污单位	0.5	1.0	5.0
46	苯酚	一切排污单位	0.3	0.4	1.0
47	间-甲酚	一切排污单位	0.1	0.2	0.5
48	2，4-二氯酚	一切排污单位	0.6	0.8	1.0
49	2，4，6-三氯酚	一切排污单位	0.6	0.8	1.0

续表

序号	污染物	适用范围	一级标准	二级标准	三级标准
50	邻苯二甲酸二丁酯	一切排污单位	0.2	0.4	2.0
51	邻苯二甲酸二辛酯	一切排污单位	0.3	0.6	2.0
52	丙烯腈	一切排污单位	2.0	5.0	5.0
53	总硒	一切排污单位	0.1	0.2	0.5
54	粪大肠菌群数	医院*、兽医院及医疗机构含病原体污水	500个/L	1000个/L	5000个/L
		传染病、结核病医院污水	100个/L	500个/L	1000个/L
		医院*、兽医院及医疗机构含病原体污水	<0.5**	>3（接触时间×1h)	>2（接触时间×1h)
55	总余氯（采用氯化消毒的医院污水）	传染病、结核病医院污水	<0.5**	>6.5（接触时间×1.5h)	>5(接触时间×1.5h)
		合成脂肪酸工业	20	40	—
56	总有机碳	苎麻脱胶工业	20	60	—
	（TOC)	其他排污单位	20	30	—

注 其他排污单位指除在该控制项目中所列行业以外的一切排污单位。

* 指50个床位以上的医院。

** 加氯消毒后须进行脱氯处理，达到本标准。

表5　　部分行业最高允许排水量（1998年1月1日后建设的单位）

序号	行业类别			最高允许排水量或最低允许排水重复利用率
1	矿山工业	有色金属系统选矿		水重复利用率475 4%
		其他矿山工业采矿、选矿、选煤等		水重复利用率490 4%（选煤）
		脉金选矿	重选	16.0m^3/t（矿石）

续表

<table>
<tr><th>序号</th><th colspan="3">行业类别</th><th colspan="2">最高允许排水量
或最低允许排水重复利用率</th></tr>
<tr><td rowspan="3">1</td><td rowspan="3">矿山工业</td><td rowspan="3">脉金选矿</td><td>浮选</td><td colspan="2">9.0m³/t（矿石）</td></tr>
<tr><td>氰化</td><td colspan="2">8.0m³/t（矿石）</td></tr>
<tr><td>碳浆</td><td colspan="2">8.0m³/t（矿石）</td></tr>
<tr><td>2</td><td colspan="3">焦化企业（煤气厂）</td><td colspan="2">1.2m³/t（焦炭）</td></tr>
<tr><td>3</td><td colspan="3">有色金属冶炼及金属加工</td><td colspan="2">水重复利用率 80%</td></tr>
<tr><td rowspan="3">4</td><td colspan="3" rowspan="3">石油炼制工业（不包括直排水炼油厂）
加工深度分类：
A. 燃料型炼油厂
B. 燃料＋润滑油型炼油厂
C. 燃料＋润滑油型＋炼油化工型炼油厂
（包括加工高含硫原油页岩油和石油添加剂生产基地的炼油厂）</td><td>A</td><td>＞500 万 t，1.0m³/t（原油）
250～500 万 t，1.2m³/t（原油）
＜250 万 t，1.5m³/t（原油）</td></tr>
<tr><td>B</td><td>＞500 万 t，1.5m³/t（原油）
250～500 万 t，2.0m³/t（原油）
＜250 万 t，2.0m³/t（原油）</td></tr>
<tr><td>C</td><td>＞500 万 t，2.0m³/t（原油）
250～500 万 t，2.5m³/t（原油）
＜250 万 t，2.5m³/t（原油）</td></tr>
<tr><td rowspan="3">5</td><td rowspan="3">合成洗涤剂工业</td><td colspan="2">氯化法生产烷基苯</td><td colspan="2">200.0m³/t（烷基苯）</td></tr>
<tr><td colspan="2">裂解法生产烷基苯</td><td colspan="2">70.0 m³/t（烷基苯）</td></tr>
<tr><td colspan="2">烷基苯生产合成洗涤剂</td><td colspan="2">10.0m³/t（产品）</td></tr>
<tr><td>6</td><td colspan="3">合成脂肪酸工业</td><td colspan="2">200.0m³/t（产品）</td></tr>
<tr><td>7</td><td colspan="3">湿法生产纤维板工业</td><td colspan="2">30.0m³/t（板）</td></tr>
<tr><td rowspan="2">8</td><td rowspan="2">制糖工业</td><td colspan="2">甘蔗制糖</td><td colspan="2">10.0m³/t</td></tr>
<tr><td colspan="2">甜菜制糖</td><td colspan="2">4.0m³/t</td></tr>
<tr><td rowspan="3">9</td><td rowspan="3">皮革工业</td><td colspan="2">猪盐湿皮</td><td colspan="2">60.0m³/t</td></tr>
<tr><td colspan="2">牛干皮</td><td colspan="2">100.0m³/t</td></tr>
<tr><td colspan="2">羊干皮</td><td colspan="2">150.0m³/t</td></tr>
<tr><td rowspan="4">10</td><td rowspan="4">发酵、酿造工业</td><td rowspan="3">酒精工业</td><td>以玉米为原料</td><td colspan="2">100.0m³/t</td></tr>
<tr><td>以薯类为原料</td><td colspan="2">80.0m³/t</td></tr>
<tr><td>以糖蜜为原料</td><td colspan="2">70.0m³/t</td></tr>
<tr><td colspan="2">味精工业</td><td colspan="2">600.0m³/t</td></tr>
</table>

续表

序号	行业类别		最高允许排水量 或最低允许排水重复利用率
10	发酵、酿造工业	啤酒行业（排水量不包括麦芽水部分）	16.0 m^3/t
11	铬盐工业		5.0 m^3/t（产品）
12	硫酸工业（水洗法）		15.0 m^3/t（硫酸）
13	苎麻脱胶工业		500 m^3/t（原麻）
			750 m^3/t（精干麻）
14	粘胶纤维工	短纤维（棉型中长纤维、毛型中长纤维）	300.0 m^3/t（纤维）
	业单纯纤维	长纤维	800.0 m^3/t（纤维）
15	化纤浆粕		本色：150 m^3/t（浆） 漂白：240 m^3/t（浆）
16	制药工业医药原料药	青霉素	4700m^3/t（氰霉素）
		链霉素	1450m^3/t（链霉素）
		土霉素	1300m^3/t（土霉素）
		四环素	1900m^3/t（四环素）
		洁霉素	9200m^3/t（洁霉素）
		金霉素	3000m^3/t（金霉素）
		庆大霉素	20400m^3/t（庆大霉素）
		维生素 C	1200m^3/t（维生素 C）
		氯霉素	2700m^3/t（氯霉素）
		新诺明	2000m^3/t（新诺明）
		维生素 B1	3400m^3/t（维生素 B1）
		安乃近	180m^3/t（安乃近）
		非那西汀	750m^3/t（非那西汀）
		呋喃唑酮	2400m^3/t（呋喃唑酮）
		咖啡因	1200m^3/t（咖啡因）
17	有机磷农药工业	乐果**	700m^3/t（产品）
		甲基对硫磷（水相法）**	300m^3/t（产品）
		对硫磷（P_2S_5法）**	500m^3/t（产品）

续表

序号	行业类别		最高允许排水量或最低允许排水重复利用率
17	有机磷农药工业	对硫磷（$PSCl_3$法）**	$550m^3/t$（产品）
		敌敌畏（敌百虫碱解法）	$200m^3/t$（产品）
		敌百虫	$40m^3/t$（产品）（不包括三氯乙醛生产废水）
		马拉硫磷	$700m^3/t$（产品）
18	除草剂工业	除草醚	$5m^3/t$（产品）
		五氯酚钠	$2m^3/t$（产品）
		五氯酚	$4m^3/t$（产品）
		2 甲 4 氯	$14m^3/t$（产品）
		2，4－D	$4m^3/t$（产品）
		丁草胺	$4.5m^3/t$（产品）
		绿麦隆（以 Fe 粉还原）	$2m^3/t$（产品）
		绿麦隆（以 Na_2S 还原）	$3m^3/t$（产品）
19	火力发电工业		$3.5m^3$（MW · h）
20	铁路货车洗刷		$5.0m^3$/辆
21	电影洗片		$5m^3/1000m$（35mm 胶片）
22	石油沥青工业		冷却池的水循环利用率 95％

* 产品按 100％浓度计。

** 不包括 P_2S_5、$PSCl_3$、PCl_3 原料生产废水。

附录九 工业企业厂界环境噪声排放标准

Emission standard for industrial enterprises noise at boundary

GB 12348—2008 代替 GB 12348—90，

GB 12349—90（2008－10－01 实施）

为贯彻《中华人民共和国环境保护法》和《中华人民共和国环境噪声污染防治法》，防治工业企业噪声污染，改善声环境质量，制定本标准。

自标准实施之日起，《工业企业厂界噪声标准》（GB 12348—90）、《工业企业厂界噪声测量方法》（GB 12349—90）废止。

1 适用范围

本标准规定了工业企业和固定设备厂界环境噪声排放限值及其测量方法。

本标准适用于工业企业噪声排放的管理、评价及控制。机关、事业单位、团体等对外环境排放噪声的单位也按本标准执行。

2 规范性引用文件

本标准内容引用了下列文件或其中的条款。凡是不注日期的引用文件，其有效版本适用于本标准。

GB 3096 声环境质量标准

GB 3785 声级计的电、声性能及测试方法

GB/T 3241 倍频程和分数倍频程滤波器

GB/T 15173 声校准器

GB/T 15190 城市区域环境噪声适用区划分技术规范

GB/T 17181 积分平均声级计

3 术语和定义

下列术语和定义适用于本标准。

3. 1

工业企业厂界环境噪声 industrial enterprises noise

指在工业生产活动中使用固定设备等产生的、在厂界处进行测量和控制的干扰周围生活环境的声音。

3. 2

A 声级 A-weighted sound pressure level

用 A 计权网络测得的声压级，用 L_A 表示，单位 dB（A）。

3. 3

等效连续 A 声级 equivalent continuous A-weighted sound pressure level

简称为等效声级，指在规定测量时间 T 内 A 声级的能量平均值，用 L_{Aeq}，T 表示，（简写为 L_{eq}），单位 dB（A）。除特别指明外，本标准中噪声值皆为等效声级。

根据定义，等效声级表示为：

$$L_{eq} = 10\lg\left(\frac{1}{T}\int_0^T 10^{0.1}L_A \mathrm{d}t\right)$$

式中 L_A——t 时刻的瞬时 A 声级；

T——规定的测量时间段。

3.4

厂界 boundary

由法律文书（如土地使用证、房产证、租赁合同等）中确定的业主所拥有使用权（或所有权）的场所或建筑物边界。各种产生噪声的固定设备的厂界为其实际占地的边界。

3.5

噪声敏感建筑物 noise-sensitive buildings

指医院、学校、机关、科研单位、住宅等需要保持安静的建筑物。

3.6

昼间 day-time、夜间 night-time

根据《中华人民共和国环境噪声污染防治法》，“昼间”是指 6：00 至 22：00 之间的时段；“夜间”是指 22：00 至次日 6：00 之间的时段。

县级以上人民政府为环境噪声污染防治的需要（如考虑时差、作息习惯差异等）而对昼间、夜间的划分另有规定的，应按其规定执行。

3.7

频发噪声 frequent noise

指频繁发生、发生的时间和间隔有一定规律、单次持续时间较短、强度较高的噪声，如排气噪声、货物装卸噪声等。

3.8

偶发噪声 sporadic noise

指偶然发生、发生的时间和间隔无规律、单次持续时间较短、强度较高的噪声。如短促鸣笛声、工程爆破噪声等。

3.9

最大声级 maximum sound level

在规定测量时间内对频发或偶发噪声事件测得的 A 声级最大值，用 L_{max} 表示，单位 dB（A）。

3.10

倍频带声压级 sound pressure level in octave bands

采用符合 GB/T 3241 规定的倍频程滤波器所测量的频带声压级，其测量带宽和中心频率成正比。本标准采用的室内噪声频谱分析倍频带中心频率为 31.5Hz、63Hz、125Hz、250Hz、500Hz，其覆盖频率范围为 22～707Hz。

3.11

稳态噪声 steady noise

在测量时间内，被测声源的声级起伏不大于 3dB（A）的噪声。

3.12

非稳态噪声 non-steady noise

在测量时间内，被测声源的声级起伏大于 3dB（A）的噪声。

3.13

背景噪声 background noise

被测量噪声源以外的声源发出的环境噪声的总和。

4 环境噪声排放限值

4.1 厂界环境噪声排放限值

4.1.1 工业企业厂界环境噪声不得超过表 1 规定的排放限值。

表 1 **工业企业厂界环境噪声排放限值** dB（A）

厂界外声环境功能区类别	时段	
	昼间	夜间
0	50	40
1	55	45
2	60	50
3	65	55
4	70	55

4.1.2 夜间频发噪声的最大声级超过限值的幅度不得高于 10 dB（A）。

4.1.3 夜间偶发噪声的最大声级超过限值的幅度不得高于 15 dB（A）。

4.1.4 工业企业若位于未划分声环境功能区的区域，当厂界外有噪声敏感建筑物时，由当地县级以上人民政府参照 GB 3096 和 GB/T 15190 的规定确定厂界外区域的声环境质量要求，并执行相应的厂界环境噪声排放限值。

4.1.5 当厂界与噪声敏感建筑物距离小于 1m 时，厂界环境噪声应在噪声敏感建筑物的室内测量，并将表 1 中相应的限值减 10dB（A）作为评价依据。

4.2 结构传播固定设备室内噪声排放限值

当固定设备排放的噪声通过建筑物结构传播至噪声敏感建筑物室内时，噪声敏感建筑物室内等效声级不得超过表 2 和表 3 规定的限值。

表 2　　结构传播固定设备室内噪声排放限值（等效声级） dB（A）

噪声敏感建筑物所处声环境功能区类别 \ 时段 \ 房间类型	A类房间		B类房间	
	昼间	夜间	昼间	夜间
0	40	30	40	30
1	40	30	45	35
2、3、4	45	35	50	40
说明：A类房间——指以睡眠为主要目的，需要保证夜间安静的房间，包括住宅卧室、医院病房、宾馆客房等。 B类房间——指主要在昼间使用，需要保证思考与精神集中、正常讲话不被干扰的房间，包括学校教室、会议室、办公室、住宅中卧室以外的其他房间等。				

表 3　　结构传播固定设备室内噪声排放限值（倍频带声压级） dB

噪声敏感建筑所处声环境功能区类别	时段	房间类型 \ 倍频带中心频率(Hz)	室内噪声倍频带声压级限值				
			31.5	63	125	250	500
0	昼间	A、B类房间	76	59	48	39	34
	夜间	A、B类房间	69	51	39	30	24
1	昼间	A类房间	76	59	48	39	34
		B类房间	79	63	52	44	38
	夜间	A类房间	69	51	39	30	24
		B类房间	72	55	43	35	29
2、3、4	昼间	A类房间	79	63	52	44	38
		B类房间	82	67	56	49	43
	夜间	A类房间	72	55	43	35	29
		B类房间	76	59	48	39	34

5　测量方法

5.1　测量仪器

5.1.1　测量仪器为积分平均声级计或环境噪声自动监测仪，其性能应不低于GB 3785和GB/T 17181对2型仪器的要求。测量35dB以下的噪声应使用1型声级计，且测量范围应满足所测量噪声的需要。校准所用仪器应符合 GB/T 15173 对 1 级或 2 级声校准器的要求。当需要进行噪声的频谱分析时，仪器性能应符合 GB/T 3241 中对滤波器的要求。

5.1.2 测量仪器和校准仪器应定期检定合格，并在有效使用期限内使用；每次测量前、后必须在测量现场进行声学校准，其前、后校准示值偏差不得大于 0.5dB，否则测量结果无效。

5.1.3 测量时传声器加防风罩。

5.1.4 测量仪器时间计权特性设为“F”挡，采样时间间隔不大于 1s。

5.2 测量条件

5.2.1 气象条件：测量应在无雨雪、无雷电天气，风速为 5m/s 以下时进行。不得不在特殊气象条件下测量时，应采取必要措施保证测量准确性，同时注明当时所采取的措施及气象情况。

5.2.2 测量工况：测量应在被测声源正常工作时间进行，同时注明当时的工况。

5.3 测点位置

5.3.1 测点布设

根据工业企业声源、周围噪声敏感建筑物的布局以及毗邻的区域类别，在工业企业厂界布设多个测点，其中包括距噪声敏感建筑物较近以及受被测声源影响大的位置。

5.3.2 测点位置一般规定

一般情况下，测点选在工业企业厂界外 1m、高度 1.2m 以上、距任一反射面距离不小于 1m 的位置。

5.3.3 测点位置其他规定

5.3.3.1 当厂界有围墙且周围有受影响的噪声敏感建筑物时，测点应选在厂界外 1m、高于围墙 0.5m 以上的位置。

5.3.3.2 当厂界无法测量到声源的实际排放状况时（如声源位于高空、厂界设有声屏障等），应按 5.3.2 设置测点，同时在受影响的噪声敏感建筑物户外 1m 处另设测点。

5.3.3.3 室内噪声测量时，室内测量点位设在距任一反射面至少 0.5m 以上、距地面 1.2m 高度处，在受噪声影响方向的窗户开启状态下测量。

5.3.3.4 固定设备结构传声至噪声敏感建筑物室内，在噪声敏感建筑物室内测量时，测点应距任一反射面至少 0.5m 以上、距地面 1.2m、距外窗 1m 以上，窗户关闭状态下测量。被测房间内的其他可能干扰测量的声源（如电视机、空调机、排气扇以及镇流器较响的日光灯、运转时出声的时钟等）应关闭。

5.4 测量时段

5.4.1 分别在昼间、夜间两个时段测量。夜间有频发、偶发噪声影响时同时测量最大声级。

5.4.2 被测声源是稳态噪声，采用 1min 的等效声级。

5.4.3 被测声源是非稳态噪声，测量被测声源有代表性时段的等效声级，必要时测量被测声源整个正常工作时段的等效声级。

5.5 背景噪声测量

5.5.1 测量环境：不受被测声源影响且其他声环境与测量被测声源时保持一致。

5.5.2 测量时段：与被测声源测量的时间长度相同。

5.6 测量记录

噪声测量时需做测量记录。记录内容应主要包括：被测量单位名称、地址、厂界所处声环境功能区类别、测量时气象条件、测量仪器、校准仪器、测点位置、测量时间、测量时段、仪器校准值（测前、测后）、主要声源、测量工况、示意图（厂界、声源、噪声敏感建筑物、测点等位置）、噪声测量值、背景值、测量人员、校对人、审核人等相关信息。

5.7 测量结果修正

5.7.1 噪声测量值与背景噪声值相差大于 10dB（A）时，噪声测量值不做修正。

5.7.2 噪声测量值与背景噪声值相差在 3～10dB（A）之间时，噪声测量值与背景噪声值的差值取整后，按表 4 进行修正。

表 4　　测量结果修正表　　dB（A）

差值	3	4～5	6～10
修正值	−3	−2	−1

5.7.3 噪声测量值与背景噪声值相差小于 3dB（A）时，应采取措施降低背景噪声后，视情况按 5.7.1 或 5.7.2 执行；仍无法满足前两款要求的，应按环境噪声监测技术规范的有关规定执行。

6 测量结果评价

6.1 各个测点的测量结果应单独评价。同一测点每天的测量结果按昼间、夜间进行评价。

6.2 最大声级 L_{max} 直接评价。

7 标准的监督实施

本标准由县级以上人民政府环境保护行政主管部门负责监督实施。

附录十　地表水环境质量标准

Environmental quality standards for surface water

GB 3838—2002 代替 GB 3838—88，GHZB 1—1999（2002-06-01 实施）

为贯彻《中华人民共和国环境保护法》和《中华人民共和国水污染防治法》，防治水污染，保护地表水水质，保障人体健康，维护良好的生态系统，制定本标准。

本标准自 2002 年 6 月 1 日起实施，《地面水环境质量标准》（GB 3838—88）和《地表水环境质量标准》（GHZB l—1999）同时废止。

1　范围

1.1　本标准按照地表水环境功能分类和保护目标，规定了水环境质量应控制的项目及限值，以及水质、评价、水质项目的分析方法和标准的实施与监督。

1.2　本标准适用于中华人民共和国领域内江河、湖泊、运河、渠道、水库等具有使用功能的地表水水域。具有特定功能的水域，执行相应的专业用水水质标准。

2　引用标准

《生活饮用水卫生规范》（卫生部，2001 年）和本标准表 4～表 6 所列分析方法标准及规范中所含条文在本标准中被引用即构成为本标准条文，与本标准同效。当上述标准和规范被修订时，应使用其最新版本。

3　水域功能和标准分类

依据地表水水域环境功能和保护目标，按功能高低依次划分为五类：

Ⅰ类主要适用于源头水、国家自然保护区；

Ⅱ类主要适用于集中式生活饮用水地表水源地一级保护区、珍稀水生生物栖息地、鱼虾类产卵场、仔稚幼鱼的索饵场等；

Ⅲ类主要适用于集中式生活饮用水地表水源地二级保护区、鱼虾类越冬场、洄游通道、水产养殖区等渔业水域及游泳区；

Ⅳ类主要适用于一般工业用水区及人体非直接接触的娱乐用水区；

Ⅴ类主要适用于农业用水区及一般景观要求水域。

对应地表水上述五类水域功能，将地表水环境质量标准基本项目标准值分为五类，不同功能类别分别执行相应类别的标准值。水域功能类别高的标准值严于水域功能类别低的标准值。同一水域兼有多类使用功能的，执行最高功能类别对应的标准值。实现水域功能与达功能类别标准为同一含义。

4 标准值

4.1 地表水环境质量标准基本项目标准限值见表 1。

4.2 集中式生活饮用水地表水源地补充项目标准限值见表 2。

4.3 集中式生活饮用水地表水源地特定项目标准限值见表 3。

5 水质评价

5.1 地表水环境质量评价应根据应实现的水域功能类别，选取相应类别标准，进行单因子评价，评价结果应说明水质达标情况，超标的应说明超标项目和超标倍数。

5.2 丰、平、枯水期特征明显的水域，应分水期进行水质评价。

5.3 集中式生活饮用水地表水源地水质评价的项目应包括表 1 中的基本项目、表 2 中的补充项目以及由县级以上人民政府环境保护行政主管部门从表 3 中选择确定的特定项目。

6 水质监测

6.1 本标准规定的项目标准值，要求水样采集后自然沉降 30min，取上层非沉降部分按规定方法进行分析。

6.2 地表水水质监测的采样布点、监测频率应符合国家地表水环境监测技术规范的要求。

6.3 本标准水质项目的分析方法应优先选用表 4～表 6 规定的方法，也可采用 ISO 方法体系等其他等效分析方法，但须进行适用性检验。

7 标准的实施与监督

7.1 本标准由县级以上人民政府环境保护行政主管部门及相关部门按职责分工监督实施。

7.2 集中式生活饮用水地表水源地水质超标项目经自来水厂净化处理后，必须达到《生活饮用水卫生规范》的要求。

7.3 省、自治区、直辖市人民政府可以对本标准中未作规定的项目，制定地方补充标准，并报国务院环境保护行政主管部门备案。

表 1　地表水环境质量标准基本项目标准限值　　mg/L

序号	标准值 \ 分类 项目	Ⅰ类	Ⅱ类	Ⅲ类	Ⅳ类	Ⅴ类
1	水温（℃）	人为造成的环境水温变化应限制在： 周平均最大温升≤1 周平均最大温降≤2				

续表

序号	标准值 分类 项目		Ⅰ类	Ⅱ类	Ⅲ类	Ⅳ类	Ⅴ类
2	pH值（无量纲）		6～9				
3	溶解氧	≥	饱和率90%（或7.5）	6	5	3	2
4	高锰酸盐指数	≤	2	4	6	10	15
5	化学需氧量（COD）	≤	15	15	20	30	40
6	五日生化需氧量（BOD_5）	≤	3	3	4	6	10
7	氨氮（NH_3-N）	≤	0.15	0.5	1.0	1.5	2.0
8	总磷（以P计）	≤	0.02（湖、库0.01）	0.1（湖、库0.025）	0.2（湖、库0.05）	0.3（湖、库0.1）	0.4（湖、库0.2）
9	总氮（湖、库、以N计）	≤	0.2	0.5	1.0	1.5	2.0
10	铜	≤	0.01	1.0	1.0	1.0	1.0
11	锌	≤	0.05	1.0	1.0	2.0	2.0
12	氟化物（以F^-计）	≤	1.0	1.0	1.0	1.5	1.5
13	硒	≤	0.01	0.01	0.01	0.02	0.02
14	砷	≤	0.05	0.05	0.05	0.1	0.1
15	汞	≤	0.00005	0.00005	0.0001	0.001	0.001
16	镉	≤	0.001	0.005	0.005	0.005	0.01
17	铬（六价）	≤	0.01	0.05	0.05	0.05	0.1
18	铅	≤	0.01	0.01	0.05	0.05	0.1
19	氰化物	≤	0.005	0.05	0.2	0.2	0.2
20	挥发酚	≤	0.002	0.002	0.005	0.01	0.1
21	石油类	≤	0.05	0.05	0.05	0.5	1.0
22	阴离子表面活性剂	≤	0.2	0.2	0.2	0.3	0.3
23	硫化物	≤	0.05	0.1	0.05	0.5	1.0
24	粪大肠菌群（个/L）	≤	200	2000	10000	20000	40000

表2　　集中式生活饮用水地表水源地补充项目标准限值　　mg/L

序　号	项　目	标　准　值
1	硫酸盐（以SO_4^{2-}计）	250
2	氯化物（以Cl^-计）	250
3	硝酸盐（以N计）	10
4	铁	0.3
5	锰	0.1

表 3　　集中式生活饮用水地表水源地特定项目标准限值　　mg/L

序号	项　　目	标准值	序号	项　　目	标准值
1	三氯甲烷	0.06	32	2，4-二硝基甲苯	0.0003
2	四氯化碳	0.002	33	2，4，6-三硝基甲苯	0.5
3	三溴甲烷	0.1	34	硝基氯苯[⑤]	0.05
4	二氯甲烷	0.02	35	2，4-二硝基氯苯	0.5
5	1，2-二氯乙烷	0.03	36	2，4-二氯苯酚	0.093
6	环氧氯丙烷	0.02	37	2，4，6-三氯苯酚	0.2
7	氯乙烯	0.005	38	五氯酚	0.009
8	1，1-二氯乙烯	0.03	39	苯胺	0.1
9	1，2-二氯乙烯	0.05	40	联苯胺	0.0002
10	三氯乙烯	0.07	41	丙烯酰胺	0.0005
11	四氯乙烯	0.04	42	丙烯腈	0.1
12	氯丁二烯	0.002	43	邻苯二甲酸二丁酯	0.003
13	六氯丁二烯	0.0006	44	邻苯二甲酸二(2-乙基已基)酯	0.008
14	苯乙烯	0.02	45	水合肼	0.01
15	甲醛	0.9	46	四乙基铅	0.0001
16	乙醛	0.05	47	吡啶	0.2
17	丙烯醛	0.1	48	松节油	0.2
18	三氯乙醛	0.01	49	苦味酸	0.5
19	苯	0.01	50	丁基黄原酸	0.005
20	甲苯	0.7	51	活性氯	0.01
21	乙苯	0.3	52	滴滴涕	0.001
22	二甲苯[①]	0.5	53	林丹	0.002
23	异丙苯	0.25	54	环氧七氯	0.0002
24	氯苯	0.3	55	对流磷	0.003
25	1，2-二氯苯	1.0	56	甲基对流磷	0.002
26	1，4-二氯苯	0.3	57	马拉硫磷	0.05
27	三氯苯[②]	0.02	58	乐果	0.08
28	四氯苯[③]	0.02	59	敌敌畏	0.05
29	六氯苯	0.05	60	敌百虫	0.05
30	硝基苯	0.017	61	内吸磷	0.03
31	二硝基苯[④]	0.5	62	百菌清	0.01

续表

序号	项目	标准值	序号	项目	标准值
63	甲萘威	0.05	72	钴	1.0
64	溴清菊酯	0.02	73	铍	0.002
65	阿特拉津	0.003	74	硼	0.5
66	苯并（a）芘	2.8×10^{-6}	75	锑	0.005
67	甲基汞	1.0×10^{-6}	76	镍	0.02
68	多氯联苯⑥	2.0×10^{-5}	77	钡	0.7
69	微囊藻毒素-LR	0.001	78	钒	0.05
70	黄磷	0.003	79	钛	0.1
71	钼	0.07	80	铊	0.0001

① 二甲苯：指对－二甲苯、间－二甲苯、邻－二甲苯。
② 三氯苯：指1，2，3－三氯苯、1，2，4－三氯苯、1，3，5－三氯苯。
③ 四氯苯：指1，2，3，4－四氯苯、1，2，3，5－四氯苯、1，2，4，5－四氯苯。
④ 二硝基苯：指对－二硝基苯、间－二间基苯、邻－二硝基苯。
⑤ 硝基氯苯：指对－硝基氯苯、间－硝基氯苯、邻－硝基氯苯
⑥ 多氯联苯：指PCB-1016、PCB-1221、PCB-1232、PCB-1242、PCB-1248、PCB-1254、PCB-1260

表4　　地表水环境质量标准基本项目分析方法

序号	项目	分析方法	最低检出线（mg/L）	方法来源
1	水温	温度计法		GB 13195—91
2	pH值	玻璃电极法		GB 6920—86
3	溶解氧	碘量法	0.2	GB 7489—87
		电化学探头法		GB 11913—89
4	高锰酸盐指数		0.5	GB 11892—89
5	化学需氧量	重铬酸盐法	10	GB 11914—89
6	五日生化需氧量	稀释与接种法	2	GB 7488—87
7	氨氮	纳氏试剂比色法	0.05	GB 7479—87
		水杨酸分光光度法	0.01	GB 7481—87
8	总磷	钼酸氨分光光度法	0.01	GB 11893—89
9	总氮	碱性过硫酸钾消解紫外分光光度法	0.05	GB 11894—89
10	铜	2，9－二甲基－1，10－菲啰啉分光光度法	0.06	GB 7473—87
		二乙基二硫代安基甲酸钠分光光度法	0.010	GB 7474—87
		原子吸收分光光度法（螯合萃取法）	0.001	GB 7475—87

续表

序号	项 目	分 析 方 法	最低检出线 (mg/L)	方法来源
11	锌	原子吸收分光光度法	0.05	GB 7475—87
12	氟化物	氟试剂分光光度法	0.05	GB 7483—87
		离子选择电极法	0.05	GB 7484—87
		离子色谱法	0.02	HJ/T 84—2001
13	硒	2，3－二氮基萘荧光法	0.00025	GB 11902—89
		石墨炉原子吸收分光光度法	0.003	GB/T 15505—1995
14	砷	二乙基二硫代氨基甲酸银分光光度法	0.007	GB 7485—87
		冷原子荧光法	0.00006	1)
15	汞	冷原子吸收分光光度法	0.00005	GB 13197—91
		冷原子荧光法	0.00005	1)
16	镉	原子吸收分光光度法（螯合萃取法）	0.001	GB 7475—87
17	铬（六价）	二苯碳酰二肼分光光度法	0.004	GB 7467—87
18	铅	原子吸收分光光度法（螯合萃取法）	0.01	GB 7475—87
19	氰化物	异烟酸－吡唑啉酮比色法	0.004	GB 7487—87
		吡啶－巴比妥酸比色法	0.002	
20	挥发酚	蒸馏后 4－氨基安替比林分光光度法	0.002	GB 7490—87
21	石油类	红外分光光度法	0.01	GB/T 16488—1996
22	阴离子表面活性剂	亚甲蓝分光光度法	0.05	GB 7494—87
23	硫化物	亚甲基蓝分光光度法	0.005	GB/T 16489—1996
		直接显色分光光度法	0.004	GB/T 17133—1997
24	粪大肠菌群	多管发酵法、滤膜法		1)

注 暂采用下列分析方法，待国家方法标准公布后，执行国家标准。

1）《水和废水监测分析方法（第三版）》，中国环境科学出版社，1989 年。

表 5　　集中式生活饮用水地表水源地补充项目分析方法

序号	项 目	分 析 方 法	最低检出线（mg/L）	方法来源
1	硫酸盐	重量法	10	GB 11899—89
		火焰原子吸收分光光度法	0.4	GB 13196—91
		铬酸钡光度法	8	1）
		离子色谱法	0.09	HJ/T 84—2001
2	氯化物	硝酸银滴定法	10	GB 11896—89
		硝酸汞滴定法	2.5	1）
		离子色谱法	0.02	HJ/T 84—2001
3	硝酸盐	酚二磺酸分光光度法	0.02	GB 7480—87
		紫外分光光度法	0.08	1）
		离子色谱法	0.08	HJ/T 84—2001
4	铁	火焰原子吸收分光光度法	0.03	GB 11911—89
		邻菲啰啉分光光度法	0.03	1）
5	锰	高碘酸甲分光光度法	0.02	GB 11906—89
		火焰原子吸收分光光度法	0.01	GB 11911—89
		甲醛肟光度法	0.01	1）

注　暂采用下列分析方法，待国家方法标准发布后，执行国家标准。

1）《水和废水监测分析方法（第三版）》，中国环境科学出版社，1989 年。

表 6　　集中式生活饮用水地表水源地特定项目分析方法

序号	项 目	分析方法	最低检出线（mg/L）	方法来源
1	三氯甲烷	顶空气相色谱法	0.0003	GB/T 17130—1997
		气相色谱法	0.0006	2）
2	四氯化碳	顶空气相色谱法	0.00005	GB/T 17130—1997
		气相色谱法	0.0003	2）
3	三溴甲烷	顶空气相色谱法	0.001	GB/T 17130—1997
		气相色谱法	0.006	2）
4	二氯甲烷	顶空气相色谱法	0.0087	2）
5	1，2-二氯乙烷	顶空气相色谱法	0.0125	2）
6	环氧氯丙烷	气相色谱法	0.02	2）
7	氯乙烯	气相色谱法	0.001	2）

续表

序号	项 目	分析方法	最低检出线 (mg/L)	方法来源
8	1，1-二氯乙烯	吹出捕集气相色谱法	0.000018	2)
9	1，2-二氯乙烯	吹出捕集气相色谱法	0.000012	2)
10	三氯乙烯	顶空气相色谱法	0.0005	GB/T 17130—1997
		气相色谱法	0.003	2)
11	四氯乙烯	顶空气相色谱法	0.0002	GB/T 17130—1997
		气相色谱法	0.0012	2)
12	氯丁二烯	顶空气相色谱法	0.002	2)
13	六氯丁二烯	气相色谱法	0.00002	2)
14	苯乙烯	气相色谱法	0.01	2)
15	甲醛	乙酰丙酮分光光度法	0.05	GB/T 17130—1997
		4－氨基－3－联氨－5－巯基－1，2，4－三氮杂茂（AHMT）分光光度法	0.05	2)
16	乙醛	气相色谱法	0.24	2)
17	丙烯醛	气相色谱法	0.019	2)
18	三氯乙醛	气相色谱法	0.001	2)
19	苯	液上气相色谱法	0.005	GB 11890—89
		顶空气相色谱法	0.00042	2)
20	甲苯	液上气相色谱法	0.005	GB 11890—89
		二硫化碳萃取气相色谱法	0.05	
		气相色谱法	0.01	2)
21	乙苯	液上气相色谱法	0.005	GB 11890—89
		二硫化碳萃取气相色谱法	0.05	
		气相色谱法	0.01	2)
22	二甲苯	液上气相色谱法	0.005	GB 11890—89
		二硫化碳萃取气相色谱法	0.05	
		气相色谱法	0.01	2)
23	异丙苯	顶空气相色谱法	0.0032	2)
24	氯苯	气相色谱法	0.01	HJ/T 74—2001
25	1，2－二氯苯	气相色谱法	0.002	GB/T 17131—1997
26	1，4－二氯苯	气相色谱法	0.005	GB/T 17131—1997

续表

序号	项 目	分析方法	最低检出线（mg/L）	方法来源
27	三氯苯	气相色谱法	0.00004	2）
28	四氯苯	气相色谱法	0.00002	2）
29	六氯苯	气相色谱法	0.00002	2）
30	硝基苯	气相色谱法	0.0002	GB 13194—91
31	二硝基苯	气相色谱法	0.2	2）
32	2，4-二硝基甲苯	气相色谱法	0.0003	GB 13194—91
33	2，4，6-三硝基甲苯	气相色谱法	0.1	2）
34	硝基氯苯	气相色谱法	0.0002	GB 13194—91
35	2，4-二硝基氯苯	气相色谱法	0.1	2）
36	2，4-二氯苯酚	电子捕获—毛细色谱法	0.0004	2）
37	2，4，6-三氯苯酚	电子捕获—毛细色谱法	0.00004	2）
38	五氯酚	气相色谱法	0.00004	GB 8972—88
		电子捕获—毛细色谱法	0.000024	2）
39	苯胺	气相色谱法	0.002	2）
40	联苯胺	气相色谱法	0.0002	3）
41	丙烯酰胺	气相色谱法	0.00015	2）
42	丙烯腈	气相色谱法	0.10	2）
43	邻苯二甲酸二丁酯	液相色谱法	0.0001	HJ/T 72—2001
44	邻苯二甲酸二（2-乙基己基）酯	气相色谱法	0.0004	2）
45	水合肼	对二甲氨基苯甲醛直接分光光度法	0.005	2）
46	四乙基铅	双硫腙比色法	0.0001	2）
47	吡啶	气相色谱法	0.031	GB/T 14672—93
		巴比土酸分光光度法	0.05	2）
48	松节油	气相色谱法	0.02	2）
49	苦味酸	气相色谱法	0.001	2）
50	丁基黄原酸	铜试剂亚铜光光度法	0.002	2）
51	活性氯	N，N—二乙基对苯二胺（PDP）分光光度法	0.01	2）
		3，3′，5，5′-四甲基联苯胺比色法	0.005	2）

续表

序号	项 目	分析方法	最低检出线（mg/L）	方法来源
52	滴滴涕	气相色谱法	0.0002	GB 7492—87
53	林丹	气相色谱法	4×10^{-6}	GB 7492—87
54	环氧七氯	液萃取气相色谱法	0.000083	2)
55	对流磷	气相色谱法	0.00054	GB 13192—91
56	甲基对流磷	气相色谱法	0.00042	GB 13192—91
57	马拉硫磷	气相色谱法	0.00064	GB 13192—91
58	乐果	气相色谱法	0.00057	GB 13192—91
59	敌敌畏	气相色谱法	0.00006	GB 13192—91
60	敌百虫	气相色谱法	0.000051	GB 13192—91
61	内吸磷	气相色谱法	0.0025	2)
62	百菌清	气相色谱法	0.0004	2)
63	甲萘威	高效液相色谱法	0.01	2)
64	溴清菊酯	气相色谱法	0.0002	2)
		高效液相色谱法	0.002	2)
65	阿特拉津	气相色谱法		3)
66	苯并（a）芘	乙酰化滤指层析荧光分光光度法	4×10^{-6}	GB 11895—89
		高效液相色谱法	1×10^{-6}	GB 13198—91
67	甲基汞	气相色谱法	1×10^{-8}	GB/T 17132—1997
68	多氯联苯	气相色谱法		3)
69	微囊藻毒素－LR	高效液相色谱法	0.00001	2)
70	黄磷	钼－锑－抗分光光度法	0.0025	2)
71	钼	无火焰原子吸收分光光度法	0.00231	2)
72	钴	无火焰原子吸收分光光度法	0.00191	2)
73	铍	铬菁 R 分光光度法	0.0002	HJ/T 58—2000
		石墨炉原子吸收分光光度法	0.00002	HJ/T 59—2000
		桑色素荧光分光光度法	0.0002	2)
74	硼	姜黄素分光光度法	0.02	HJ/T 49—1999
		甲亚胺－H 分光光度法	0.2	2)
75	锑	氢化原子吸收分光光度法	0.00025	2)
76	镍	无火焰原子吸收分光光度法	0.00248	2)

续表

序号	项目	分析方法	最低检出线 (mg/L)	方法来源
77	钡	无火焰原子吸收分光光度法	0.00618	2)
78	钒	钽试剂（BPHA）萃取分光光度法	0.018	GB/T 15503—1995
		无火焰原子吸收分光光度法	0.00698	2)
79	钛	催化示波极谱法	0.0004	2)
		水杨基荧光酮分光光度法	0.02	2)
80	铊	无火焰原子吸收分光光度法	1×10^{-6}	2)

注 暂采用下列分析方法，待国家方法发布后，执行国家标准。

1）《水和废水监测分析方法（第三版）》，中国环境科学出版社，1989 年。

2）《生活饮用水卫生规范》，中华人民共和国卫生部，2001 年。

3）《水和废水标准检验法（第 15 版）》，中国建筑工业出版社，1985 年。

附录十一　环境空气质量标准

Ambient air quality standards

GB 3095—2012 代替 GB 3095—1996，GB 9137—88（2016-01-01）

为贯彻《中华人民共和国环境保护法》和《中华人民共和国大气污染防治法》，保护和改善生活环境、生态环境，保障人体健康，制定本标准。

本标准自实施之日起，《环境空气质量标准》（GB 3095—1996）、《〈环境空气质量标准〉（GB 3095—1996）修改单》（环发〔2000〕1 号）和《保护农作物的大气污染物最高允许浓度》（GB 9137—88）废止。

1　适用范围

本标准规定了环境空气功能区分类、标准分级、污染物项目、平均时间及浓度限值、监测方法、数据统计的有效性规定及实施与监督等内容。

本标准适用于环境空气质量评价与管理。

2　规范性引用文件

本标准引用下列文件或其中的条款。凡是不注明日期的引用文件，其最新版本适用于本标准。

GB 8971　空气质量 飘尘中苯并［a］芘的测定 乙酰化滤纸层析荧光分光光度法

GB 9801　空气质量 一氧化碳的测定 非分散红外法

GB/T 15264　环境空气 铅的测量 火焰原子吸收分光光度法

GB/T 15432　环境空气 总悬浮颗粒物的测定 重量法

GB/T 15439　环境空气 苯并［a］芘的测定 高效液相色谱法

HJ 479　环境空气，氮氧化物（一氧化氮和二氧化氮）的测定 盐酸萘乙胺分光光度法

HJ 482　环境空气 二氧化硫的测定 甲醛吸收－副玫瑰苯胺分光光度法

HJ 483　环境空气 二氧化硫的测定 四氯汞盐吸收－副玫瑰苯胺分光光度法

HJ 504　环境空气 臭氧的测定 靛蓝二磺酸钠分光光度法

HJ 539　环境空气 铅的测定 石墨炉原子吸收分光光度法（暂行）

HJ 590　环境空气 臭氧的测定 紫外光度法

HJ 618　环境空气 PM10 和 PM2.5 的测定 重量法

HJ 630　环境监测质量管理技术导则

HJ/T 193　环境空气质量自动监测技术规范

HJ/T 194　环境空气质量手工监测技术规范

《环境空气质量监测规范（试行）》（国家环境保护总局公告 2007 年第 4 号）

《关于推进大气污染联防联控工作改善区域空气质量的指导意见》（国办发〔2010〕

33号）

3　术语和定义

下列术语和定义适用于本标准。

3.1

环境空气　ambient air

指人群、植物、动物和建筑物所暴露的空外空气。

3.2

总悬浮颗粒物　total suspended particle（TSP）

指环境空气中空气动力学当量直径小于等于 100μm 的颗粒物。

3.3

颗粒物（粒径小于等于 10μm）　Particulate matter（PM10）

指环境空气中空气动力学当量直径小于等于 10μm 的颗粒物，也称可吸入颗粒物。

3.4

颗粒物（粒径小于等于 2.5μm）　Particulate matter（PM2.5）

指环境空气中空气动力学当量直径小于等于 2.5μm 的颗粒物，也称细颗粒物。

3.5

铅　lead

指存在于总悬浮颗粒物中的铅及其化合物。

3.6

苯并［a］芘 benzo［a］ pyrene（Bap）

指存在于颗粒物（粒径小于等于 10μm）中的苯并［a］芘。

3.7

氟化物　fluoride

指以气态和颗粒态形式存在的无机氟化物。

3.8

1小时平均　1－hour average

指任何1小时污染物浓度的算术平均值。

3.9

8小时平均　8－hour average

指连续8小时平均浓度的算术平均值，也称8小时滑动平均。

3.10

24小时平均　24－hour average

指一个自然日24小时平均浓度的算术平均值，也称为日平均。

3.11

月平均　monthly average

指一个日历月内各日平均浓度的算术平均值。

3.12

季平均　quarterly average

指一个日历季内各日平均浓度的算术平均值。

3.13

年平均　annual mean

指一个日历年内各日平均浓度的算术平均值。

3.14

标准状态　standard state

指温度为273K，压力为101.325kPa时的状态。本标准中的污染物浓度均为标准状态下的浓度。

4　环境空气功能区分类和质量要求

4.1　环境空气功能区分类

环境空气功能区分为二类：一类区为自然保护区、风景名胜区和其他需要特殊保护的区域；二类区为居住区、商业交通居民混合区、文化区、工业区和农村地区。

4.2　环境空气功能区质量要求

一类区适用一级浓度限值，二类区适用二级浓度限值。一、二类环境空气功能区质量要求见表1和表2。

表1　环境空气污染物基本项目浓度限值

序号	污染物项目	平均时间	浓度限值		单位
			一级	二级	
1	二氧化硫（SO_2）	年平均	20	60	μg/m^3
		24小时平均	50	150	
		1小时平均	150	500	
2	二氧化氮（NO_2）	年平均	40	40	
		24小时平均	80	80	
		1小时平均	200	200	
3	一氧化碳（CO）	24小时平均	4	4	mg/m^3
		1小时平均	10	10	
4	臭氧（O_3）	日最大8小时平均	100	160	μg/m^3
		1小时平均	160	200	
5	颗粒物（粒径小于等于10μm）	年平均	40	70	
		24小时平均	50	150	
6	颗粒物（粒径小于等于2.5μm）	年平均	15	35	
		24小时平均	35	75	

表 2 环境空气污染物其他项目浓度限值

序号	污染物项目	平均时间	浓度限值		单位
			一级	二级	
1	总悬浮颗粒物（TSP）	年平均	80	200	μg/m³
		24 小时平均	120	300	
2	氮氧化物（NO_x）	年平均	50	50	
		24 小时平均	100	100	
		1 小时平均	250	250	
3	铅（PB）	年平均	0.5	0.5	
		季平均	1	1	
4	苯并［a］芘（BaP）	年平均	0.001	0.001	
		24 小时平均	0.0025	0.0025	

4.3 本标准自 2016 年 1 月 1 日起在全国实施。基本项目（表 1）在全国范围内实施；其他项目（表 2）在国务院环境保护行政主管部门或者省级人民政府根据实际情况，确定具体实施方式。

4.4 在全国实施本标准之前，国务院环境保护行政主管部门可根据《关于推进大气污染联防联控工作改善区域空气质量的指导意见》等文件要求指定部分地区提前实施本标准，具体实施方案（包括地域范围、时间等）另行公告；各省级人民政府也可根据实际情况和当地环境保护的需要提前实施本标准。

5 监测

环境空气质量监测工作应按照《环境空气质量监测规范（试行）》等规范性文件的要求进行。

5.1 监测点位布设

表 1 和表 2 中环境空气污染物监测点位的设置，应按照《环境空气质量监测规范（试行）》中的要求执行。

5.2 样品采集

环境空气质量监测中的采样环境、采样高度及采样频率等要求，按 HJ/T 193 或 HJ/T 194 的要求执行。

5.3 分析方法

应按表 3 的要求，采用相应的方法分析各项污染物的浓度。

表 3　　各项污染物分析方法

序号	污染物项目	手工分析方法		自动分析方法
		分析方法	标准编号	
1	二氧化硫（SO_2）	环境空气 二氧化硫的测定 甲醛吸收—副玫瑰苯胺分光光度法	HJ 482	紫外荧光法、差分吸收光谱分析法
		环境空气 二氧化硫的测定 四氯汞盐吸收—副玫珠苯胺分光光度法	HJ 483	
2	二氧化氮（NO_2）	环境空气 氮氧化物（一氧化氮和二氧化氮）的测定 盐酸萘乙二胺分光光度法	HJ 479	化学发光法、差分吸收光谱分析法
3	一氧化碳（CO）	空气质量 一氧化碳的测定 非分散红外法	GB 9801	气体滤波相关红外吸收法、非分散红外吸收法
4	臭氧（O_3）	环境空气 臭氧的测定 靛蓝二磺酸钠分光光度法	HJ 504	紫外荧光法、差分吸收光谱分析法
		环境空气 臭氧的测定 紫外光度法	HJ 590	
5	颗粒物（粒径小于等于 10μm）	环境空气 PM10 和 PM2.5 的测定 重量法	HJ 618	微量振荡天平法、β射线法
6	颗粒物（粒径小于等于 2.5μm）	环境空气 PM10 和 PM2.5 的测定 重量法	HJ 618	微量振荡天平法、β射线法
7	总悬浮颗粒物（TSP）	环境空气 总悬浮颗粒物的测定 重量法	GB/T 15432	—
8	氮氧化物（NO_x）	环境空气 氮氧化物（一氧化氮和二氧化氮）的测定 盐酸萘乙二胺分光光度法	HJ 479	化学发光法、差分吸收光谱分析法
9	铅（Pb）	环境空气 铅的测定 石墨炉原子吸收分光光度法（暂行）	HJ 539	—
		环境空气 铅的测定 火焰原子吸收分光光度法	GB/T 15264	—
10	苯并［a］芘（BaP）	空气质量 飘尘中苯［a］芘的测定 乙酰化滤纸层析荧光分光光度法	GB 8971	—
		环境空气 苯并［a］芘的测定 高效液相色谱法	GB/T 15439	—

6　数据统计的有效性规定

6.1　应采取措施保证监测数据的准确性、连续性和完整性，确保全面、客观地反映监测结果。所有有效数据均应参加统计和评价，不得选择性地舍弃不利数据以及人为干预监测和评价结果。

6.2 采用自动监测设备监测时，监测仪器应全年 365 天（闰年 366 天）连续运行。在监测仪器校准、停电和设备故障，以及其他不可抗拒的因素导致不能获得连续监测数据时，应采取有效措施及时恢复。

6.3 异常值的判断和处理应符合 HJ 630 的规定。对于监测过程中缺失和删除的数据均应说明原因，并保留详细的原始数据记录，以备数据审核。

6.4 任何情况下，有效的污染物浓度数据均应符合表 4 中的最低要求，否则应视为无效数据。

表 4　　污染物浓度数据有效性的最低要求

污染物项目	平均时间	数据有效性规定
二氧化硫（SO_2）、二氧化氮（NO_2）、颗粒物（粒径小于等于 10μm）、颗粒物（粒径小于等于 2.5μm）、氮氧化物（NO_x）	年平均	每年至少有 324 个日平均浓度值 每月至少有 27 个日平均浓度值（二月至少有 25 个日平均浓度值）
二氧化硫（SO_2）、二氧化氮（NO_2）、一氧化碳（CO）、颗粒物（粒径小于等于 10μm）、颗粒物（粒径小于等于 2.5μm）、氮氧化物（NO_x）	24 小时平均	每日至少有 20 个小时平均浓度值或采样时间
臭氧（O_3）	8 小时平均	每 8 小时至少有 6 小时平均浓度值
二氧化硫（SO_2）、二氧化氮（NO_2）、一氧化碳（CO）、臭氧（O_3）、氮氧化物（NO_x）	1 小时平均	每小时至少有 45 分钟的采样时间
总悬浮颗粒物（TSP）、苯并［a］芘（BaP）、铅（Pb）	年平均	每年至少有分布均匀的 60 个日平均浓度值 每月至少有分布均匀的 5 个日平均浓度值
铅（Pb）	季平均	每季至少有分布均匀的 15 个日平均浓度值 每月至少有分布均匀的 5 个日平均浓度值
总悬浮颗粒物（TSP）、苯并［a］芘（BaP）、铅（Pb）	24 小时平均	每日应有 24 小时的采样时间

7　实施与监督

7.1 本标准由各级环境保护行政主管部门负责监督实施。

7.2 各类环境空气功能区的范围由县级以上（含县级）人民政府环境保护行政主管部门划分，报本级人民政府批准实施。

7.3 按照《中华人民共和国大气污染防治法》的规定，未达到本标准的大气污染防治重点城市，应当按照国务院或者国务院保护行政主管部门规定的期限，达到本标准。该城市人民政府应当制定限期达标规划，并可以根据国务院的授权或者规定，采取更严格的措施，按期实现达标规划。

附录十二　声环境质量标准

Environmental quality standard for noise

GB 3096—2008 代替 GB 3096—93，GB/T 14623—93（2008-10-01 实施）

为贯彻《中华人民共和国环境噪声污染防治法》，防治噪声污染，保障城乡居民正常生活、工作和学习的声环境质量，制定本标准。

本标准自实施之日起，GB 3096—93《城市区域环境噪声标准》和 GB/T 14623—93《城市区域环境噪声测量方法》废止。

1　适用范围

本标准规定了五类声环境功能区的环境噪声限值及测量方法。

本标准适用于声环境质量评价与管理。

机场周围区域受飞机通过（起飞、降落、低空飞越）噪声的影响，不适用于本标准。

2　规范性引用文件

本标准内容引用了下列文件或其中的条款。凡是不注日期的引用文件，其有效版本适用于本标准。

GB 3785 声级计的电、声性能及测试方法

GB/T 15173 声校准器

GB/T 15190 城市区域环境噪声适用区划分技术规范

GB/T 17181 积分平均声级计

GB/T 50280 城市规划基本术语标准

JTG B01 公路工程技术标准

3　术语和定义

下列术语和定义适用于本标准。

3.1

A 声级　A-weighted sound pressure level

用 A 计权网络测得的声压级，用 L_A 表示，单位 dB（A）。

3.2

等效连续 A 声级　equivalent continuous A-weighted sound pressure level

简称为等效声级，指在规定测量时间 T 内 A 声级的能量平均值，用 L_{Aeq}，T 表示（简写为 L_{eq}），单位 dB（A）。除特别指明外，本标准中噪声限值皆为等效声级。

根据定义，等效声级表示为：

$$L_{eq} = 10\lg\left(\frac{1}{T}\int_0^T 10^{0.1 L_A} dt\right)$$

式中　L_A——t 时刻的瞬时 A 声级；

T——规定的测量时间段。

3.3

昼间等效声级　day-time equivalent sound level、夜间等效声级　night-time equivalent sound level

在昼间时段内测得的等效连续 A 声级称为昼间等效声级，用 L_d 表示，单位 dB（A）。

在夜间时段内测得的等效连续 A 声级称为夜间等效声级，用 L_n 表示，单位 dB（A）。

3.4

昼间　day-time、夜间　night-time

根据《中华人民共和国环境噪声污染防治法》，“昼间”是指 6：00 至 22：00 之间的时段；“夜间”是指 22：00 至次日 6：00 之间的时段。

县级以上人民政府为环境噪声污染防治的需要（如考虑时差、作息习惯差异等）而对昼间、夜间的划分另有规定的，应按其规定执行。

3.5

最大声级　maximum sound level

在规定的测量时间段内或对某一独立噪声事件，测得的 A 声级最大值，用 L_{max} 表示，单位 dB（A）。

3.6

累积百分声级　percentile sound level

用于评价测量时间段内噪声强度时间统计分布特征的指标，指占测量时间段一定比例的累积时间内 A 声级的最小值，用 L_N 表示，单位为 dB（A）。最常用的是 L_{10}、L_{50} 和 L_{90}，其含义如下：

L_{10}——在测量时间内有 10％的时间 A 声级超过的值，相当于噪声的平均峰值；

L_{50}——在测量时间内有 50％的时间 A 声级超过的值，相当于噪声的平均中值；

L_{90}——在测量时间内有 90％的时间 A 声级超过的值，相当于噪声的平均本底值。

如果数据采集是按等间隔时间进行的，则 L_N 也表示有 N％的数据超过的噪声级。

3.7

城市　city、城市规划区　urban planning area

城市是指国家按行政建制设立的直辖市、市和镇。

由城市市区、近郊区以及城市行政区域内其他因城市建设和发展需要实行规划控制的区域，为城市规划区。

3.8

乡村　rural area

乡村是指除城市规划区以外的其他地区，如村庄、集镇等。

村庄是指农村村民居住和从事各种生产的聚居点。

集镇是指乡、民族乡人民政府所在地和经县级人民政府确认由集市发展而成的作为农村一定区域经济、文化和生活服务中心的非建制镇。

3.9

交通干线 traffic artery

指铁路（铁路专用线除外）、高速公路、一级公路、二级公路、城市快速路、城市主干路、城市次干路、城市轨道交通线路（地面段）、内河航道。应根据铁路、交通、城市等规划确定。

3.10

噪声敏感建筑物 noise-sensitive buildings

指医院、学校、机关、科研单位、住宅等需要保持安静的建筑物。

3.11

突发噪声 burst noise

指突然发生，持续时间较短，强度较高的噪声。如锅炉排气、工程爆破等产生的较高噪声。

4 声环境功能区分类

按区域的使用功能特点和环境质量要求，声环境功能区分为以下五种类型：

0类声环境功能区：指康复疗养区等特别需要安静的区域。

1类声环境功能区：指以居民住宅、医疗卫生、文化教育、科研设计、行政办公为主要功能，需要保持安静的区域。

2类声环境功能区：指以商业金融、集市贸易为主要功能，或者居住、商业、工业混杂，需要维护住宅安静的区域。

3类声环境功能区：指以工业生产、仓储物流为主要功能，需要防止工业噪声对周围环境产生严重影响的区域。

4类声环境功能区：指交通干线两侧一定距离之内，需要防止交通噪声对周围环境产生严重影响的区域，包括4a类和4b类两种类型。4a类为高速公路、一级公路、二级公路、城市快速路、城市主干路、城市次干路、城市轨道交通（地面段）、内河航道两侧区域；4b类为铁路干线两侧区域。

5 环境噪声限值

5.1 各类声环境功能区适用表1规定的环境噪声等效声级限值。

表1 **环境噪声限值** dB（A）

声环境功能区类别	时段	
	昼间	夜间
0类	50	40
1类	55	45

续表

声环境功能区类别		时段	
		昼间	夜间
2类		60	50
3类		65	55
4类	4a类	70	55
	4b类	70	60

5.2 表1中4b类声环境功能区环境噪声限值，适用于2011年1月1日起环境影响评价文件通过审批的新建铁路（含新开廊道的增建铁路）干线建设项目两侧区域。

5.3 在下列情况下，铁路干线两侧区域不通过列车时的环境背景噪声限值，按昼间70dB（A）、夜间55dB（A）执行：

a）穿越城区的既有铁路干线；

b）对穿越城区的既有铁路干线进行改建、扩建的铁路建设项目。

既有铁路是指2010年12月31日前已建成运营的铁路或环境影响评价文件已通过审批的铁路建设项目。

5.4 各类声环境功能区夜间突发噪声，其最大声级超过环境噪声限值的幅度不得高于15 dB（A）。

6 环境噪声监测要求

6.1 测量仪器

测量仪器精度为2型及2型以上的积分平均声级计或环境噪声自动监测仪器，其性能需符合GB 3785和GB/T 17181的规定，并定期校验。测量前后使用声校准器校准测量仪器的示值偏差不得大于0.5dB，否则测量无效。声校准器应满足GB/T 15173对1级或2级声校准器的要求。测量时传声器应加防风罩。

6.2 测点选择

根据监测对象和目的，可选择以下三种测点条件（指传声器所置位置）进行环境噪声的测量：

a）一般户外

距离任何反射物（地面除外）至少3.5m外测量，距地面高度1.2m以上。必要时可置于高层建筑上，以扩大监测受声范围。使用监测车辆测量，传声器应固定在车顶部1.2m高度处。

b）噪声敏感建筑物户外

在噪声敏感建筑物外，距墙壁或窗户1m处，距地面高度1.2m以上。

c）噪声敏感建筑物室内

距离墙面和其他反射面至少1m，距窗约1.5m处，距地面1.2～1.5m高。

6.3 气象条件

测量应在无雨雪、无雷电天气，风速 5m/s 以下时进行。

6.4 监测类型与方法

根据监测对象和目的，环境噪声监测分为声环境功能区监测和噪声敏感建筑物监测两种类型。

6.5 测量记录

测量记录应包括以下事项：

a）日期、时间、地点及测定人员；

b）使用仪器型号、编号及其校准记录；

c）测定时间内的气象条件（风向、风速、雨雪等天气状况）；

d）测量项目及测定结果；

e）测量依据的标准；

f）测点示意图；

g）声源及运行工况说明（如交通噪声测量的交通流量等）；

h）其他应记录的事项。

7 声环境功能区的划分要求

7.1 城市声环境功能区的划分

城市区域应按照 GB/T 15190 的规定划分声环境功能区，分别执行本标准规定的 0、1、2、3、4 类声环境功能区环境噪声限值。

7.2 乡村声环境功能的确定

乡村区域一般不划分声环境功能区，根据环境管理的需要，县级以上人民政府环境保护行政主管部门可按以下要求确定乡村区域适用的声环境质量要求：

a）位于乡村的康复疗养区执行 0 类声环境功能区要求；

b）村庄原则上执行 1 类声环境功能区要求，工业活动较多的村庄以及有交通干线经过的村庄（指执行 4 类声环境功能区要求以外的地区）可局部或全部执行 2 类声环境功能区要求；

c）集镇执行 2 类声环境功能区要求；

d）独立于村庄、集镇之外的工业、仓储集中区执行 3 类声环境功能区要求；

e）位于交通干线两侧一定距离（参考 GB/T 15190 第 8.3 条规定）内的噪声敏感建筑物执行 4 类声环境功能区要求。

8 标准的实施要求

本标准由县级以上人民政府环境保护行政主管部门负责组织实施。

为实施本标准，各地应建立环境噪声监测网络与制度、评价声环境质量状况、进行信息通报与公示、确定达标区和不达标区、制订达标区维持计划与不达标区噪声削减计划，因地制宜改善声环境质量。

附录十三　八大公害事件及全球性环境问题

八大公害事件

20世纪30～60年代，由于工业的发展，造成了大气、水和土壤等的污染事故，并在发达国家相继发生了公害事件，形成了典型的“八大公害事件”，这八大公害事件是指：

一、马斯河谷烟雾事件

1930年12月初发生在比利时马斯河谷。原因是谷地中工厂密布，河谷地形，并且出现了逆温天气，使得12支大烟囱排放的烟尘、二氧化硫无法得到及时扩散，致使污染物浓度急剧增加，造成大气污染，危害是几千人受害发病，60多人死亡。

二、多诺拉烟雾事件

1968年10月发生于美国的多诺拉镇，大气污染的主要原因基本与马斯河谷烟雾事件相同。这次事件使当时只有14000人的小镇，4天内就有5900多人患病，20多人死亡。

三、伦敦烟雾事件

1952年12月5～9日发生于英国首都伦敦。当时，居民和工厂燃煤排出大量的二氧化硫和烟尘，同样遇到逆温天气，造成严重空气污染。5天内导致4000多人死亡。这种事件在该地区共发生12起，死亡近万人。

四、洛杉矶光化学烟雾事件

1943年5～10月发生于美国洛杉矶市。该市有400多万辆车，产生大量的汽车废气，在紫外线作用下生成光化学烟雾，造成大多数居民患病，多人死亡。

五、水俣病事件

1953年以来发生于日本熊本县水俣湾地区。1959年研究证实，是由于工厂排放含汞废水污染了水俣海域，鱼贝类富集水中的甲基汞，人或动物食用含甲基汞的鱼贝类而引起的。病人中毒的症状：口齿不清，全身麻木，步态不稳，进而耳聋眼瞎，精神失常，甚至死亡。截至1972年，有180多人患病，50多人死亡。在此期间，还出现了自杀猫等怪现象，也是由甲基汞中毒引起的。

六、富山事件

1931年至1972年3月发生于日本富山县附近。当地的炼锌厂未经处理的含镉废水排入河中，居民食用了含镉的大米和饮用了含镉的水，患者开始关节痛，后神经痛和全身骨痛、骨骼变形、易骨折，最后在疼痛中死去。截至1965年底，有近100人因“骨痛病”死亡。

七、四日事件

1955年以来发生于日本四日市，该地区石油化工厂排放大量的二氧化硫和粉尘，年排放量达13万t，造成大气污染。被污染的患者主要是呼吸道疾病。截至1972年，日本全国"四日市哮喘病"患者高达6376人。

八、米糠油事件

1968年初发生于日本九州，起因是九州大牟田市一家工厂在生产米糠油脱臭过程中，因管理不善，使多氯联苯混入米糠油中，造成5000多人患病，16人死亡，受害者超过1000多人。

实际上，1980年后发生的污染事件更多，危害更大，如印度的帕博尔毒气泄漏事件、苏联的核泄漏事件等都属于大的污染事件，其中两次海湾战争、科索沃战争产生的污染后果比上述污染事件还要严重。

全球性环境问题

一、全球变暖

气候学的记录表明，近百年来全球平均地面气温明显的上升趋势，20世纪80年代全球平均气温比19世纪下半叶高约0.5℃。有关研究表明，到2050年，全球变暖的幅度可能在4.5～10℃。变暖的起因是大气层对地壳红外辐射获得的热量相对多，而散失到大气层外的热量相对少，使得地表面温度得以维持，即温室效应。由于人类活动消耗大量化石燃料，排放大量的二氧化碳，而森林毁坏又使植物吸收二氧化碳的量减少，导致二氧化碳等温室气体浓度大幅上升，加剧了大气的温室效应。全球变暖引起温度带北移，全球降水也将随之变化，使局部地区水资源更加短缺，综合考虑海水热胀等因素，全球升温1.5～4.5℃将导致海平面上升20～165cm，使沿海低地面临被淹没的危险，并导致海水倒灌，排洪不畅，土地盐渍化等后果。

二、臭氧层破坏

1984年南极上空首次出现臭氧层被破坏的现象。近年来，南极上空的臭氧空洞有变坏的趋势，不仅如此，北极上空也出现了臭氧减少的现象。起因是人类过多使用氯氟烃类化学物质以及排放其他臭氧层损耗物质，破坏了臭氧层中氧原子、氧分子和臭氧之间的平衡，使该平衡向臭氧分解的方向移动，导致臭氧减少、臭氧层破坏。造成的环境影响主要是臭氧层减少，照射到地面的太阳光紫外线增强，紫外线对生物细胞有很强的杀伤作用，对生物圈中的各种生物都会产生不利的影响。就人类而言，受到过多的紫外线照射会增加皮肤癌和白内障的发病率。

三、酸雨

酸雨是指pH值低于5.6的大气降水，包括雨、雾、露、霜。20世纪80年代以来酸雨发生的频率上升、危害加大，并扩展到世界范围。欧洲、北美和东亚是世界上酸雨严重的区域。降水的酸度主要来自大气降水对大气中二氧化碳和其他酸性物质的吸收，而形成降水不正常酸性的物质主要是含硫化合物、含氮化合物等。人类燃烧化石燃料排放产生的二氧化硫和氮氧化合物是造成酸雨的主要原因。酸雨会腐蚀材料，损害森林，破坏水生、陆生生态环境，并造成农作物减产。

四、淡水资源缺乏与水污染

河流、湖泊或水量减少直到干涸，或受到严重污染，地下水位持续下降。主要原因是由于地球上淡水资源分布不均匀，而且受到气候变化的影响，导致许多国家和地区缺水。更由于城市化和工业发展，集中用水量很大，超过当地供水能力，而又排放大量污染物破坏水体，加剧了水资源的供求矛盾。淡水资源缺乏制约经济的发展，限制了人民生活水平的提高，水污染降低生活福利与质量，每年导致10亿人患病，300万儿童因腹泻死亡，2亿人成为吸血虫病患者。

五、生物多样性丧失

目前物种消失的速度比人类出现以前的自然灭绝速度要快50～100倍，比物种形成的速度要快100万倍。从1975～2000年，全世界物种损失达50～100万种，其中大部分为植物和昆虫。原因是由于耕种活动和对薪柴、材料的需求，导致森林面积日益缩小，牧场退化；对动物的猎捕与毒杀，杀虫剂、农药的广泛使用等，以上种种导致物种灭绝及生态系统的破坏日益加速。主要的影响是遗传基因、物种及生态系统等三个层次的生物多样性受到损失，影响人类对生物资源的经济作用，例如野生生物是农作物、家禽的雏形。此外，保护生物多样性还有科学上、美学上、伦理学上和文化上的重要意义。

六、海洋污染

局部海域受到石油污染、发生赤潮、鱼群死亡、海面遍布垃圾等，并有扩展到全球的趋势。起因主要是由于油船泄漏、远洋倾废、近海排污等，人类每年向海洋倾倒约600～1000万t石油、1万t汞、100万t有机氯农药等，导致海洋状况不断恶化。海水浑浊严重影响海洋植物的光合作用，降低水体生产力，危害鱼类；重金属、石油、有毒有机物侵害海洋生物，并祸及海鸟及人类；破坏海洋旅游资源。

七、危险废物越境转移

目前发达国家正以每年5000万t的规模向发展中国家转移危险废物，主要原因是工业发达国家公众对危险废物敏感，危险废物处置费用高昂，使得一些公司极力向工业不发达国家和地区转移危险废物。由于危险废物的输入国缺乏相应的技术手段和经济能力，导致危险废物对当地生态系统环境和人体健康的损害，长期积累将对全球环境产生危害。

新荷物业管理有限公司

环境管理手册
Q/XH EM01—2×××

编　写	
审　核	
批　准	
版　次	A/0
分　号 （受控状态）	

发布日期：2×××/03/15　　　　修订日期：

目　　录

1 前言

1.1 公司简介（略）

1.2 环境方针

做好身边点滴事，共享洁静好家园；

珍惜蓝天和碧水，留得青山泽后人。

1.3 环境目标（例举）

序号	环境目标	环境指标	责任部门	考核期限
1	逐步降低物业管理服务过程中的环境影响	杜绝重大火灾事故的发生	保安部	2×××年××月
		垃圾分类收集、处理有效率达到92%	业务部	
		生活污水排放外部监测达标率100%	业务部	
		小区绿化面积和土地固化保持率100%	业务部	

1.4 手册颁布令

手册颁布令

《环境管理手册》由总经理组织公司各有关部门依据ISO 14001标准要求，结合本公司的实际情况编制而成，经认真审核，现予颁布实施。

《环境管理手册》是阐述本公司环境管理体系的纲领性文件，是公司环境管理活动和环境管理体系运行遵循的基本法规。它对内用于公司的内部环境管理，对外则是公司环境管理体系符合国际标准的证实性文件。

本手册从颁发之日起执行，要求公司各部门、全体员工严格贯彻执行。

总经理：

年　　月　　日

2 范围和引用标准

2.1 范围

本体系规定的内容适用于本公司各物业小区物业管理服务全过程的环境管理。

2.2 引用标准

ISO 14001——要求及使用指南

<table>
<tr><td rowspan="2">新荷物业管理有限公司</td><td rowspan="2">环境管理手册</td><td>编　　号</td><td>Q/XH EM01—2×××</td></tr>
<tr><td>页　　次</td><td>n/N</td></tr>
</table>

3 组织机构及环境管理职能分配

3.1 组织机构

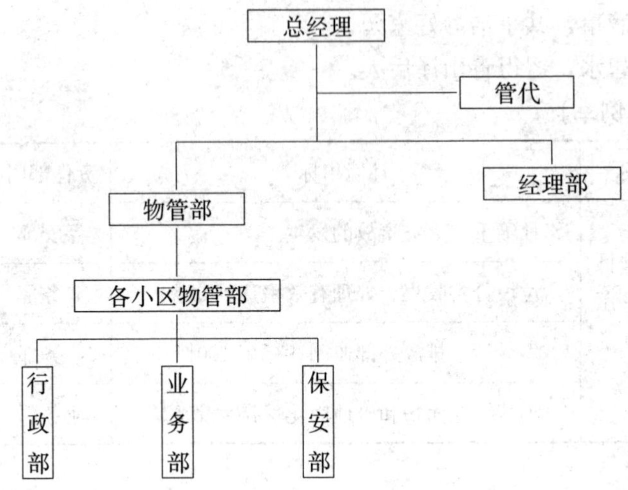

3.2 环境管理职能分配表

职能部门 / 职能分配 / 标准要求	总经理	管理者代表	经理部	物管部	行政部	业务部	保安部
4.1 理解组织及其所处的环境	☆	△	△	△			
4.2 理解相关方的需求和期望	△	☆	△	△			
4.3 确定环境管理体系的范围	☆	△	△	△			
4.4 环境管理体系	△	☆	△	△			
5.1 领导作用与承诺	☆	△					
5.2 环境方针	☆	△	△	△			

续表

标准要求 \ 职能分配 \ 职能部门		总经理	管理者代表	经理部	物管部	行政部	业务部	保安部
5.3 组织的角色、职责和权限		☆	△	△	△			
6.1 应对风险和机遇的措施	6.1.1 总则		△	☆	△			
	6.1.2 环境因素		△	☆	△			
	6.1.3 合规义务		△	☆	△			
	6.1.4 措施的策划		△	☆	△			
6.2 环境目标及其实现的策划	6.2.1 环境目标	△	△	☆	△			
	6.2.2 实现环境目标的措施的策划		△	☆	△			
7 支持	7.1 资源	△	△	☆	△	△	△	△
	7.2 能力		△	☆	△	△	△	△
	7.3 意识	△	△	☆	△	△	△	△
	7.4 信息交流		△	☆	△	△	△	△
	7.5 文件化信息	△	△	△	△	☆	△	△
8.1 运行策划和控制			△	△	☆	△	△	△
8.2 应急准备和响应		△	△	△	☆	△	△	△
9.1 监视、测量、分析和评价	9.1.1 总则		△	△	☆	△	△	△
	9.1.2 合规性评价		△	△	☆	△	△	△
9.2 内部审核			△	☆	△	△	△	△
9.3 管理评审		☆	△	△	△	△	△	△
10.1 总则			△	☆	△	△	△	△
10.2 不符合和纠正措施			△	☆	△	△	△	△
10.3 持续改进			△	☆	△	△	△	△

备注：

☆—主要实施；△—协助实施。

4 组织所处的环境

4.1 理解组织及其所处的环境

公司应确定与其宗旨相关并影响其实现环境管理体系预期结果的能力的外部和内部问题。这些问题应包括受组织影响的或能够影响组织的环境状况。具体内容参见《风险和机遇管理程序》的相关规定执行。

4.2 理解相关方的需求和期望

公司应确定：

a）与环境管理体系有关的相关方；

b）这些相关方的有关需求和期望（即要求）；

c）这些需求和期望中哪些将成为其的合规义务。

具体内容参见《风险和机遇管理程序》的相关规定执行。

4.3 环境管理体系范围

公司明确界定了环境管理体系的范围，并形成文件，具体内容参见本手册 2.1。

4.4 环境管理体系

公司根据 ISO 14001 标准的要求建立、实施、保持和持续改进环境管理体系，确定如何实现这些要求，并形成文件。

5 领导作用

5.1 领导作用与承诺

总经理应通过下述方面证实其在环境管理体系方面的领导作用和承诺：

a）对环境管理体系的有效性负责；

b）确保建立环境方针和环境目标，并确保其与组织的战略方向及所处的环境相一致；

c）确保将环境管理体系要求融入组织的业务过程；

d）确保可获得环境管理体系所需的资源；

e）就有效环境管理的重要性和符合环境管理体系要求的重要性进行沟通；

f）确保环境管理体系实现其预期结果；

g）指导并支持员工对环境管理体系的有效性做出贡献；

h）促进持续改进；

i）支持其他相关管理人员在其职责范围内证实其领导作用。

注：本标准所提及的“业务”可广义地理解为涉及组织存在目的的那些核心活动。

5.2 环境方针

总经理制定了本公司的环境方针，并依据《环境方针、目标和措施方案管理程序》对环境方针进行管理，以在界定的环境管理体系范围内，确保其：

a）适合于公司物业管理的活动、产品和服务的性质、规模和环境影响；

b）保持环境的承诺，其中包含污染预防及其他与组织所处环境有关的特定承诺；

c）包括履行其合规义务的承诺；

d）包括持续改进环境管理体系以提升环境绩效的承诺；

e）提供建立和评审环境目标的框架；

f）形成文件，付诸实施，并予以保持；

g）传达到所有为公司或代表公司工作的人员；

h）可为相关方所获取。

环境方针的具体内容参见本手册 1.2。

5.3 组织的角色、职责和权限

为便于环境管理工作的有效开展，公司编制《岗位职责》，对作用、职责和权限作出明确规定，并予以传达。

公司的最高管理者指定专门的管理者代表，无论他（们）是否还负有其他方面的责任，明确规定其作用、职责和权限，以便：

a）确保按照本标准的规定建立、实施与保持环境管理体系要求。

b）向最高管理者汇报环境管理体系的运行情况以供评审，并为环境管理体系的改进提供依据。

6 策划

6.1 应对风险和机遇的措施

6.1.1 总则

公司应建立、实施并保持满足 6.1.1～6.1.4 的要求所需的过程。

策划环境管理体系时，公司应考虑：

a）4.1 所提及的问题；

b）4.2 所提及的要求；

c）其环境管理体系的范围。

并且，应确定与环境因素、合规义务、4.1 和 4.2 中识别的其他问题和要求相关的需要应对的风险和机遇，以：

——确保环境管理体系能够实现其预期结果；

——预防或减少不期望的影响，包括外部环境状况对组织的潜在影响；

——实现持续改进、环境绩效。

公司应确定其环境管理体系范围内的潜在紧急情况，包括那些可能具有环境影响的潜在紧急情况。

公司应保持以下内容的文件化信息：

——需要应对的风险和机遇；

——6.1.1～6.1.4 中所需的过程，其详尽程度应使人确信这些过程能按策划得到实施。

具体内容参见《风险和机遇管理程序》的相关规定执行。

6.1.2 环境因素

公司建立实施并保持《环境因素的识别与评价程序》，用来确定公司活动、服务中它能够控制，或可望对其施加影响的环境因素，从中判定那些对环境具有重大影响，或可能具有重大影响的因素。公司确保在建立环境目标时，对与这些重大影响有关的因素加以考虑。

公司将及时更新这方面的信息。

公司在识别环境因素和判定重要环境因素时，主要依据以下原则进行：

(1) 不仅针对公司自身服务和经营活动中存在的环境因素进行控制，尤其是结合本公司服务的特点，对公司可望施加影响的相关方，如业主（住用人）、工程方、周边社区的活动中存在的环境因素进行识别。

(2) 环境因素的识别主要考虑三种时态、三种状态和六个方面。三个时态指过去、现在、将来；三种状态指正常、异常、紧急；六个方面指大气排放、水体排放、废弃物管理、土地污染、能（资）源使用、当地环境和社区问题。

(3) 重要环境因素的判定主要依据环境方针、相关法律法规、业主（住用人）等相关方的要求，从发生概率、可能性、影响程度、法规符合性、控制手段等方面综合进行评价。

6.1.3 合规义务

公司建立实施并保持“法律法规和其他要求控制程序”，用来确定适用于公司活动、服务中环境因素的法律，以及其他遵守的要求，并建立获取这些法律和要求的渠道。

6.1.4 措施的策划

公司应策划：

a）采取措施管理其：

1）重要环境因素；

2）合规义务；

3）6.1.1 所识别的风险和机遇。

b）如何：

1）在其环境管理体系过程中或其他业务过程中融入并实施这些措施；

2）评价这些措施的有效性。

当策划这些措施时，组织应考虑其可选技术方案、财务、运行和经营要求。

6.2 环境目标和实现环境目标的策划

公司针对内部每一有关职能和层次，建立并保持文件化的环境目标和指标。

公司在建立与评审环境目标时，应考虑法律与其他要求、它自身的重要环境因素、可选技术方案、财务、运行和经营要求，以及各相关方的观点。

目标和指标应符合环境方针，并包括对持续改进和污染预防的承诺。

公司制定并保持多个旨在实现环境目标和指标的方案，其中包括：

1）规定公司的每一个有关职能和层次实现环境目标和指标的职责；

2）实现目标和指标的方法和时间表。

如果一个项目涉及新的开发和新的或修改的活动、服务，就对有关方案进行修改，以确保环境管理与该项目相适应。

环境目标和指标的管理依据《环境方针、目标和措施方案管理程序》执行。

7　支持

7.1　资源

管理者为环境管理体系的实施与控制提供必要的资源，其中包括人力资源和专项技能、技术以及财力资源。

7.2　能力

公司确定培训的需求，并对其工作可能对环境产生重大影响的所有人员都经过相应的培训。

建立实施并保持《培训控制程序》，使处于每一有关职能与层次的人员都意识到：

a）符合环境方针与程序和符合环境管理体系要求的重要性。

b）他们工作活动中实际的或潜在重大环境影响，以及个人工作的改进所带来的环境效益。

c）他们在执行环境方针与程序，实现环境管理体系要求，包括应急准备与响应要求方面的作用与职责。

d）偏离规定的运行程序的潜在后果。

从事可能产生重大环境影响的工作的人员应具备适当的教育、培训和（或）工作经验，从而胜任他所担负的工作。

7.3　意识

公司应确保在其控制下工作的人员意识到：

a）环境方针；

b）与他们的工作相关的重要环境因素和相关的实际或潜在的环境影响；

c）他们对环境管理体系有效性的贡献，包括对提升环境绩效的贡献；

d）不符合环境管理体系要求，包括未履行组织合规义务的后果。

7.4　信息交流

公司建立实施并保持《信息交流控制程序》，用于有关公司环境因素和环境管理体系的：

a）公司内各层次和职能间的内部信息交流。

b）与外部相关方联络的接收、文件形成和答复。

公司考虑对涉及重要环境因素的外部联络的处理，并记录其决定。

7.5　文件化信息

7.5.1　总述

公司的环境管理体系文件化信息应包括：

a）环境方针、目标和指标；

b）对环境管理体系覆盖范围的描述；

c）对环境管理体系主要要素及其相互作用的描述，以及相关文件的查询途径；

d）本标准要求的文件，包括记录；

e）组织为确保对涉及重要环境因素的过程进行有效策划、运行和控制所需的文件和记录。

7.5.2 文件控制

公司建立、实施并保持《文件和资料控制程序》，以控制公司的体系文件，并明确以下规定要求：

a）在文件发布前进行审批，确保其充分性和适宜性；

b）必要时对文件进行评审和修订，并重新审批；

c）确保对文件的更改和现行修订状态做出标识；

d）确保在使用处能得到适用文件的有关版本；

e）确保文件字迹清楚，易于识别；

f）确保对策划和运行环境管理体系所需的外来文件做出标识，并对其发放予以控制；

g）防止对过期文件的非预期使用。如需将其保留，要做出适当的标识。

7.5.3 记录控制

公司建立实施并保持一套《记录控制程序》，用来标识、保存与处置有关环境管理的记录。这些记录中还包括培训记录和审核与评审结果。

环境记录字迹清楚，标识明确，具备对相关活动、服务的可追溯性。对环境记录的保存和管理可使之便于查阅，避免损坏，变质或遗失。规定其保存期限并予记录。

公司保存记录，在对公司体系及自身适宜时，用来证明符合本标准的要求。

8 运行

8.1 运行策划和控制

公司根据方针、目标，确定与所标识的重要环境因素有关的运行与活动。针对这些活动（包括维护工作）编制《运行控制程序》和《对相关方施加环境影响程序》，确保它们在规定的条件下进行。程序的建立符合下述要求：

a）指导可能导致偏离环境方针和目标的运行。

b）对运行标准予以规定。

c）对于公司所使用的产品和服务中可标识的重要环境因素规定相关的管理要求，并将有关的要求通报供方和承包方。

8.2 应急准备和响应

公司建立实施并保持一套《应急准备和响应控制程序》，以确定潜在事故或紧急情况，做出响应，并预防或减少可能伴随的环境影响。

必要时，特别是在故事或紧急情况发生后，公司对应急准备和响应的程序予以评审和修订。可行时，公司还定期试验上述程序。

9 绩效评价

9.1 监视、测量、分析和评价

9.1.1 总述

公司建立实施并保持一套《环境监视与测量控制程序》，对可能具有重大环境影响的运行与活动的关键特性进行例行监视和测量。其中包括对环境表现、有关的运行控制、对公司环境目标和指标符合情况的跟踪信息进行记录。

监视设备予以校准并妥善维护，并根据公司的程序保存校准与维护记录。

9.1.2 合规性评价

为了履行遵守法律法规要求的承诺，公司建立、实施并保持《法律法规和其他要求控制程序》，以定期评价对适用法律法规及其他要求的遵守情况。

公司应保存对上述定期评价结果的记录。

9.2 内部审核

公司应确保按照计划的间隔对环境管理体系进行内部审核。目的是：

a）判定环境管理体系。

1）是否符合公司对环境管理工作的预定安排和本标准的要求；

2）是否得到了恰当的实施和保持。

b）向管理者报告审核结果。

公司应策划、制定、实施和保持一个或多个审核方案，此时，应考虑到相关运行的环境重要性和以往审核的结果。

公司建立、实施和保持《内部审核控制程序》用来规定：

——策划和实施审核及报告审核结果、保存相关记录的职责和要求；

——审核准则、范围、频次和方法。

审核员的选择和审核的实施均应确保审核过程的客观性和公正性。

9.3 管理评审

公司总经理应按计划的时间间隔，对公司的环境管理体系进行评审，以确保其持续适宜性、充分性和有效性。评审应包括评价改进的机会和对环境管理体系进行修改的需求，包括环境方针、环境目标和指标的修改需求。应保存管理评审记录。

管理评审的输入应包括：

a）以往管理评审所采取措施的状况。

b）以下方面的变化：

1）与环境管理体系相关的内、外部问题；

2）相关方的需求和期望，包括合规义务；

3）其重要环境因素；

4）风险和机遇。

c）环境目标的实现程度。

d）组织环境绩效方面的信息，包括以下方面的趋势：

1）不符合和纠正措施；

2）监视和测量的结果；

3）其合规义务的履行情况；

4）审核结果。

e）资源的充分性。

f）来自相关方的有关信息交流，包括抱怨。

g）持续改进的机会。

管理评审的输出应包括为实现持续改进的承诺而做出的，与环境方针、目标以及其他环境管理体系要素的修改有关的决策和行动。

10 改进

10.1 总则

公司应确定改进的机会，并实施必要的措施，以实现其环境管理体系的预期结果。

10.2 不符合，纠正措施

公司应建立、实施并保持《不合格品控制程序》，用来处理实际或潜在的不符合，并依据《纠正和预防措施控制程序》采取纠正措施和预防措施。以上程序中规定了以下方面的要求：

a）识别和纠正不符合，并采取措施减少所造成的环境影响；

b）对不符合进行调查，确定其产生原因，并采取措施以避免再度发生；

c）评价采取预防措施的需求，实施所制定的适当措施，以避免不符合的发生；

d）记录采取纠正措施和预防措施的结果；

e）评审所采取的纠正措施和预防措施的有效性。

所采取的措施应与问题和环境影响的严重程度相符。

组织应确保对环境管理体系文件进行必要的更改，具体要求参照公司《文件和资料控制程序》有关规定进行。

10.3 持续改进

组织应持续改进环境管理体系的适宜性、充分性与有效性，以提升环境绩效。

11 附件

11.1 环境管理者代表任命书

环境管理者代表任命书

为确保环境管理体系所需的过程得到建立、实施和保持，我授权×××同志为公司环境管理体系管理者代表，负责建立实施和保持环境管理体系，主持环境管理体系要求的日常工作，对环境管理体系的正常运转负全责。当发现不符合环境管理体系、相关法律法规和ISO 14001标准要求时，有权采取相适宜的措施。

管理者代表的职责和权限如下：

（1）确保环境管理体系所需的过程得到建立、实施和保持。

（2）向总经理报告环境管理体系的业绩和任何改进的需求，以供评审。

（3）就环境管理体系有关事宜进行外部联络。

总经理：

日期：

11.2 环境管理体系程序文件目录（略）

×××机 械 制 造 有 限 公 司

运 行 控 制 程 序
Q/JX EM10—2×××

编　写	
审　核	
批　准	
版　次	A/0
分　号 (受控状态)	

发布日期：2×××/02/10　　　　修订日期：

1 目的

对与公司的重要环境因素有关的运行与活动进行有效控制，确保其符合方针、目标与指标的要求，以实现环境行为的不断改进。

2 适用范围

适用于公司环境管理体系运行过程的控制。

3 职责

3.1 研发部在设计阶段应考虑如何减少产品对环境的影响，并纳入设计评审。
3.2 后勤部负责废水排放的管理。
3.3 生产部、仓库等部门负责化学物品的管理。
3.4 后勤部负责能源的规划管理。
3.5 生产部负责废弃物的分类处置。
3.6 体系部负责设置环境控制点，检查各部门管理的执行情况。

4 工作程序

4.1 公司在日常的环境管理中，对与重要环境因素相对应的运行与活动进行重点控制，对其中可能造成重大环境影响的作业点，体系部将其设置为环境控制点，列入《环境控制点清单》，明确控制的要求。
4.1.1 研发部在设计过程中应考虑防止环境污染、节约资源与能源等有关问题，新产品在保证质量的前提下，向长寿命、高效率、多功能、可再生利用、小型轻量化发展；在设计评审阶段，需对原材料的使用或生产工艺可能引起的污染等环境影响进行评审；提倡采用无害化的工艺技术，并简化制造工艺，提倡作用无毒害的材料并减少其用量；研发部需统计每种产品的物耗，从计划、采购、包装、储存、运输等方面考虑，给出建议逐步削减其用量。
4.1.2 生产部门严格按照《生产过程控制程序》的要求、相应工艺规程和作业指导书的要求进行生产。
4.1.3 公司对可能造成重大环境影响的设备采取相应措施进行管理，如对噪声采取隔音、吸音等措施防止厂界噪声超标；对于漏、滴油现象采用导油槽予以收集等，具体详见《设备通用环境管理标准》。
4.1.4 装配科、仓库等部门负责化学物品（如酸液、碱液、有机溶剂等）的储存和使用，要防止直接倾倒、泄漏等异常现象的发生，具体详见《化学物品管理控制程序》。
4.1.5 各部门按规定地点分类放置废弃物，由生产部统一进行处理，具体详见《废弃物处置管理控制程序》。

1）对要直接回收利用的废弃物，如废纸箱、废金属等，由生产部组织出售。

2）对不可直接回收利用的废弃物，如废机油、废油布、废电池、废灯管、废电线电缆等，由生产部安排分类处置。

4.1.6 后勤部负责对公司的水、电、气、油类等能源进行规划管理，增设必要的能源计量仪表，每月统计用量，对主要耗能设备进行重点管理，以确保能源充分有效的利用，降低单产的能耗，具体详见《能资源使用管理控制程序》。

4.1.7 生产部门焊接工位及公司所有机动车辆都要加装小型过滤装置，以减少铅烟、硫氧化物等向大气的排放，具体详见《大气污染防治管理控制程序》。

4.1.8 各部门严格依据以上程度和标准的要求，开展环境管理工作，并做好相应记录。当出现不符合情况时，参照《纠正措施控制程序》处理，生产部负责随时检查各部门的执行情况。

4.2 对新上工程、工程技术改造等新项目的环境管理详见《新项目环境影响管理程序》。

4.3 对于所提供的产品或服务中涉及重要环境因素的供应商，公司依据《对相关方环境施加影响管理程序》对其施加影响，使他们的行为符合程序和有关要求。

4.4 对紧急情况的处理详见《应急准备和响应控制程序》。

5 相关文件

《生产过程控制程序》

《纠正措施控制程序》

《新项目环境影响管理程序》

《应急准备和响应控制程序》

《对相关方环境施加影响程序》

《设备通用环境管理标准》

《化学物品管理控制程序》

《固体废弃物处置管理控制程序》

《能资源使用管理控制程序》

《大气污染物防治管理控制程序》

《环境控制点清单》